区慕洁0~3岁
婴幼儿养育专家指导

科学 全面 细致
给父母最亲切的指导，让宝宝的能力得到全面开发

刘 群◎改编

U0391451

中国妇女出版社

编者的话

当妈妈抱着自己刚出生的宝宝从医院回家，心情一定十分兴奋和激动，并渴望着把自己爱的结晶——最亲爱的宝宝养育成最健康、优秀的孩子。亲人也早已把家里布置得十分舒适，准备迎接新成员的到来。

宝宝给家人带来了新的希望和喜悦，同时也让他们手忙脚乱起来：妈妈忙着喂奶、姥姥急着换尿布、爸爸收拾着从医院带回来的东西、奶奶在一旁则显得有些不知所措……从此宁静的二人世界宣布结束，小小的新成员成为家庭的核心，家人不约而同地围着他转。随着小宝宝的成长，每天都会遇到新的问题，家中每一个人对此都有自己的想法。到底应当听谁的意见呢？哪一种育儿方法最合理、对宝宝的成长最有利、最能被大家接受呢？

区慕洁老师作为中国著名的婴幼儿早教专家，经常参加全国各地的早教会议，不断有新手妈妈、爸爸，头一次当上奶奶、爷爷或姥姥、姥爷的人向她提出各种问题，其中宝宝出生头三年的养育问题最多。区老师认为，宝宝1岁内最需要关注的是营养和护理问题，2~3岁教养问题则是重点。为了让家长更好地照顾宝宝，使宝宝能够健康地成长，区老师将大家提出的各种问题进行归纳整理，根据自己数十年的研究和育儿经验给予详细解答，并结合自己多年为育儿杂志所撰写的文章编写了有关婴幼儿养育的书籍。这些书出版后，受到了读者的普遍好评。应广大新手父母的要求，我们对这些书进行改编，提取其精华，以给读者提供更为有效的指导。

希望本书能帮助更多的新手父母树立科学的育儿观念，使家长不但享受到培育宝宝的快乐，而且也让他身体健康、智能优秀、全面发展。

目 录

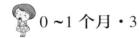

1～2个月·25

2~3个月·41

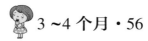

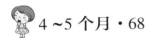
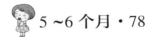

7~8个月·108

 8～9个月·123

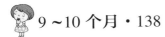

9~10个月·138

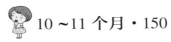

10~11个月·150

 11～12个月·164

第二章　1~2岁养育指导·179

 1岁~1岁半·181

1 岁半~2 岁·215

2 岁半~3 岁·268

第一章

0~1 岁养育指导

随着一声响亮的啼哭，娇嫩可爱的宝宝降临人世。新手爸妈在充满喜悦的同时，也会被接踵而来的一系列问题弄得手足无措。怎样抱宝宝？怎样给宝宝喂奶？怎样给宝宝换尿布？怎样给宝宝洗澡？什么时候教宝宝坐起来？什么时候教宝宝爬行？怎样开发宝宝的智力……

　　本章以宝宝生长发育的每个月为一小节，系统回答了0~1岁宝宝的育儿难题，就各个月龄宝宝的喂养、护理、潜能开发、能力训练及预防保健等方面，给予全面的指导，让新手爸妈轻松养育出健康、聪明的宝宝！

0～1个月

■ 生理指标

出生时	男 孩	女 孩
体重	均值 3.33 千克±0.39 千克	均值 3.24 千克±0.39 千克
身长	均值 50.4 厘米±1.7 厘米	均值 49.7 厘米±1.7 厘米（月末增长 5 厘米～6 厘米）
头围	均值 34.5 厘米±1.2 厘米	均值 34.0 厘米±1.2 厘米（月末增长 4 厘米）
胸围	均值 32.7 厘米±1.5 厘米	均值 32.6 厘米±1.4 厘米（月末增长 4 厘米）

本书所有体格发育数据均引自《2005 年中国九市城区 7 岁以下儿童体格发育测量值》

专家提示

★新生儿出生 0～9 天生理性体重下降不超过出生时体重的 9%，到 14 天恢复出生时体重。满月时体重增加 600 克～1200 克。

★新生儿出生后 2～12 天由于胎儿红细胞大量破坏，使血液胆红素上升，最高不超过 12 毫克/100 毫升。如果出生时即出现胆红素过高、时间过长情况均应马上就诊。

★新生儿脐带在 3～6 天内脱落，最好不要包扎。脱落后用 75% 酒精消毒，局部干燥结痂后才可泡在盆中洗澡，未干结前应进行上下身分别擦浴。

★新生儿肾功能不足，不能排除过多蛋白质及钠盐，不可直接用鲜牛奶喂养。

★新生儿消化酶活性不足，胰淀粉酶和唾液淀粉酶到 4 个月才有活性，不宜过早吃淀粉类食物。

■ 发育状况

1. 新生儿出生后使用他的视、听、味、嗅、触等感觉器官来感触外界的各种刺激，这可以促进他的感觉器官迅速发育，以最快的速度熟悉和适应新环境。

如新生儿已有光感反应，照以强光可引起瞬目，但眼睛的运动尚不协调，可有一时性斜视及眼球震颤，出生后3~4周这种情况会消失。新生儿出生时中耳鼓室充盈空气并有部分羊水滞留，会妨碍声音的传导，所以听觉不太敏感，但较大的声音有瞬目、震颤等反应。新生儿出生两周后可把头、眼转向声源。新生儿其他的味、嗅、触觉也都在迅速发展。

2. 健康婴儿往往有一些无意识的动作，即反射。新生儿的代表性反射运动有如下5种：

（1）吸吮反射。当嘴唇碰触到周围的东西时，头部便会往那个方向转动，突出嘴唇想吸吮它。这是不用手、只用嘴吸吮母乳的原始反射。当新生儿肚子饥饿时很容易产生这种反射动作，给他喝奶时这种现象便会消失。

（2）摩洛反射。这是出现在床铺突然摇动，或猛然在熟睡的婴儿枕边拍一下时的反射。还有婴儿本身动了头部或者咳嗽、打喷嚏时也会出现这种反射。此时，他会伸出两手做出拥抱状。

（3）把握反射。把握反射出现在手和脚，手和脚的把握反射从外表看起来很相似，但脚的把握反射比手的把握反射较弱。

（4）回缩反射。这是婴儿的防御反射之一，当大人触摸或弄痛其脚底时，他便会弯曲其大腿及膝关节，企图逃避。

（5）迈步运动。抱住婴儿上半身，使其脚底触碰到平坦地面时，他会前倾上半身，左右脚交互活动，如同做前进运动。

新生儿的反射运动只出现于其脑部未发达时，过了三四个月后，颈部稳定，反射现象会自然消失。

3. 通过锻炼颈部肌肉，宝宝能支撑头部的重量。可通过竖抱和俯卧抬头来练习。

★爸爸妈妈要让宝宝感受到关爱，啼哭时要尽快安抚，及早满足需求，使宝宝对家长产生信任。宝宝有了安全感才能对外界产生兴趣；受到关爱的宝宝情绪会得到良好发育。

★要给新生儿感官刺激，给他看黑白图及室内外的景物，让他听胎教时的音乐、听妈妈唱歌、听大人说话；给宝宝做抚触，使他能接受多种刺激，促进神经细胞和细胞间的突触急剧增长，使大脑发育。

爸爸妈妈的描述

★宝宝眼睛睁得大大的，眼睛滴溜溜转，对外界很好奇，皮肤黑黑的，爱溢奶和呕吐，爱放屁。平时我们跟宝宝玩，把手指放进他的手掌里，他会主动地抓紧。当宝宝注视我们时，我们慢慢把头向左右移动几厘米，宝宝的目光会有意识地跟着移动，而且宝宝会注意大人说话的声音，会朝说话的方向转头。一周后，我们试着让宝宝练习俯卧。我们托着宝宝的背部和肩部让他面对着我们，然后把他的脸渐渐靠近我们的脸，距离在15厘米~20厘米时，让他接近

并辨认，这时会看到宝宝的身体由于兴奋而蠕动。给宝宝喂奶时，轻声和他说话，他的注意力会集中到我们的脸上，并和我们有目光的接触。一个月时，宝宝的哭声会有变化，会根据自己不同

的情绪和感觉发出不同的声音。

　　★小家伙最喜欢的就是趴着，小脑袋抬得高高的，无比新奇地打量着周围的一切。

　　★宝宝睡觉的时候，如果撒尿了，她会"咚咚咚"两三下就把被子踢掉；如果是便便拉出了，她会先轻声地哭，既而再大哭，两条腿蜷缩着一动不动，但只要一换上干净的尿布，她就把两腿伸得笔直。

　　★新生儿的学习能力很强：不经意间教宝宝张嘴咯咯地笑，拿住他的小手攥住摇铃摇摇，他就学会了。宝宝的小腿整天蹬个不停，尤其是看到了妈妈，高兴得手舞足蹈。

■ 喂养方法

Ｑ 宝宝体重下降， 该加配方奶吗

　　我们一家人疲于应付宝宝这个新成员，以至于忽略了宝宝的体重。他已从出生时的 3.9 千克下降到了 3.5 千克，直到医生回访才发现这个严重的问题，之后连忙添加配方奶。这样做对吗？

　　Ａ 所有新生儿都会在出生前 10 天减轻体重，这是因为新生儿会排出大小便，皮肤蒸发水分，呼吸也失去水分，而新生儿的胃容量只有 5 毫升~8 毫升，入不敷出。这种情况叫做"生理性失重"，俗称"掉水膘"。妈妈的母乳在头 3 天很黏稠，称为初乳，有促使胎粪排泄的作用；3~9 天奶水特别清且稀，以清蛋白和乳糖为主，含大量水分，供宝宝清理肠道用；到第 10 天才看见白色的母乳，大概 14 天宝宝的体重才能回到出生时的水平。不过到满月就能增重 600 克~1200 克。如果妈妈有奶，最好能完全喂母乳，实在不够才加配方奶，而且每次要先吃母乳，不足部分才吃配方奶。如果反过来，在宝宝饥饿时先吃配方奶，宝宝很快吃饱，就没有力气再吸吮母乳了，母乳因为缺乏吸吮的刺激，垂体促乳激素减少，以后就会完全没有了。母乳是婴儿最珍贵的食物，世界上最好的配方奶也造不出母乳的抗体来，所以，千万要珍惜母乳。

Q 哺乳期间需要给宝宝补充其他营养吗

在哺乳期间，是否还需要补充其他营养？妈妈要吃什么才能使母乳充足呢？

A 宝宝最好在前 6 个月内只吃母乳，出生后即可以每天补充维生素 D400～800 国际单位。正常足月新生儿出生后 6 个月内一般不用补充钙剂。

妈妈要注意休息，宝宝入睡时，妈妈就赶快睡觉，睡好了才有胃口。妈妈不仅要喝汤，还要吃肉，每天应吃 5～6 顿饭，最重要的是晚上 10 点前后的夜宵，多喝牛奶和豆浆才能使母乳充足。

Q 宝宝体重增长过快，要少喂母乳吗

我家宝宝是用母乳喂养，妈妈每天晚上挤出乳汁放在冰箱里，凌晨 3 点左右把它加热给宝宝吃，到半个月大时，宝宝已经能一次喝下 130 毫升的乳汁了。可是妈妈又开始担心了，宝宝是不是体重增长太快？母乳喂养是不是也需要控制一下呢？

A 让宝宝自己吸吮，不必把母乳挤出来喂。因为宝宝的吸吮有利于妈妈的大脑垂体分泌促乳激素。另外，宝宝自己吸吮可自己控制乳量，大人用力挤奶有时会使奶分泌过多，对哺乳妈妈也是个损耗。让宝宝自己把一侧乳房的乳汁吸空，再吸另一侧，那时力量不会太大，妈妈不必都挤出，下次就会分泌少些。下次哺乳时先吃这一侧，交替着喂，以后妈妈乳汁的分泌就能与宝宝的需要同步，这样就不存在吃得太多的问题了。

Q 妈妈没下奶时给宝宝用奶瓶喂水好吗

我是剖宫产，前三天没有奶水，所以小宝宝没奶吃，哭得很厉害。为解一时的饥饿，奶奶想了个办法，用奶瓶喂水给他喝，结果受到了医生的批评。

A 尽量让宝宝吸吮妈妈的乳头，在吸吮时，脑下垂体分泌催乳激素，妈妈才会

有奶。如果早用奶瓶，会让宝宝产生乳头错觉，宝宝只肯吸橡皮乳头，不愿意吸吮妈妈的乳头，会使母乳喂养失败，所以开始尽量不让宝宝接触奶瓶。

Q 宝宝溢奶怎么办

孩子出生后方知育儿方面知识的欠缺，不知怎样才能让孩子不溢奶？

A 哺乳时宝宝会吸入空气，所以喂完一侧，要转到另一侧乳房前，应当将宝宝抱起来，让宝宝靠在妈妈的肩部，拍背打嗝，喂完后，再拍他打嗝，然后让宝宝右侧卧位入睡，用枕头垫好。因为宝宝的胃还没有弯曲，如同一个直桶，如果躺着打嗝，就会把气体和奶一起溢出，竖抱拍嗝就是让宝宝在竖起来时，趁打嗝时排出气体，以免溢奶。有时宝宝不马上打嗝，妈妈可以让宝宝坐在妈妈胸前，后背贴着妈妈胸前，妈妈双手扶着宝宝，让他坐着入睡，等他需要打嗝时，在座的体位上，只能排出气体，不会把奶溢出来。

Q 母乳不足是混合喂养好，还是只喂奶粉好

妈妈奶水不足，只好给宝宝再喂一些配方奶。在这种情况下完全喂配方奶好吗？

A 在月子里，妈妈睡眠不足，吃不下，心情紧张，会一时性奶水减少，妈妈要学会跟着宝宝分段入睡，身心放松，就会马上有奶的。一定要让宝宝勤吸吮，大口吸吮乳晕，口唇按摩乳晕能帮助喷乳反射。此外，宝宝的吸吮刺激脑垂体分泌催乳激素，宝宝越吃奶会越多，不必过早添加配方奶。此外在 3～10 天，浓厚的初乳消失后，母乳变成水样稀薄的液体，能帮助宝宝清理肠道的胎粪，供给必需的水分和清蛋白，到了 10～11 天母乳才变成乳白色，在此期间，有许多妈妈会以为自己的奶太稀，不能让宝宝吃饱，就急急忙忙喂配方奶。其实所有的妈妈都要经过这样的过程，母乳变白 3～4 天后，宝宝出生后失去的体重就会补上，满月可增重 600 克～1200 克。母乳实在不足时，先喂母乳，让宝宝得到母乳的抗体，不足部分用配方奶补足，宝宝饥饿时的吸吮能刺激母乳增多。混合喂养能得到母乳的抗体和其他活性成分，是配方奶所不能提供的。母乳喂养的宝宝最幸福也最聪明，应尽量促进母乳分泌，实在不足就补充配方奶混合喂养，千万不要停掉母乳专门喂配方奶。

■ 日常护理

◎ 宝宝嘴唇干怎么办

宝宝的嘴唇经常很干，请问是什么原因？有没有什么好的方法或用品可以用？春季应该多久洗一次澡？

宝宝的嘴唇很干可能与气候有关，也可能与保护皮肤的维生素 A 不足有关。可以用 3∶1 的鱼肝油（维生素 A 1500 国际单位∶维生素 D 500 国际单位）1 滴涂在嘴唇上，也可以用 1 滴甘油外涂。春季如果家里能用暖气取暖就可以每天洗 1 次澡，最少 3 天 1 次。可以用婴儿浴液，它在冲洗后仍保留一层薄薄的保护层。用毛巾轻轻擦掉宝宝皮肤上的水分，可以不必涂油，如果使劲擦就会破坏掉他身上的油脂。如果气候太干燥，可以用加湿器，或者在宝宝的卧室挂上湿毛巾，使空气变得湿润。

◎ 宝宝睡觉时是否应绑住双手

宝宝睡觉时两只小手总是喜欢放在胸前或头侧，还喜欢用小手擦眼。我总是怕她会在睡觉时伤着自己，是否应该绑着她的双手呢？

不要捆住宝宝的双手，让手自由活动，因为捆绑会限制手的活动，影响上肢肌肉的发育。如果妈妈怕宝宝伤着自己，等他睡着后，用婴儿的指甲刀小心地把他的指甲剪短就可以了。白天也不要捆绑，更不要戴手套来限制手指的活动。在第一个月内每天都要把小玩具放进宝宝的手心，让他学习握物，促进手技能的发展。

◎ 怎样防止宝宝把东西塞到嘴里

宝宝生下十来天后已经很活泼好动了。有时喂完奶后，在他的脖子下面围个小毛巾防止吐奶，可过一段时间却发现毛巾被他塞到嘴里。如何改变他什么都往嘴里塞的习惯呢？

宝宝把能拿到的东西放进嘴里，是一种"觅食反射"，是生物进化继承下来的本能，是一种生存本能。要等到宝宝 7~8 个月，有了抑制意识后才可逐渐改掉。所以应当把围在颈部的小毛巾改为小围嘴，在颈部系好，宝宝就不会塞到嘴里了。宝宝能拿到的所有东西，一定要清洗干净；玩具掉到地上，要清洗干净后再拿给他。

Q 灯放在什么位置不会伤宝宝的眼睛

爸爸认为灯会伤害宝宝还未发育成熟的眼睛，就在宝宝床边竖起遮光帘，而妈妈则认为要让宝宝学会分辨白天和黑夜，开灯应该不会伤着宝宝。到底怎样才正确呢？

A 床边的灯最好不要直接照到宝宝的眼睛，可以让他感受到光，最好从背面，或者头的上方照过来，千万不要直射眼睛，包括晒太阳也是如此，因为强光会让宝宝眼睛的晶体受到伤害。

Q 宝宝的肚脐有渗液怎么办

因为怕弄伤宝宝的肚脐，洗澡时只是用酒精轻轻地擦擦他的肚脐，里面的污垢没有清洗干净，结果他出院 3 天肚脐还渗水，只好回医院进行处理。

A 在宝宝脐带未干燥脱落之前，给新生儿洗澡上、下身要分开洗，先洗上身，可以把宝宝的双手放进盆里洗，胸背都擦浴；然后再把双脚放在盆里清洗，最后换水再洗屁股。不可以把全身都放在澡盆里，因为要保持脐部干燥。如果脐部渗液，表示有炎症，应及时回医院处理。以后回家也要注意不让尿布污染脐部，尽量让局部干燥，减少人为的不经严格消毒的操作。用酒精轻擦脐部是对的。最好不包扎，暴露在外更易干燥，便于脐带残端脱落。

如果脐根部有肉芽组织，就要到医院用硝酸银去掉，自己难以操作。一旦去掉肉芽，脐带能及早脱落，脐根部就会愈合。

Q 把小宝宝抛起来会伤着他吗

宝宝喜欢被竖着抱，小腿还一蹬一蹬的，我就顺势把她往高处一送，让她有跳跃的感觉，这是她最开心的时候。可是我担心宝宝还太小，这样做会把她的腿弄伤吗？

A 最好竖着抱宝宝，这样可以让他看室内外的事物，往高处送也很好，千万不要把他抛开再接住，这样会使他脑部受到震动。把宝宝抱紧上举，不会对他身体造成伤害。

Q 冬末春初换季时怎样照顾好宝宝

在冬末春初换季的时候新生儿健康护理应该注意什么呢？

A 冬末春初时应注意保温，最好保持室内温度恒定不变。春天太阳很暖和，到了中午就会有点热，可以打开窗户通通气。下午 4 点后温度降低，如果感到冷就要关上窗户，或者打开电暖气。早晨房间的温度要高一些，尤其是给宝宝洗澡、换尿布、做活动或者抚触时，室内的温度在 22℃～24℃ 及以上才便于操作。此外宝宝穿的衣服要宽松，不必紧裹，以便让宝宝自由活动。可以给宝宝穿上绒的连脚裤，以避免换尿布时双腿受凉。最好能用母乳喂养，从母乳得到的抗体可以保护宝宝春天少生病。

Q 宝宝为什么会长湿疹

我家宝宝脸上的湿疹到现在还有很多，姥姥说是因为乳汁留在皮肤上长的。对吗？

A 宝宝长湿疹的原因很多，最主要是因为过敏，或者因为亚油酸不足，合成花生四烯酸不足。如果是用母乳喂养的话，妈妈应避免吃发物，不吃虾、螃蟹、竹笋等食物，多吃一些核桃或者多用葵花子油炒菜，这样可以增加不饱和脂肪酸的含量，使母乳中有足够的花生四烯酸，以使宝宝的皮肤细胞膜完整，不容易破伤、干裂，才能少患湿疹。如果吃配方奶，要选择有 DHA 和 AA 加强的奶粉，可以帮助消除湿疹。平时要注意保持室内清洁，有一定的湿度，减少尘土飞扬。应去掉家里的地毯，以免尘螨等过敏因素诱发湿疹。可在宝宝脸上或身上涂一些润肤霜做预防，在患处涂湿疹药膏会好得快些。

Q 给新生儿戴小手套好不好

宝宝经常抓伤自己的脸，爸爸便给宝宝戴上了手套。但听说这样会影响宝宝的智力开发。不知此说法是否正确。

A 在宝宝睡着时，用婴儿的指甲刀给宝宝剪去指甲，宝宝就不会抓伤自己的脸了。就算宝宝脸上有指甲痕也不要紧，表皮上的痕迹 3~4 天就会长好，不会留下瘢痕的。不要给宝宝戴手套，因为宝宝每天都要进行手的练习，例如在头一个月，大人把手指放在宝宝手心，让宝宝抓握或让宝宝抓住花铃棒的小棒等，用于巩固先天的抓握反射。到了第二个月，就要用花手镯或者花布条缠在宝宝的手腕上，让宝宝看着自己的小手，让他开始产生手眼的联系，并促进手在胸前的活动。到了第三个月时，宝宝的双手就可以互相抓握自己玩手，并且可以练习拍打吊球，开始做手眼协调的游戏了。如果给宝宝戴手套，就把手的活动限制了，管理手的神经网络不能正常发育，就会使大脑皮层 20 万个管理手的神经细胞及其网络中联系用的突触，因得不到使用而废退。管理全身运动的神经细胞是管理手的 1/4，可见手的重要性了。要知道只有手巧才能心灵，手的活动能兴奋大片的大脑皮层，所以手巧能使人聪明。因此不能用手套把宝宝的手限制住。

Q 在家里怎样给小宝宝洗澡

在医院里已开始养成每天给宝宝洗澡的习惯了，可是回到家里以后该怎样给小宝宝洗澡呢？

A 在寒冷的季节给宝宝洗澡，室内要暖和，例如用电暖气、红外线炉、空调等使房间温暖，室温 24℃ 就可以给宝宝洗澡。如果没有条件，可以用一个高蚊帐，在里面放一张小桌子，把盆放在桌上，利用热水的蒸汽使蚊帐里面变暖和，就可以洗澡了。此外，把毛巾铺在桌面上给宝宝穿衣服会比较方便。要注意，如果宝宝的脐带根部还未干燥，就不能放在水里洗澡，要用小毛巾擦拭上身，下身可以放在水里洗净。可用 75% 酒精擦净脐根部，还要小心不让尿布污染脐根部。等到脐根部完全干燥，皮肤长好后就可以放到水里洗澡了。如果爸爸妈妈操作上有困难，可以到医院请护士或有经验的人示范一次，这样就会操作了。

Q 宝宝染上鹅口疮怎么办

由于我们缺乏常识，宝宝染上了鹅口疮，用绿茶水擦效果始终不好。医生说，紫药水，尤其是制霉菌素会损伤肝脏。不知道该不该用这些药物进行治疗？

A 建议用1%的过氧化氢。市面卖的可能是3%的过氧化氢，要仔细看清楚瓶上的标签。如果是3%的就可以先吸出1滴，加两滴凉开水，每次吃奶后滴进宝宝的嘴里。因为念珠真菌是厌氧菌，过氧化氢可以抑制病菌的生存和繁殖。如果直接用3%的过氧化氢，会刺痛宝宝的黏膜，宝宝会大哭不止。此外，用制霉菌素甘油每次1滴效果也不错，可以交替进行。最根本的问题是宝宝用的毛巾、盆等要同大人分开，每天用开水消毒一次。大人在护理宝宝前要认真洗手。因为念珠真菌经常在妈妈的阴道分泌物中存在，如果合用毛巾最容易反复感染。千万不可用布擦拭口腔，那样会使创面扩大，加重感染。最好给宝宝买一个专用的洗衣机，把宝宝的衣服与大人的衣服分开单洗，这样可减少感染的机会。

宝宝染上鹅口疮要及时治疗，否则会蔓延至咽喉部及呼吸道，脱落的凝块可能会使宝宝发生窒息。

Q 宝宝脸上长小红点该怎么处理

宝宝从医院回到家才两个多星期，脸上就开始长出红色的小点点。不仅脸上有，额头和脖子上也有。该怎么去掉宝宝脸上的红点呢？

A 新生儿的皮肤角化层薄，皮下血管丰富，通透性好，部分表皮细胞会受外界高氧环境的影响，有可能受到伤害。如果是这样的原因，就可以用维生素E的外用油小心轻涂（例如维生素E的胶囊，或者妊娠时去腹部妊娠斑的维生素E油），可以对抗氧化，保护皮肤。尽量不用有刺激性的清洁剂和肥皂给宝宝洗脸。此外有些新生儿脸上有淡黄色略微突出的粟粒疹，是因皮脂腺堆积形成的。皮肤脱落后会自然消失，不必处理。

Q 能带未满月的宝宝外出吗

宝宝出生才15天，还没满月。请问是否可以外出？要注意些什么问题？

A 如果气温在20℃以上，没有风就可以外出；如果在20℃以下，或者刮风，宝宝不得不外出的情况下，就要尽量包裹好，特别要戴暖和的帽子。因为宝宝头的比例大，表面血管丰富，头部受凉就会直接降低体温。在寒冷的天气如果不得不外出，也可以在包被里面放个用毛巾包好的热水袋，或者电热宝帮助保持温度。如果没有以上物品，把宝宝放在妈妈怀抱中也可以使宝宝温暖。不过要注意让宝宝能呼吸到新鲜空气，以免宝宝窒息。

Q 新生儿能晒太阳吗

刚出生的宝宝由于黄疸是慢慢退的，回到家后宝宝的头和屁股要每天直晒太阳20分钟左右。可是家人却认为现在太阳紫外线照射强烈，宝宝的头和屁股都太嫩，是不可以晒太阳的。请问可以晒太阳吗？

A 可以让宝宝晒太阳，但是要保护宝宝的眼睛，不让阳光直射。在暖和的地方可让宝宝侧睡，让太阳照着宝宝的头和屁股。如果不太冷也可以短时露出胳臂和腿。当阳光照射皮肤时，紫外线能帮助血液中间接胆红素形成并排出，使生理黄疸尽快消退；同时也能合成维生素D，预防佝偻病。真可谓一举两得。

Q 宝宝多少天可以抱出去晒太阳

夏天只要天气好就可以带宝宝出去，第一天出去在门口站一会儿就可以了，第二、第三天时在太阳下的阴凉处可待5~10分钟，以后逐渐延长时间。满月后就可以把宝宝放在童车里在树荫下睡1~2小时。天气好时才可以出去，刮风、下雨、阴天，气温在20℃以下就不能出去了。第二个月就可以在阴凉处晒太阳，不要暴晒。让太阳照着宝宝背后，眼睛不可被太阳照着。9月和10月是宝宝外出最好的天气，让宝宝的皮肤接触紫外线，可以合成维生素D。最好能在非直射的阳光下给宝宝洗澡，让宝宝的背部晒到太阳，可得到维生素D。维生素D还可以储存在肝脏中，留到冬天用。

Q 怎样抱宝宝最好

阿姨抱宝宝时总是托住他的头部，而妈妈则认为应该尽量托住宝宝后背以保护脊椎。应该怎样抱宝宝呢？

A 最好竖抱。可以让宝宝背靠着大人胸部，或者背部朝外，大人要用另一只手托着宝宝的头部，以免头向后仰。宝宝喜欢竖抱，这样他可以看到躺着看不到的房间四周的东西。此外，每天都要让宝宝练习2~3次俯卧抬头，可用铃铛在头前方摇动，大人用一手扶起宝宝的额部，让他看到铃铛，以练习颈部的肌肉。这样到满月时，宝宝就能自己抬起脸部，下巴离床，看到铃铛等其他物品了。宝宝先发展颈部，以能支持头的重量，之后才发展脊椎和身体的其他肌肉，所以先开始托住头比托住后背更重要。

Q 宝宝大便黑绿色是怎么回事

我家宝宝在出生后第3天就出院了，医生说宝宝一切正常，可是换尿布时发现他的大便是黑绿色，是否要回医院进行治疗？

A 不必去医院治疗。新生儿黑绿色的大便称为胎粪（新生儿头三天排出的粪便），含有胆红素80毫克~100毫克，相当于新生儿每日产生的胆红素的5~10倍。妈妈黏稠的初乳有助于胎粪的排出。如果这些胎粪排泄延迟，胆红素在肠道内会被吸收，再次进入血液循环就会使生理黄疸加重。如果再坚持母乳喂养1~2天后大便就会变成黄色。母乳喂养的宝宝大便次数会多些，一天可能有5~6次。因为母乳的乳糖为二型乳糖，在肠道为酸性，有利于双歧杆菌生长，可以抑制大肠杆菌及嗜碱性的致病菌生长，对宝宝有保护作用。但是酸性会促进肠道蠕动，使便次增加。

Q 宝宝的尿布为什么有一圈浅红色的尿迹

A 宝宝尿布上的尿迹是尿酸的痕迹，这反映宝宝水分不足。如果宝宝需要，应随时给他喂奶。宝宝频繁吸吮母乳会刺激垂体产生催乳激素促进泌乳。妈妈也要多喝汤水、牛奶、豆浆等水分充足的食物，使奶水增加。宝宝的尿布如果是用布做的，清洗后需要用热水烫一下，才能把尿酸溶解并清除，否则就会引起尿布性皮炎。

Q 女婴阴道出血是怎么回事

我的女儿出生第 7 天就见阴道出血，好像来月经似的。怎么办呢？

A 要注意保持宝宝外阴清洁，不必害怕。女婴外阴出血是由于母体的雌激素残留在宝宝体内所致，几天后就会自然消失，对以后也没有不良影响。

Q 怎样分辨宝宝的哭声

A 在宝宝啼哭时，如果看到他的小嘴在动，有吸吮的动作，就是饿了，马上抱起来喂奶就会好了；如果看见宝宝扭动身体，很可能是尿了；如果宝宝有向下使劲的动作，或者身体挺直，面红，可能是拉便便了。细心的妈妈经过 1~2 周的观察就可以看出自己宝宝发出的信号。第二周可开始给宝宝把大小便，满月前宝宝就可识把了。每当妈妈能猜对宝宝发出的信号，宝宝很快得到满足，就会强化他发出信号，使妈妈和宝宝之间更加默契，妈妈就会感到宝宝越来越好带了。

Q 宝宝哭闹时是否应该及时照料

宝宝哭的时候要不要赶紧去哄她，家里人有不同的意见。外婆认为老是去抱的话，以后会养成抱的习惯，让宝宝变得很娇气。妈妈认为不去抱的话，宝宝会觉得孤独，不利于性情的培养。

A 在宝宝幼小时，啼哭表示有所需要，应该及时得到照料，使宝宝的需要得到满足，从而有安全感，对大人产生信任。越小的婴儿，情感越需要及早给以关照，在宝宝无后顾之忧后，才有可能产生好奇和探究，对新鲜事物发生兴趣。宝宝 7~8 个月后，抑制中枢开始发育，大人就可以用"不许""不能拿""不能吃"等约束宝宝的行为，使他听话就范，也可以用表情来制止。如果那时仍然不管，就会惯坏孩子了。

Q 为什么宝宝总是哭着让爸爸抱

宝宝老是要爸爸抱，尤其在睡觉之前。否则，他哭到嗓子哑了也不停。小婴儿经常被抱是否会对生理发育不利？该怎样从小培养他的独立性？

A 婴儿特别喜欢爸爸抱，因为爸爸的心跳有力，使他重温在母腹中的感受。爸爸的低音是宝宝最喜欢的声音，在宝宝出生后的短暂的头三个月得到爸爸的照料会使宝宝有安全感，也可使经历分娩劳累的妈妈得到休息和安慰，减少产后忧郁症的发生。两周后可以让宝宝逐渐形成定时入睡的条件反射，那时谁哄宝宝入睡都无所谓了。等宝宝到 7~8 个月后有了抑制能力，才有可能培养他的独立性。

Q 宝宝睡眠昼夜颠倒怎么办

宝宝有时候昼夜颠倒，下午一直睡，到了晚上 12 点以后眼睛还睁得大大的。该怎么纠正呢？

A 在下午如果到了喂奶时间宝宝还在睡，可以用一条凉毛巾给宝宝轻轻擦脸，让他醒来，给他喂奶，然后抱起来到处走动。如果在晚上宝宝能睡大觉就不要叫醒他。经过几天，就会把宝宝昼夜颠倒的睡眠习惯改过来。

Q 冬季在睡眠方面应注意什么

A 冬天不要让宝宝着凉，可以给他准备睡袋。这时应特别注意不要在宝宝的嘴边垫塑料布，因为宝宝睡着时，如果有风，就会把塑料布吹动。宝宝的口鼻处潮湿，容易让塑料布黏住，这样会引起窒息。如果用小毛巾就不会有这种危险了。

Q 怎样调整宝宝的睡眠时间

女儿睡眠时间很短，一般都在 2~3 个小时，短的有时只有 1 个多小时。新生儿的作息不规律，也没法去调整她，所以只能跟着她的时间安排作息了。宝宝有时会连续十几个小时睡觉（除了吃奶），然后连续十几个小时不睡。不知道这样是否正常？

A　妈妈的做法很对，只能大人将就小宝宝。宝宝睡大人就睡，他醒大人就醒。妈妈睡好了才会有足够的奶喂宝宝吃。大人可观察宝宝连续睡觉的时间是否固定，最好做一个记录，如果比较固定，大人就可以每天把宝宝的睡觉时间向后或者向前移5~10分钟，逐渐把睡觉的时间安排在晚上，就可形成规律，使大人和宝宝晚上都能得到休息。大概坚持40~50天就能做到，不妨一试。

Q　怎样防止宝宝睡偏头

宝宝喜欢脸偏向右侧睡，我们想了很多方法也没有纠正。把她脑袋放正了，两边用东西支住，但没一会儿她就自己又拧过去了。请问长此以往她的头会不会睡偏？应当如何解决？

A　婴儿头1~2月有不对称的颈反射，这是正常现象。为防止宝宝把头睡偏，可以把宝宝的枕头放到床尾，换一个方向睡，因为宝宝喜欢看光，脸会转向窗户，这样逐渐会转到面向左侧睡觉。此外，应观察宝宝的四肢是否有不对称的姿势。注意在竖抱宝宝时，他的头是否一直偏向右侧，肢体可以随意活动，如果是，就应当去儿科就诊，看看是否患先天斜颈，以尽早用手法矫正。

■ 动作训练

Q　什么时候开始让宝宝练习俯卧抬头

为了加强锻炼，从宝宝20天起，妈妈便试图让他俯卧，以便让他用自己的力量撑起小脑袋。但遭到了爸爸的反对。爸爸说宝宝太小，还没到时候。

A　平时要仔细观察宝宝，如果宝宝能左右转动头部观看玩具，而不是只动眼睛，大约7~10天后能转动头部，就可以让宝宝俯卧了。大人可用左手摇动一个发声的玩具，用右手把宝宝的额头扶起，让他看到玩具。天天练习，到满月时，宝宝就可以在俯卧时自己把头抬起，用眼睛观看玩具，甚至有1~2秒钟连下巴都能抬起来。不经练习的宝宝就没有这种能力，俯卧抬头是锻炼颈部肌肉最好的方法，可为以后坐起、爬行做准备。

怎样锻炼宝宝的精细动作能力和其他动作能力

对于新生儿来说，要怎么锻炼他的精细动作和其他动作呢？另外，这段时间宝宝的脖子总是喜欢偏向右侧，不知道这对于宝宝以后的发育有没有影响？

把食指或者花铃棒放在宝宝手心，让他抓握，这样可锻炼他的精细动作能力。也可用花铃棒在宝宝的左侧摇动，看他是否能将头转向左侧，然后在宝宝的右侧摇动，促进他自己左右转头。每天都要逗他笑，记录他哪一天会在大人逗笑时自己发笑。爸爸妈妈要经常应和宝宝的啼哭，使他在停止哭泣后自己练习发音。每天都要竖着抱宝宝到装饰物前或窗户前观看，但要注意用另

一只手托住他的头，不让他的头后仰。宝宝学会自己转头后，就可以让他练习俯卧，练习把头抬起来观看玩具，这时大人要注意扶起宝宝的额头。宝宝的脖子偏向一侧，另一侧肢体弯曲，这是一种先天的反射，56天左右会自然消失。练习俯卧抬头就会消失得更快。

怎样使宝宝的左右手协调

我家的宝宝在玩游戏时，左手、左脚的反应比右手、右脚慢很多，而且动作幅度也很小。请问用什么训练方法可以让宝宝的左右手脚更加协调？这个月的宝宝适合哪类游戏呢？

做抚触可以让宝宝的四肢更协调。每天爸爸妈妈可以给宝宝做抚触，加大左

手和左脚的力度，帮助每个关节活动。此外可以用玩具，例如把一个硬一点的塑料袋，用几块尿布捆好放在宝宝脚下，让宝宝用脚蹬出响声。等宝宝学会后把口袋放在左脚下方，让宝宝的左脚多练习。也可以在宝宝床上吊个会响的玩具，妈妈拿着宝宝的手打响它，多用左手，就可让左手要灵活。值得提醒的是吊起的玩具用完后要马上拿走，否则宝宝经常看近物，会发生内斜视。

Q 让宝宝练习直立会伤着腿吗

宝宝 20 天大的时候已经能伸直腿站在外婆腿上了，还能走上几步。但妈妈很担心，太早让宝宝学习站的姿势和走，会不会对他的腿造成伤害？

A 宝宝能走上几步是先天的步行反射，每天可以让宝宝练习步行 10 步以内，如果让宝宝在硬的木板上练习效果会更好。步行反射会在 56 天左右消失。如果练习，就可以略微延长。大人扶着宝宝的双腋部，承担宝宝的体重，不会对他的腰腿造成伤害的。

Q 怎样让宝宝练习游泳

宝宝第一次游泳时受了惊吓，很担心会给他心理留下阴影。怎样消除他的恐惧心理呢？

A 在让宝宝身体接触水之前，最好先让他的小手、小脚在水里活动活动，可以拿个鸭子等玩具放进水中，让他动手拨水，等宝宝玩开心时再把他放入水中。这样可以消除宝宝的惊恐。

■ 潜能开发

Q 应该给宝宝听什么音乐

宝宝在妈妈肚子里时就特别好动，生出来也一样，睡着了也在扭来扭去的，经常把小袜子蹭掉。我想问一下，现在多给她听柔和的音乐，会使宝宝的个性变温柔点吗？

A 多给宝宝听柔和的音乐，是会对她的个性产生影响的。可先选择一首摇篮曲和一首优美柔和的乐曲定时给她播放。摇篮曲在睡前播放可起到催眠的作用；另一首乐曲在播放时妈妈可拿着宝宝的手轻轻地按着节拍摇动，如果妈妈能跟着音乐轻轻哼唱就更好了。

Q 新生儿有模仿能力吗

宝宝在出生第 3 天，我冲他微笑时，他竟然也对着我笑，他是在模仿我的表情吗？请问新生儿具备模仿的能力吗？

A 如果宝宝真的能在大人每次逗笑时就会出现微笑，那说明你的宝宝是高智商的宝宝，因为他能早期建立微笑的反射，看到大人笑，听见笑的声音，感觉到大人逗他，他能将这种快乐的感受传入大脑，形成完整的条件反射回路。宝宝能早期建立条件反射，就说明宝宝开始有学习能力了，所以说这样的宝宝很聪明。不过，有一种微笑是在宝宝快要入睡前出现的面部肌肉松弛的微笑，这是在没有大人逗笑的条件下自发出现的，大人再逗也不能重复，这种是无意识的肌肉放松，不是感受

到高兴而引起的，这是多数婴儿都会出现的无意识微笑。

新生儿能够模仿，特别是口的动作。如果大人张嘴，宝宝也会张嘴；大人伸出舌头或咂嘴时，宝宝也能模仿。妈妈同宝宝说话时，宝宝的小嘴会微微地张合，如同和大人对话一样。

Q 给宝宝听胎教时的音乐好吗

妈妈怀孕期间就在按时听胎教音乐，现在妈妈仍然坚持这一习惯，但

爸爸认为这样会分散宝宝的精力，影响宝宝的休息。应该怎样做呢？

Ⓐ 在宝宝入睡前可播放或者唱摇篮曲，白天在宝宝活动和做抚触时可配上儿童音乐或者有节奏的舞曲。不要把胎教音乐作为背景音乐，以免分散精力，扰乱正常生活。但也不要完全停止胎教音乐，如果完全停止会使以前所获得的音乐效果可能在 6 个月前后消失。

Ⓠ 新生儿适合玩什么玩具

在宝宝未出生的时候，我就给他买了好多玩具，比如床头铃、健身架子、小摇铃、卡通床围子、安抚小夜灯、猴子拉铃、拨浪鼓等。满心期待的孩子出生了，却发现他不会享受这些玩具，还经常被健身架的音乐吓哭。请问未满月的孩子玩玩具有限制吗？孩子会害怕这些玩具吗？

Ⓐ 宝宝的玩具有个适龄问题。未满月的宝宝可以享受安抚小夜灯和床围子。如果你买的小摇铃有手柄，也可以用。在宝宝觉醒时给他摇铃，让他听着，等到他表示喜欢（出现笑容）时，把手柄放到他手中，他会握紧。目前他只能玩这些玩具。健身架要等到 3 个月后才能用，那时他能伸手拍打架子吊的东西，然后练习够取吊起来的玩具。5~6 个月可用猴子拉钟学认猴子；10 个月才会前后摇手，打响拨浪鼓。

Ⓠ 怎样发挥玩具的作用

宝宝出生时，朋友们送来一些大个的毛绒玩具，我不敢把它们放在宝宝的床上，害怕不太卫生。怎样能让这些玩具发挥作用呢？

Ⓐ 妈妈的想法很对，不要把过多的东西放在宝宝床上，以免引起宝宝把头埋在里面而窒息。有些容易过敏的宝宝还会对绒毛过敏。这些玩具可暂时原装包裹好，收起来，等到宝宝在地毯或垫子上练习翻滚和爬行时用。到时宝宝会趴在大玩具上同它一起翻滚，大人也可用绳子牵着大玩具引诱宝宝爬过去追赶它。

这些大玩具可以用洗衣机洗涤，有些可以打开拉锁把玩具的内芯取出，直接洗涤外面，等干燥后再把内芯装回去。

■ 预防保健及其他

Q 宝宝的乳头为什么能挤出白色的乳汁

我的宝宝是女孩，我感到奇怪的是，她这么小，乳头就能挤出白色的乳汁来。这是什么原因呢？什么时候才会没有呢？

A 由于胎儿接受母体的内分泌，来自卵巢的内分泌会使新生儿乳房胀大，来自垂体的内分泌会促进泌乳。男婴女婴都会有乳汁出现，家长千万不要挤压新生儿的乳房，以免感染而发生乳腺炎。要使局部保持清洁，一般 1~2 周会自然消失。早产儿及生理黄疸出现严重的婴儿无此现象；个别婴儿会延长 3 个月，也不必作特别处理。

Q 黄疸没有褪尽能注射卡介苗吗

宝宝 21 天的时候带他去打卡介苗。医生说，他的黄疸还没有退，不能打。听说新生儿黄疸一般在 2 周内会退，可宝宝都 3 周了还没退尽黄疸。经过医院详细检查，宝宝得的是"母乳性黄疸"。虽然不是疾病，但黄疸会退得比较慢，甚至要 2 个多月才能完全消退。但是打卡介苗要求在 60 天内。如今黄疸虽然已经不很严重了，但还没有退尽。请问可以去打卡介苗了吗？

A 等黄疸消退后再注射卡介苗比较安全。因为接种时要求没有皮肤病，没有发热和腹泻，没有肝、肾、肺等疾病，没有过敏或免疫缺陷病；早产儿、产伤儿也不能接种。黄疸如果未消退，就不能完全排除肝脏疾病的可能，所以暂时不能接种。出生后争取在 2 个月内接种卡介苗，可以免去事先做 OT（结核菌素试验）的麻烦。不过一定要小心，不让宝宝接触结核病人，因为宝宝没有抵抗能力。到宝宝 3 个月就必须先做 OT，再做卡介苗接种。如果已经感染结核病就不能接种卡介苗了。

针对母乳性黄疸有专家提出，把母乳在53℃水中放20分钟后再喂宝宝，就可以不引起黄疸。这可能是由于在母乳中有一种酶会被这种温度灭活所致。此外可以带宝宝去晒太阳，阳光可以帮助血中直接胆红素合成间接胆红素，容易经肾排出，消退黄疸。建议同时采用多种办法，相信你的宝宝能在2个月内接种上卡介苗。

1 ~ 2 个月

■ 生理指标

出生后 28 天	男 孩	女 孩
体重	均值 5.11 千克±0.65 千克	均值 4.73 千克±0.58 千克
身长	均值 56.8 厘米±2.4 厘米	均值 55.6 厘米±2.2 厘米
头围	均值 38.0 厘米±1.3 厘米	均值 37.2 厘米±1.3 厘米
胸围	均值 37.6 厘米±1.8 厘米	均值 36.9 厘米±1.7 厘米
前囟	2 厘米×2 厘米	2 厘米×2 厘米
后囟	0~1 厘米（部分婴儿已闭合）	0~1 厘米（部分婴儿已闭合）

专家提示

这个月宝宝的生理性黄疸应该已经完全消退，如果还未消退，应到医院做检查。

■ 发育状况

1. 会笑出声音，应经常逗弄宝宝让他经常大声嬉笑。

2. 发现自己的手，喜欢看手，手眼开始协调。

3. 表现出对某一幅彩图的偏爱。

★宝宝仰卧时能看他的小手，能发几个简单的元音；用物体在宝宝眼前晃动，宝宝能转头追视；用勺喂水，宝宝能吞咽；他特别喜欢爸爸用嘴去亲他和用脸贴他；有时他半夜不肯睡，就要爸爸抱着他。他喜欢悬挂的玩具，我们在宝宝床边放了很多彩图和玩具，我们让宝宝听不同音调和音质的声音，在床边悬挂了风铃等物品。

★现在稍拉宝宝的手，他的头可以自己用点儿力了。双手从握拳姿势逐渐松开。如果给他小玩具，他可以无意识地抓握片刻。要给他喂奶时，他会立即作出吸吮动作。会用小脚踢东西。当听到有人与他讲话或有声响时，孩子会认真地听，并能发出咕咕的应和声。会用眼睛追随走来走去的人。

★妈妈对着宝宝吐舌头让他模仿，他的舌头也一动一动的，但不会全伸出来；自己没事的时候会把小舌头像妈妈那样吐出来；宝宝还会自己用舌头打响。妈妈有意识地教宝宝认识家里他感兴趣的东西，现在他已经认识"鲜花"了。

喂养方法

给一个多月大的宝宝一天喂多少水合适

如果是纯母乳喂养，只吃母乳不必喝水，因为母乳的浓度与血清相当，完全符合宝宝的需要。如果用配方奶或者混合喂养，每天总的水量为宝宝每千克体重需要水量150毫升（包括兑奶粉用的水量）。给水不宜太多，因为宝宝的胃容积不大，出生时约为6毫升，10天为80毫升，满月约100毫升，2个月120毫升~150毫升。水在胃中会停留1小时，才慢慢排出。如果喝水太多，占去胃的容量，吃奶就会相应减少。宝宝吃奶减少就会影响生长发育，而且会造成便秘。

Q 宝宝体重增加较慢怎么办

宝宝从出生到现在，身高增长了差不多6厘米，体检时身高已经属于中等偏上的水平了，可是体重一直没有增加，我们很担心。

A 不知道宝宝是否母乳喂养，如果喂母乳，妈妈应该按时休息，只有睡好了母乳才会充足。宝宝出生头一个月，妈妈白天黑夜都哺乳，宝宝一哭就手忙脚乱，生活不规律，实在辛苦。到第二个月，一来宝宝的胃容量增大，每次可以多吃一些，使喂奶的间隔延长，就会好些。宝宝满月增重够600克就算正常，不必担心。如果人工喂养，随着宝宝的需要奶量会逐渐增加，也不必急着让宝宝多吃。喂多了会引起消化不良，患腹泻则更会减少体重。

Q 为什么拍嗝后宝宝仍然溢奶

每次喂完奶后，爸爸把宝宝竖抱并轻轻地拍他的背，使其打出嗝。可是每次打出嗝后，再躺下时又会溢奶，甚至会吐奶。请问该如何解决？

A 在宝宝打嗝后不要马上躺下，让宝宝背靠着大人身体坐着入睡。宝宝经常会在20~30分钟再打嗝。如果宝宝在坐位打嗝，就不会大量溢奶。因为宝宝的胃如同竖着放的瓶子，上部全是空气，膈肌收缩时，排出空气，不会带出大量奶液。等打嗝过后再把宝宝放在床上，让他右侧卧位睡下。

Q 宝宝总打嗝怎么办

宝宝有时在吃完奶或换好尿布以后，会不停地打嗝，很是难受。每次我们想尽办法来克制他打嗝，如喂奶、喝水、按老虎穴。请问什么方法最科学、最灵验？

A 让宝宝坐在大人腿上，大人用右手拇指压在宝宝的胸骨下端与肚脐之间约1/2的位置，半分钟至一分钟后打嗝会停止。因为用外力触动膈肌的敏感部位，能使敏感部位不自主地停止收缩。

Q 是否应给宝宝制订喂奶时间

宝宝现在是混合喂养，婆婆认为应该制订大致的喂奶时间。妈妈认为宝宝还小，应该饿了就喂，特别是喂母乳。

A 在宝宝出生的第二个月里，可以观察到宝宝自己形成的规律，应按照他的要求喂奶，自己形成的规律容易保持。要逐渐减少夜间的喂奶次数，让父母得到休息，也使宝宝能形成昼夜不同的生活习惯。

■ 日常护理

Q 宝宝流口水该如何护理

现在宝宝流口水，嘴周围总出小红点，还有一块脱皮了。嘴周围的皮肤该如何护理呢？我听说可以用玉米面代替爽身粉，便也尝试给宝宝用过，没什么异样。这样做可以吗？

A 宝宝嘴周围有小红点和脱皮，可以用 3：1 的鱼肝油（伊可新）滴在嘴角里，同时最好每天给宝宝吃半片复合维生素 B，帮助宝宝口腔的皮肤恢复完整。此外，最好不给宝宝用爽身粉，也不用玉米面，因为这些细小颗粒容易被宝宝吸入肺内，造成尘肺，难以排出。爽身粉还会妨碍宝宝皮脂和汗腺的分泌。此外许多爽身粉内含铅，经常用会引起铅中毒。建议洗澡后用软毛巾或纸巾仔细把宝宝身上的水分吸干，尤其是腋下和腹股沟、肛门周围等。皮肤干燥后就不必用爽身粉了。

Q 怎样预防宝宝斜视和弱视

我发现宝宝有时看东西的时候，两只眼珠聚在一处，有点儿斗鸡眼。怎样的视觉训练可以预防宝宝弱视或斜视呢？

A 小婴儿双眼的肌肉还未协调，不会调节焦距，要到 4~5 个月才会完善。宝宝看得最清楚的距离是距眼睛 20 厘米处。不要把玩具放得太近，以免眼球聚在一起。宝宝床上吊的玩具和近距离的玩具在每次用完后要马上拿走，以免宝宝经常观看养成内斜视的习惯，以后会变成弱视。如果父母能经常让宝宝看窗户外面或远处的东西，就可以减少宝宝注视近物引起的眼疲劳。这是预防内斜视的好方法。

Q 应当经常给宝宝洗澡吗

婆婆说小孩子不可以经常洗澡，会把身上的油脂洗掉，将来皮肤会变差。妈妈坚持每天洗，认为这样可促进新陈代谢，而且睡前洗澡可以促进睡眠。

A 如果家里的条件许可，可以每天洗澡。因为宝宝很容易出汗，褶皱处容易被汗淹着。每天洗澡可以不用香皂，更不要用浴液，这些东西会把皮肤表层的保护性皮脂去掉，使皮肤干燥，甚至出现细小裂痕，会诱发湿疹。香皂或浴液每周用一次就行了。

Q 怎样预防宝宝洗澡时着凉

一次给宝宝洗澡，没有控制好室温，宝宝着凉拉肚子了，还伴有鼻塞，呼吸不畅，宝宝哭闹了两天才好。

A 首先要关好窗户，用电热暖气或红外线取暖炉先把室内温度升高到24℃，再给宝宝洗澡。其次动作要快，不让宝宝离开温水后暴露在空气中，要随手把宝宝用浴巾包裹起来，在浴巾里擦干，最后迅速穿上衣服。

Q 如何预防秋季干燥

秋天空气逐渐变得干燥起来，而宝宝的皮肤很娇嫩，器官还不发达，很难适应空气的变化，容易出现口唇干燥、鼻子出血等情况。请问应该如何保护好宝宝的皮肤呢？

A 可使用加湿器或在房间内晾挂几条湿毛巾，以便增加房间的湿度。给宝宝洗脸和洗澡后，趁其皮肤表面的水分还未蒸发时，涂上婴儿专用的润肤霜。宝宝口唇干裂可用煮过的食用油涂在唇上。母乳喂养的妈妈要多吃水果、蔬菜，使母乳中维生素 C 增多。对于鼻子出血的宝宝，可以用开水溶解维生素 C 片，加一点儿糖，用勺子喂服。宝宝鼻子出血时，家长用手指压住宝宝的鼻根部，即鼻翼和鼻骨交界处，就可以马上止血。

Ⓠ 怎样才能不让宝宝长痱子

9 月份我们这里的天气还是挺热的，所以通常只给宝宝穿薄衫，把她放在通风的地方。可是即便如此，宝宝还是长了痱子。请问有什么好方法能让宝宝远离痱子？

Ⓐ 天气太热时，可以让宝宝不穿上衣，直接躺在铺了一层布的凉席上，每过 1~2 小时用温水投过的毛巾擦拭身上的汗，让皮肤干净。尤其是头部，宝宝头大身小，经常用热的湿毛巾把头上的汗擦净就不会出痱子。最好用自然风，或用风扇的低档，不要直接吹着宝宝，有凉风宝宝就不会出痱子。如宝宝已经有痱子，可用炉甘石液外涂，可以止痒并减少抓伤。

Ⓠ 冬季外出应注意什么

宝宝在家整整待了一个月没有出家门，爸爸担心他会缺钙，便抱着宝宝到外面去晒太阳。不料，爸爸妈妈最担心的事发生了，宝宝外出回来后着凉了。这可急坏了爸爸妈妈，不知道这个月龄的婴儿冬季外出要注意些什么？

Ⓐ 1~2 个月的宝宝在冬天第一次出门之前，必须做好准备，先穿戴好，在走廊上站立一会儿，不超过 1 分钟，就要回到暖和的房间休息，等身体完全暖和后再把外面的衣服脱去。如果宝宝很好，下午可以再练习一次。第二天可以增加到 2 分钟，以后每天增加 1 分钟，到能在走廊上站立 5 分钟后，就可以带宝宝到门口再练习。在门口练习也需要逐渐延长时间，直到在门口能站立 10 分钟后，再开始到户外。在户外练习也是从 3~5 分钟逐渐延长时间。如看到宝宝流鼻涕、打喷嚏，或者把身体缩成团，就要马上回家。如果突然让 1~2 个月的小宝宝进入冷空气的环境太久，就容易使从未出过门的宝宝着凉。

Q 怎样护理宝宝的鼻腔

宝宝的鼻腔里有时候会有鼻屎，妈妈老想帮她弄出来。可是姥姥说不用管，宝宝自己打喷嚏的时候会打出来。真的是这样的吗？还有，宝宝睡觉的时候总是偏着头睡，把右边的耳朵压得扁扁的。这样对宝宝耳朵的生长有影响吗？

A 如果宝宝鼻屎太干，就不容易自己喷出来。可以把一条手绢弄湿，卷成小条，塞进鼻孔里把鼻屎弄湿，轻轻转动，就可以让鼻屎排出。千万不要用硬东西插入鼻孔，以免损伤黏膜。此外，把宝宝的枕头放在床尾，让宝宝掉转床头，因为宝宝喜欢面向阳光。掉转床头后，宝宝就会转向另一侧睡。到5～6个月时，宝宝会坐起来，就不会对耳朵有影响了。

Q 怎样让宝宝洗澡时不害怕

宝宝的胆子比较小，比如洗澡的时候一开始总是比较紧张，小手紧握拳头。有没有一些方法可以让宝宝的胆子大一些？

A 在洗澡前可以先给宝宝做抚触，把皮肤擦红，然后让宝宝的双手接触水，再让双脚接触水，最后把全身泡进水里，宝宝就不会害怕了。平时爸爸可以抱着宝宝举高，再放低，但不可把宝宝抛起离手。让宝宝适应不同的高度，调整身体的平衡。洗澡时妈妈可用左手握稳宝宝的左腿，让宝宝的头枕在妈妈的肘部，把宝宝的身体固定好，宝宝就不会害怕了。

Q 怎样预防宝宝出现红屁股

A 宝宝在满月后如果白天把尿，并且用布尿布，在天不冷时晾一晾，让小屁股透气，就不会出现红屁股了。此外要注意，宝宝出现红屁股时，不要用湿纸巾擦屁股，因为有些湿纸巾里有酒精，会引起宝宝皮肤过敏，使红屁股加重。如果宝宝已经出现了红屁股，可涂鞣酸软膏等，以免更加严重。

Q 用纸尿裤应注意什么

由于长期使用纸尿裤，宝宝出现了红屁股，但妈妈没有在意，仍继续使用纸尿裤，致使宝宝的红屁股很严重。每次妈妈给宝宝换纸尿裤时，他都大哭不止。后来去看医生，医生给开了护臀霜，擦了几天，宝宝的红屁股才好一些。

Ａ 白天不要给宝宝用纸尿裤。可通过观察定时把尿，让宝宝的臀部干爽透气，这样就会好得更快些。宝宝如果有尿就会出现一些特有的动作让大人来把，这时还可以教宝宝在有尿时发出"嘘嘘"的声音，有大便就发出"嗯"或者"唔"的声音，让大人及时来把。这样白天就可以逐渐不用纸尿裤，留做晚上用，宝宝也就不会再出现红屁股了。

Ｑ 宝宝出生多少天可以练习把尿

Ａ 在宝宝出生 10~14 天就可以练习把尿了，多数宝宝在满月前就能学会了。到第二个月，宝宝就会用动作来表示，例如在床上扭动身体表示有尿；自己使劲就表示有大便。这时马上把持就会成功。等到宝宝识把后，白天可以不用纸尿裤，晚上再用。让宝宝学会同大人合作，会用动作或声音表示需要把持，而且能作短暂的等待。

Ｑ 宝宝小便时为什么会啼哭

宝宝睡觉的时候有时会突然啼哭，爸爸妈妈开始以为是受了惊吓，可是哄他也没有用。后来才发现，宝宝只有小便时才会这样。

Ａ 爸爸妈妈要尽量在宝宝要小便之前抱起来把尿，这样可避免他突然啼哭。要注意观察宝宝小便时有无异常，正常的宝宝小便时是不会啼哭的。如果男孩包皮太长，或者有包茎，撒尿时包皮鼓起成小包，甚至尿不出来，难受就会哭。如果女孩子尿道口有炎症，也会啼哭。如果爸爸妈妈找不到原因，最好到医院看看。

Ｑ 宝宝不让爸爸抱怎么办

爸爸因为经常出差，比较少跟宝宝在一起。现在偶尔回来发现，宝宝对爸爸不那么欢迎了，有时候爸爸一抱就哭，妈妈和外婆接过来就好，这真让爸爸苦恼呀。

A 当宝宝不让爸爸抱时，爸爸就可在宝宝身边吹口哨、做鬼脸，逗宝宝开心。等宝宝高兴就会让爸爸抱了。爸爸可以有多种抱法，如把宝宝举起放下，抱着宝宝转圈、跳舞，做各种动作。爸爸抱的花样多了，自然就会受宝宝的欢迎，以后宝宝一看见爸爸就会要爸爸抱的。

Q 宝宝头睡偏了怎么办

因为不想让宝宝后脑勺睡得扁扁的，便让他侧着睡，但他总爱偏向右边。因为没及时纠正，现在宝宝的头有些偏了。应该怎么办？

A 可以把宝宝的枕头放到床尾，宝宝爱朝着有光的方向睡觉，把枕头调位，就会让宝宝向另一侧睡，这样就不会偏头了。此外到了 5~6 个月宝宝会坐起来后，头就不会经常受压，会逐渐变圆的，不必太担心。

Q 宝宝半夜吃完奶还要玩怎么办

女儿经常是半夜醒来喝完奶后再折腾 2 个小时才肯睡，而且有时候睡着了，但一放到床上就哇哇大哭起来。怎么会这样呢？

A 1~2 个月的宝宝还未分清昼夜，她还不懂得晚上要睡觉，所以在白天应尽量利用有太阳的时候，抱她在阳光下活动，同她玩举高高，让她伸手拍能发出声音的东西，在她的床尾放一个吹鼓了的大纸袋，鼓励她用脚蹬出声音……白天活动多了，晚上就能多睡觉。此外，应尽量让宝宝先睡在床上，边听音乐或听大人哼唱摇篮曲入睡。如果抱着宝宝，就要等她睡踏实了才放下，否则刚进入浅睡期，宝宝的皮肤和本体感觉仍很灵敏，如感到体位有改变，就会惊醒。

Q 宝宝睡觉时身体抖动是怎么回事

宝宝睡觉有时候会突然全身抖动几下，然后又安静下来。婆婆说要用个小米袋压在宝宝的胸前，使她有安全感，可是朋友认为这不太科学。

A 宝宝在入睡时先经过浅睡期，即快速动眼期，会有眼睑闪动和不同程度的躯

体活动，呼吸不平稳，这是正常现象。在此期间身体各种感觉仍然存在，如果有

声音或者将宝宝从抱着转移到床上，宝宝就会马上醒来，大声啼哭，而且睡意就被驱散了。因此，在此时不必作任何处理，要安静地等到宝宝进入深睡期，宝宝所有知觉完全丧失，呼吸平稳、眼皮不动时，就可以把宝宝轻轻放在床上，他就不会哭醒了。不要把东西压在宝宝胸前，以避免妨碍呼吸。

Q 怎样能让宝宝白天少睡、晚上多睡呢

宝宝的作息情况是这样的：早晨吃过奶后一直睡到快中午，下午就不睡了，一直到四五点钟才睡。傍晚吃过奶后睡到八九点钟，然后一直兴奋，到 12 点钟以后才睡。有什么办法可以让宝宝晚上早点睡觉呢？

A 可在上午 11 点左右，用一条凉的湿毛巾给宝宝擦脸，让他醒来；吃完奶后，就抱他到外面去玩，然后带他回来做运动，让他玩得高兴，到下午 3 点他就会累了，那样就比较容易入睡，也会提前一个小时醒来，晚上就可以早一个小时入睡了。要循序渐进，刚开始每次可提早 15 分钟，用两个礼拜就可以把宝宝的习惯改过来。

Q 宝宝睡眠时间不足怎么办

这个月龄的宝宝应该睡 15 个小时左右，但女儿有时还睡不足 12 小时。她是不是睡得太少了？这会影响她的健康吗？

A 每个宝宝需要的睡眠时间不同，如果她睡得深，休息好了，睡眠的时间就会少些。此外大脑成熟度不同，还未成熟的大脑不能接受过多的信息，刺激多了就会出现保护性抑制，需要多睡；比较成熟的大脑能接受较多的信息，就会少睡。只要宝宝精神好、能吃奶、很快乐，就表示健康，就不必担心。

■ 动作训练

Ⓠ 怎样使宝宝活动时两边对称

这段时间女儿好像学会了"打人"，有时候亲她小脸，她的一只小胖手就会伸过来。不过女儿经常是一只手在做运动，另一只手却很少动。这是怎么回事？

Ⓐ 宝宝开始的动作很少对称，常常都是某一边多动一些，另一边少动一些。家长要让宝宝不爱运动的一边多活动，用手帮助少活动的一侧，让它动起来。如果少动的一侧有抵抗，肌肉强直，不容易拉动，就要及时去看医生。如果另一侧也能活动，就可以通过活动训练使两边对称。

Ⓠ 在阳台上晒太阳有效果吗

爸爸和妈妈主张每天带宝宝到小区里走走，晒晒太阳，可奶奶总是说宝宝还小，天又冷，在阳台上晒太阳就行了。

Ⓐ 在没有大风而又有太阳时可以抱着宝宝外出晒太阳。太阳直接晒在脸和手的皮肤上能自己合成维生素 D，如果隔着玻璃，紫外线就会减少，效果也较差。不过冬天很冷的时候，如果实在难以外出，在有阳光的阳台上玩耍，也比在阴暗的房间里要好些。

Ⓠ 做婴儿体操时宝宝乱动还有效果吗

给小家伙做婴儿体操的时候，她总是高兴得手舞足蹈，完全不配合妈妈的动作。这样的话还有运动效果吗？还有什么适合两个月大的宝宝做的游戏呢？

Ⓐ 做婴儿体操时可以放固定的音乐，让宝宝的动作与音乐形成条件反射，鼓励他形成自己有规律的活动。只要能让宝宝身体运动、能让他快乐，就会有效的。

在宝宝爬起来时，用个大镜子放在他面前，他会很高兴地看，同它笑、用头碰它，逐渐会用肘把身体支撑起来。而且如果把镜子放在体侧，可以诱导他做90°的侧翻。也可用漂亮的手镯或丝带把手腕装饰起来，让他自己看着玩手，开始训练手眼的协调。

Q 宝宝两个月时应该做哪些动作

A 宝宝最先学会用嘴做动作，如张嘴、伸舌、咂嘴等。可教宝宝做这些动作。此外，在宝宝7~10天能够转头之后，就要练习俯卧抬头，把他放在俯卧位，妈妈用左手拿一个铃铛吸引，再用右手扶着宝宝的额头，帮助他抬起眼睛观看，每天要按时练习2~3次。这样到满月时，宝宝在俯卧时，就能自己抬起头，下巴会离开床1厘米左右。第二个月，要训练宝宝在俯卧时，双手放在前面，下巴离床铺5厘米，前胸也抬起来。这个练习要连续几天天天做，这可为将来起坐和爬行打基础。

Q 宝宝四肢总不停地动是否有多动症

宝宝醒着的时候手脚动个不停，包括吃奶的时候，手脚也不老实。宝宝会不会有多动症？

A 宝宝爱动手动脚表示高兴，一般不会有多动症。不过可在宝宝动的时候，训练他的能力。可在宝宝的脚下放一个会响的大球，或者就用一个硬的大纸口袋，里边装几块尿布，放在宝宝床尾，让他用脚蹬响。

■ 潜能开发

Q 本月怎样刺激宝宝发出声音

妈妈发现在与宝宝讲话的时候，宝宝有一点点想回应的样子，经常发出"嗯""啊"的声音。而且宝宝在睡觉的时候也经常会笑出声来。请问这个月应该怎样训练宝宝的语言能力？有没有一些好的游戏可以刺激宝宝发出声音？

妈妈可用不同的口型发出"咦""啊""哦""呜""唉"等音。如果宝宝能发出任何声音，都可以用录音机录上，平时放给宝宝听。这样他就会很高兴地再发出不同的声音，以后就会自己发出声音来自娱。

要给1~2个月的宝宝多安排活动吗

姥姥和妈妈喜欢在宝宝安静的时候跟宝宝讲话或者唱歌，而爸爸认为新生儿应该多些睡眠。妈妈觉得这样做宝宝除了吃就是睡，没有智力开发和引导，将会"越睡越傻"。到底哪种方法正确呢？

宝宝睡醒后如果没有啼哭，就是还未饥饿，就可以同他玩耍。不过宝宝太小，每次玩2~3分钟就累了，所以头1~2个月所有的游戏都可安排在护理的过程中，如洗澡前做抚触，哭闹时大人给他唱歌，把他竖抱起来到处看，换尿布时让他趴在床上做俯卧抬头等。过多的信息会使宝宝的神经系统进入抑制状态，他会以入睡作为保护自己的方法。

何时教宝宝认物最适合

妈妈为了使宝宝赢在起跑线上，每天有意识地教宝宝认识家里的物品。但爸爸认为宝宝现在还小，教也徒劳。不知何时教宝宝认物最恰当？

对1~2个月的宝宝经常说说话、唱唱歌、鼓励他发音就够了，最好在140天以后才开始教宝宝认识第一种东西。比如让宝宝认识灯。到时可用手拧开台灯的开关，让灯时亮时灭，吸引宝宝看到灯。大人慢慢发"灯"的音，当大人再次发出"灯"的音时，宝宝能用目光看着灯。连续数天，每天几次都能准确无误，就表示宝宝认识灯了。5~6个月可以再认识"门"，因为宝宝喜欢打开门出去玩；6~7个月再认识1~2种与宝宝密切相关的东西。不可以教得太多。

Ⓠ 本月应教宝宝模仿哪些动作

妈妈对着宝宝吐舌头让他模仿，以后他就爱盯着妈妈嘴巴看，舌头一动一动的，但不会全伸出来。可自己没事的时候就会把小舌头像妈妈那样吐出来。宝宝还会自己用舌头打响。请问这个月应该让宝宝模仿哪些动作呢？

Ⓐ 宝宝最先学会用嘴做动作，如张嘴、伸舌头、咂嘴等，可教宝宝做这些动作。喂奶时让他自己去找乳头，他嘴周围的皮肤都很灵敏，会凭触觉找到的。

Ⓠ 应当给宝宝做哪些早教项目

妈妈认为欣赏轻音乐就可以了，不必进行太复杂的早教；爸爸则认为早教越早越好，并开始给宝宝看彩色实物卡片（中英文），听英文儿歌。

Ⓐ 可让宝宝定时听胎教时的音乐，宝宝对熟悉的音乐容易产生共鸣，例如要入睡了就播放摇篮曲；要做活动了，就播放小步舞曲或节奏鲜明的儿童歌曲；每天做抚触时都播放相同的音乐以形成条件反射。平时不必播放背景音乐，以免混淆。我们提倡的早教不是要早期学认字、学英语等，而是按着月龄做六个项目的锻炼，如大运动——俯卧抬头、精细运动（手的动作）——抓花铃棒、认知——四周观看、语言——发元音、社会适应——逗笑、独立自理——把尿等，让宝宝身心得到全面发展。可以参阅《中国儿童智力方程》，此书多次再版，曾荣获"五个一工程"奖，历年来许多宝宝都是每个月按照相应的月龄做游戏锻炼，并取得了较好的效果。

Ⓠ 给宝宝选择什么颜色的玩具好

朋友说，孩子的玩具尽量少选择红颜色的，对吗？

A 每个宝宝对颜色的喜爱有所不同，好静的宝宝喜欢浅蓝和浅绿色；温和的宝宝喜欢粉红和黄色；热情的宝宝喜欢鲜红和紫色。妈妈可以用不同颜色的彩纸贴在墙壁的四周，每天都抱着宝宝在墙壁四周观看，会发现宝宝在哪一种颜色面前更愿意多逗留一会儿。然后妈妈可以用那种颜色作为主调的图画代替其他颜色，50~60 天会发现宝宝对某一幅彩色图画特别感兴趣。每次走到近前宝宝就会出现高兴的表情，会笑、手舞足蹈，离开时恋恋不舍。宝宝对图画的颜色或者内容有各自的选择性。两个月的宝宝喜欢玩有颜色、会动、能发出声音的玩具，如花铃棒、八音盒、音乐拉响玩具、不倒翁等，可按着宝宝喜欢的颜色选择玩具。

Q 应该给宝宝买什么玩具

A 应该给宝宝买一个哑铃形的花铃棒，这也是最必需的玩具。此外可在墙上挂一图一物的大幅彩图，在家里放几个可爱而又滑稽的拟人玩具作为逗笑之用。

■ 预防保健及其他

Q 是否需要注射免费疫苗之外的疫苗呢

带宝宝打预防针时，除了卡介疫苗，医院还介绍了其他很多种非免费的疫苗。妈妈觉得可以挑选几种疫苗注射以预防疾病，爸爸认为只打最基本的疫苗就可以了，宝宝会有自己的抵抗力，打多了疫苗并不好。请问除了免费的基本疫苗外，是否需要给宝宝打其他疫苗？

A 可以给宝宝注射 Hib 疫苗，这是一种 B 型流感嗜血杆菌疫苗。这种细菌可以使宝宝患脑膜炎、肺炎、败血症、关节炎等疾病。我国 58.1% 的 Hib 脑膜炎发生在 1 岁以内的婴儿，因此在 2 个月就可以注射。因为要注射 3 次，而且间隔 1~2 个月，所以经常在每次注射百白破三联疫苗时就可同时注射。由于这种疫苗是进口产品，全名叫 ACT-Hib 安尔宝 B 型流感嗜血杆菌结合疫苗，目前未列入计划免疫范围内，需由家长交费注射。

Q 没有注射乙肝疫苗需要补种吗

宝宝满月时通知注射乙肝疫苗，当时宝宝住在外婆家不方便去，需要补注吗？

A 需要。目前要求所有新生儿在出生 24 小时内、满 1 个月、满 6 个月都应接受乙肝疫苗注射，称为 0-1-6 程序免疫。过去中国被认为是乙肝大国，几乎有 1/10 的人携带乙肝病毒（澳抗表面抗原阳性），近 10 年来由于推广 0-1-6 程序免疫，新一代人带病毒率明显减少。因此，新生儿的父母为了自己的宝宝健康就一定按时注射。如果耽搁了，也应尽快补上。如果所有家长都按时给宝宝接种，新的一代人的健康就会更好。

2～3个月

■ 生理指标

出生后60天	男孩	女孩
体重	均值 6.27 千克±0.73 千克	均值 5.75 千克±0.68 千克
身长	均值 60.5 厘米±2.3 厘米	均值 59.1 厘米±2.3 厘米
头围	均值 39.7 厘米±1.3 厘米	均值 38.8 厘米±1.2 厘米
胸围	均值 39.8 厘米±1.9 厘米	均值 38.9 厘米±1.7 厘米
前囟	2 厘米×2 厘米	2 厘米×2 厘米
	后囟和颅缝基本闭合	后囟和颅缝基本闭合

■ 发育状况

1. 认识妈妈。通过多种感知觉，如看到大致的容貌、听声音、闻气味、怀抱的方式等综合的感觉，宝宝能认识最亲近的人。

2. 玩手。眼睛看着双手在胸前玩，是手眼协调的开始。

3. 翻身 90°。在哺乳后宝宝向右侧睡，从无意地翻身到有意地做 90°翻身。

4. 会发出几个拉长的元音。

爸爸妈妈的描述

★宝宝开始对周围的事物产生浓厚的兴趣，早上起床看到妈妈会开心地笑；喜欢跟人交流，并能积极地回应。能看着爸爸妈妈的眼睛"哦哦啊啊"地说上很久,不高兴的时候也会皱着小眉头很委屈地呜呜地说。

★这个月宝宝变化很大。一逗就会"咯咯"大笑;高兴起来"啊啊"大叫。小东西不甘寂寞,会主动跟人"嗯嗯啊啊"地说话。头可以竖起来了,每天都会专注地看客厅里的观赏鱼。

★本月给宝宝把尿,成功率90%。

★宝宝越长越可爱了,早上对你笑,爱和人说话。发出"噢"表示与人应声;发"哎"音拉长是叫人来;尖叫"啊"是等急了,不舒服。

★宝宝从出生到现在是玩具不离身啊:月子里,毛茸茸的玩具陪着宝宝睡觉,增加她的安全感;后来的响声玩具和床挂玩具让她的听力及视力得到了锻炼;如今小手会抓东西了,摇铃和安抚巾又到了登场的时候。宝宝的活泼好动,玩具功不可没!玩具既能增加宝宝的活动量,又能增强她的感官能力!

★宝宝马上就要满百天了,这个月的进步很大,神态和动作都越来越灵活,爱笑了,也调皮了,喜欢趴在大人肩膀上四处张望;趴着的时候可以坚持做1~2分钟的"俯卧撑";夜晚可以只喂一次母乳就安睡到清晨……

★妈妈经常跟宝宝说话、唱歌,她会很开心地笑。妈妈做家务的时候,她会自己看着妈妈给她买的新玩具——小蜜蜂音乐转转乐,自娱自乐。现在,家里人叫她名字"宝宝"的时候,她还会转过头来,看着家人笑一下,也不哭闹,真是一个好宝宝。

★宝宝第一次游泳,虽然刚下水的时候有一点紧张,但很快就适应了。在水里手舞足蹈的，特别是两条腿，很用力地蹬，连游泳馆里的阿姨都夸宝宝游得好。

■ 喂养方法

Q 配方奶更有营养吗

妈妈的奶水颜色像淘米水，奶奶老说奶水太稀，营养不够，认为宝宝总长奶癣也是因为奶水过敏，想用配方奶来补充，还想提前让宝宝吃米粉。而妈妈坚持要对宝宝进行母乳喂养，母乳实在不够吃时再喂点配方奶。

A 人奶的确比牛奶水分多出 1/3，因而可保护婴儿的肾脏，不至于出现肾衰竭。婴儿的肾皮质太薄，肾功能只及成人的 1/6 ~ 1/4，如果直接用牛奶喂养，调配不当就会出现肾衰竭。母乳最适合宝宝，不但盐分合适，蛋白质容易吸收，又比牛奶多 4 ~ 5 倍 DHA 和 AA，所以用母乳喂养的宝宝最聪明。应尽量喂母乳，实在不足才用配方奶。先让宝宝吃母乳，不足部分再添加配方奶。在 4 个月前不宜喂米粉，因为宝宝胃里消化淀粉的酶要到 4 个月后才有活性。过早喂淀粉，未被消化的淀粉会在肠道发酵，会刺激肠道，容易腹泻。

Q 宝宝不愿意用奶瓶怎么办

A 用有吸吮嘴的儿童水杯或用长的一次性纸杯，每次放奶 20 毫升，放在宝宝嘴边直接喂奶。宝宝吞咽时，把纸杯仰起，在嘴边接着，因为宝宝在吞咽时会有部分奶液溢出，连续几天宝宝就能学会用杯子吃奶。不可用勺子，因为来回舀取，宝宝会等不及而哭闹。

Q 宝宝不愿意吃奶怎么办

宝宝一直吃配方奶，可最近他不肯吃奶。以往每隔 4 小时吃 130 毫升，如今却只吃 50 毫升，且一顿奶竟然要吃 1 个半小时，这该怎么办？

A 不要勉强他吃，如果他口渴，可以给他喝温开水，让他的胃肠道休息几天。

夏天大人吃饭也会少些，等宝宝恢复过来就会愿意吃奶了。要注意观察宝宝是否有发烧、腹泻及其他不适，如果有，要早一点就诊。

Q 母乳喂养需要定时吗

姥姥让妈妈给宝宝定时喂奶，白天 3 小时喂一次，基本成功。但是宝宝夜里吃奶不定时，吃得多而且频繁，怎么办？不给吃就哇哇哭，把大家都吵醒，妈妈束手无策。

白天如果宝宝需要，就让他吃够，不必有意让他定时。因为宝宝会按着自己的需要建立适合自己的生物钟。等宝宝的生物钟稳定后，自然就定时了。在他自己的需要满足后，白天带他定时到户外活动，定时做抚触或者做体操、练习俯卧抬头等。让宝宝白天的生活丰富多彩，晚上他就累了，夜里就需要休息了。而且白天吃饱后，夜里的需要量就不会很大，逐渐就养成白天活动，晚上睡觉的生活规律。

Q 宝宝大便有奶瓣正常吗

宝宝爱放屁，大便有奶瓣，需要吃药吗？

宝宝吃奶后，最好竖抱，靠着妈妈的肩部，给他拍背让他打嗝，让他把吸入的气体排出来。奶瓣是奶中的油和钙或者镁结成的皂样物从大便中排出，是正常现象，不必吃药矫正。这也说明妈妈的奶很好，营养充足。

Q 宝宝体重增加太快怎么办

宝宝体重增加太快，可在母乳喂养前先喂他 20 毫升～30 毫升温开水，以减少胃的容量。如果喂配方奶，也应适当减少奶量，或者延迟增添奶量，以免增重过快。

■ 日常护理

Q 洗澡水多少度合适

宝宝洗澡时背上会出现红红的斑，洗完会自动褪去，这是为什么？是因为洗澡水太烫吗？洗澡水40℃合适吗？

A 如果在洗澡时宝宝的皮肤上出现红斑，最好将洗澡水降到38℃，把室温提高到22℃～24℃。如果不方便，可以把宝宝放在蚊帐内洗澡，这样温度也不会很快散失，不妨试试。

Q 宝宝头上有红疹子怎么办

宝宝头上经常要发一颗颗红红的疹子，痒的时候使劲在我怀里摩擦。用湿疹膏涂了之后很管用，可不涂时就又要发疹子了。我担心涂湿疹膏会堵塞头皮的毛孔，但不涂又怕她难受。应该怎么做呢？

A 宝宝头上出现的红疹子千万不要弄破，如果破了就会流黄水，然后结成痂。不要用香皂或者婴儿洗发香波等有刺激的东西给宝宝洗头。万一出现黄痂，也不要用手去撕掉。要用热毛巾把黄痂敷软，再涂上湿疹膏或者烧开凉凉的食用油。用一条小手绢，结上四个角，弄成帽子给宝宝戴上。不要给宝宝的头皮任何刺激，包括挠痒痒和梳头。这样就会很快愈合的。中成药中有一种愈裂霜，对这种痒疹很有效。

Q 怎样防止洗澡时宝宝呛水和耳朵进水

A 给宝宝洗澡时，可先洗头，用左前臂托住宝宝的上身，宝宝的屁股夹在大人的前臂和身体之间，用大拇指和中指压住两个外耳壳，就不怕水流进耳朵了，也不会呛水了。

Q 宝宝哭闹需要马上安慰他吗

我家宝宝每次在需要吃奶、玩、尿湿、想抱、睡觉的时候，我们总是要在第一时间给他满足。如果大人动作慢了点，会使他不停地哭闹起来，脾气特别急躁。请问这对今后宝宝的性格培养会有影响吗？该怎么教育、引导他？

A 在6～7个月之前要尽可能在第一时间满足宝宝的需要，使宝宝对大人产生信

你怎么了？

任和安全感。大人一面做动作时一面同宝宝说话、逗笑。尤其是在大人判断错误时，大人可以说："看！妈妈没看出来宝宝又尿湿了，下次你这样动动。"教教他做一个扭屁股的动作，以后宝宝就会用动作让大人知道他的意图，使宝宝与大人逐渐产生默契。到 7~8 个月后，等宝宝的抑制中枢发育后才有可能让他学会抑制，懂得等待。

Q 宝宝总让大人抱着走怎么办

宝宝在醒来的时候，总是想有人抱着走走看看，于是除了宝宝睡着外，外婆平时都是抱着他不停地来回走。而爸爸却认为不能总抱着他。请问如何做对宝宝有益？

A 可以给宝宝立一个可行的生活常规，例如早上吃饱了，如果不是马上入睡，就可以竖抱着看看家里墙壁上挂着的大幅图画，或者看窗户外面的景物，等太阳出来，外面暖和后可以放在小车上推到户外活动，十几分钟后回家做俯卧抬头练习，然后准备做抚触和洗澡，再吃第二次奶，然后哄他入睡。让宝宝在有限的觉醒时间练习语言和认知，也尽可能做一些户内和户外运动，使宝宝的生活多样化。

Q 怎样给宝宝喂药

宝宝咳嗽有点严重，我们去医院拿了药，但宝宝就是不肯乖乖吃药，像是尝得出药的苦味似的。不只是把药吐出来，就连胃里的奶全都吐了。给她喂药真累啊！

A 可以放一点糖使药变甜一些，或用小勺子先舀一点糖给他吃，然后放上少量药物，宝宝尝到甜味会张口，然后赶快把药倒进去，要把勺子放在他嘴里接着吐出来的药物，直到吞咽完毕才拿开。喂完药后马上把宝宝抱起来，到窗前看外面的东西，或用玩具逗她高兴。不必喂水，以免呕吐。

Q 可以竖抱宝宝吗

爸爸总是把宝宝竖起来抱。宝宝的脖子现在还不是很硬，经常东倒西歪，妈妈很担心。

A 应当竖起来抱宝宝，可用一只手扶着宝宝的头。竖着抱时宝宝有更多机会观看外周事物。另外，应当让宝宝俯卧在床上，用玩具引诱宝宝把头抬起来观看。也可以在宝宝前面放一个大镜子，让他仰起头从镜中看到自己。到 3 个月时，宝宝会用双肘部把上身支撑起来，能看到的范围就会扩大，这样脖子就会越来越有劲了。

Q 怎样制止宝宝吃手指

宝宝现在很喜欢吸吮自己的手指头，妈妈认为这是正常现象，不用管他。可爸爸觉得吃手指是个坏习惯，应该制止。不知道怎样做才有利于宝宝的成长？

A 宝宝在小的时候会吃手指，或者把拿到的任何东西都放进嘴里，这是一种生存的觅食本能。在此时，家长的任务是保持宝宝的手和玩具的清洁，而不是禁止。要等到 7~8 个月，宝宝额叶的抑制中枢成长后，才逐渐分清哪些可以吃，哪些不能吃。那时当宝宝把手指再放进嘴里，大人给他一个不赞成的表情，他就会知道这样是不应该的。

根据宝宝手的能力发展的情况，3~4 个月应当练习拍打吊球，5 个月能拿到静止的东西和够着吊起的东西，6 个月双手各拿一物，互相对敲，7 个月能传手，8 个月食指抠洞，9 个月食指、拇指对捏等，每个月都要对宝宝的手进行一定的活动训练。如果没有相应的玩具和活动训练，宝宝太无聊就会继续吃手。所以长久吃手的宝宝肯定是关照不够，缺乏玩具和适时教育所致。良好手技巧的锻炼和宝宝全面发展的适时教育，才是根本的预防和制止吃手的方法。

Q 怎样防止宝宝翻身掉下

妈妈一直以为 3 个月的宝宝不会翻身，还很安全，可是上周宝宝在沙发上，竟然掉下来了，实在是吓坏了大家。以后宝宝一个人时可要非常注意了。

Ⓐ 宝宝一个人时可把他放在较宽敞的地方，可以考虑用地垫铺在客厅等处让宝宝活动。因为3个月左右的宝宝可以做90°的侧翻，5个月会做180°的仰卧翻到俯卧，6个月会做360°翻身，7个月就能连续翻滚。5个月前后从大床上摔下来的机会就会很多。所以4个月前后就应让宝宝在地上活动了。这样既可以防止他摔倒，又能锻炼他的活动能力。

Ⓠ 冬天外出时怎样给宝宝保暖

冬天宝宝的小手和脸太容易冻伤了。冬季该怎样保护宝宝的手和脚呢？这么小的宝宝要提防哪些安全问题呢？

Ⓐ 冬天要用一些护肤霜保护宝宝的小脸和小手，外出时如果有风可用纱巾遮着脸部，给宝宝戴上暖和的手套，穿上厚袜子，把他放在睡袋里，外面包上小毯子就不会冻着了。如果睡袋没有帽子，就一定戴上厚毛线织的帽子。因为宝宝的头相对要大些，头部的保暖更为重要。如果外出的时间长，要给宝宝准备口罩和热的奶类。低体重的新生儿外出要在脚下放热水袋保温，或者妈妈把宝宝抱在怀中取暖。

Ⓠ 妈妈患感冒时怎样使宝宝不受影响

由于天气变冷，妈妈有点感冒，不吃药怕传染宝宝，吃了药又怕影响母乳，对宝宝不好。应该怎么办好呢？

Ⓐ 在秋天，哺乳的妈妈可以吃一些不影响宝宝的保健食物，例如乳珍或牛初乳的奶粉。在牛初乳中有免疫球蛋白，可以让妈妈少患或不患感冒。这些食物不会影响乳汁的成分，也不会对宝宝有不好的影响。此外如果妈妈开始流鼻涕，可以用一下中成药。如果妈妈开始有感冒的症状，在给宝宝喂奶时就一定要戴口罩，并且在此之前要认真洗手。

Q 晚上应该给宝宝把尿吗

给宝宝把尿，成功率90%。但是看着宝宝好不容易睡着了，又经常被尿或屎憋醒，妈妈很心疼。该怎么办？

A 宝宝睡着了就不必把尿了，让他带着纸尿裤入睡，起来后换成布的尿布，可以方便把尿。

Q 宝宝眼睛干涩可以点眼药水吗

宝宝眼睛有时干涩，外出前可以给宝宝滴眼药水吗？

A 如果怕宝宝的眼睛干涩，外出前可以用一条干净的手绢把宝宝的眼睛盖上一会儿，让宝宝自然闭上眼睛，眼睛就会湿润，不必用眼药水。宝宝在自然眨眼时都会湿润眼睛，尽量不要无故用眼药水。

Q 怎样给宝宝换尿布

有一次正举起宝宝双腿和屁股给他换纸尿裤，他却撒起尿来，结果尿就直接射到他身上，到处都是。

A 在换尿布时，在拿走用过的尿布以及未包好干净尿布前，一定用旧的尿布或卫生纸在排尿的方向挡住，不让尿直射到别人和自己。

Q 宝宝大便变绿是怎么回事

我家宝宝是纯母乳喂养的，前两天大便突然变成绿色，怎么办？

A 妈妈需要休息，多喝水或奶类和豆浆，最主要的就是不要着急生气。妈妈情绪改变就会马上没有奶，饥饿的宝宝仍然大口吸吮，就会把黏稠的后奶吃掉，这些富含脂肪的后奶会引起胆汁分泌，大量的胆红素进入酸性的肠腔就会变成绿色，因此出现绿便。如果妈妈睡眠好、情绪好，多喝汤水，很快就能恢复泌乳，大量富有水分的前奶就会马上使宝宝的大便变成黄色。因此妈妈在喂奶期间，应当保证睡眠，宝宝入睡时，妈妈也赶快入睡。为了宝宝要保证自己心情开朗，不要计较小事，就可以避免宝宝出现绿便。

Q 宝宝头发稀疏正常吗

宝宝到现在头发还是很稀疏，而且发质软、头发短。虽然妈妈小时候也曾经这样，长大后自然而然就改善了，但还是有点儿担心。

A 许多宝宝在出生后几个月内头发都比较稀疏，长得很慢。母乳头几天的初乳含锌量高，头几个月的母乳含锌量也比其他的乳类高，能促进宝宝毛发的生长。所以希望妈妈坚持用母乳喂养自己的宝宝，以后宝宝的头发会慢慢好起来的。

Q 怎样安抚傍晚哭闹的宝宝

宝宝经常在晚上六七点钟的时候会闹。有没有什么好办法可以改掉这个坏习惯？

A 许多宝宝会在下午5~7点时，即在大人下班时表现兴奋，可能因为大人下班时喜欢逗引宝宝，有过1~2次让宝宝高兴的经历，宝宝就会用哭来提示，要求大人再逗他玩。可以试着抱他起来，给他唱歌、逗他笑、抱他到处看看。2~3个月的宝宝还需要练习俯卧，自己把头撑起来。可把大人下班后的时间作为宝宝的最好的游戏时间，以增进亲子感情，形成良好的情感交流时间。

■ 动作训练

Q 做什么游戏能使宝宝颈部有力量

宝宝的脖子还不是很有力量，竖着抱的时候大人要用手在脖子后面帮他支撑脑袋。请问做什么游戏可使宝宝颈部更有力量？

A 让宝宝练习俯卧抬头，就可以锻炼颈部的肌肉，使颈肌能支撑头的重量。在宝宝俯卧时，用玩具或者镜子让宝宝观看，逐渐把玩具抬高，让宝宝用双肘把头和前胸抬起。这是很重要的一项锻炼，因为宝宝的头很重，如果颈部不能支撑头的重量，就不能坐起、匍行和爬行。因此要重点练习。等到宝宝俯卧能抬头，自己能撑起胸部，竖抱时就不必用手支撑了。

Q 怎样让宝宝双手均衡发展

为了培养宝宝的动作协调和触感，爸爸在宝宝挥手的时候把脸凑到他的手可以够到的地方，让他用手抓。可以感觉到宝宝能摸到爸爸脸的次数和停留的时间越来越长。问题是宝宝更偏向于用右手，左手就不怎么爱抓东西。怎样让宝宝的两只手均衡发展呢？

A

爸爸可以拿着宝宝的左手，让他用左手摸到自己的脸。可以经常把东西放在他的左手能抓到的地方，甚至直接放进他的左手让他抓到。平时拿着宝宝的左手帮助他挥动，帮助他用左手摸到东西，逐渐使他的左手也动起来。不过每个人都有利手，就是方便使用的手，约有65%的人是右手。管理右手的神经中枢在左脑，右利者的语言中枢也在左脑，所以每当动用右手时，兴奋就会扩散到语言中枢，帮助它发育。所以如果宝宝经常用右手，家长也不必介意，因为动用右手时也会促进语言的发育，使宝宝乐意发出声音自娱，帮助他以后容易说话。

Q 怎样锻炼宝宝的运动能力

A

每天都要把宝宝放在大床上练习，用有声音的玩具引起他抬头观看，经过锻炼2个月时宝宝的下巴可以离开床铺，3个月时前胸也可以离开，有些宝宝会用双肘支撑。这个动作能使头抬起，为起坐做准备，也为以后爬行做准备。

Q 宝宝不喜欢游泳怎么办

出了满月宝宝就一周游一次泳，可最近两周他一下水就大哭，开始讨厌游泳。妈妈认为应该努力让宝宝重新适应，外婆却说，不喜欢就不必做。

A 应暂时停止游泳，如果勉强，宝宝就会怕水，以后可能连洗澡都会有困难。等宝宝会坐起后，在水里放一些玩具，让宝宝喜欢玩水后，再开始练习。

Q 怎样帮助宝宝练习翻身

我们有意识地训练宝宝翻身，可是总不能成功。应该怎样训练呢？

A 先让宝宝侧睡，把枕头垫在背后，他睡醒了就会自己推开枕头变成仰卧；如果枕头太高，他会向前使劲就会变成俯卧。这种是无意的90°翻身，3个月左右的宝宝就能做到。在4个月时可以用玩具诱导逐渐让他练习自己从侧卧翻到仰卧，或从仰卧翻到侧卧；到5个月后才能做仰卧到俯卧、俯卧到仰卧的180°翻身。

Q 冬天宝宝穿什么方便活动

A 进入三九天可以给宝宝穿一件薄的用蓬松棉做的连身棉袄（衣裤相连，有拉锁方便换尿裤），这种棉衣可以整洗，晒干后仍然蓬松暖和，特别适合宝宝穿用。穿上这种棉袄就可以方便四肢活动。目前最重要是练习俯卧抬头，满3个月就要练习90°翻身了。

■ 潜能开发

Q 可否让宝宝看书

宝宝爱看书，跟他躺着举着书给他念，他看得一丝不苟。我以为他看累了就把书拿开，可他的视线还一直跟着书。是否应当让他看书呢？

A 可让宝宝看A4大小或者半张A4大小的图片，找一图一物的，把图横排粘在墙上，竖抱宝宝观看。可给他讲解物名，有什么用、有什么特点等。宝宝会很快找出自己所喜欢的一幅图，看到后就会手舞足蹈，又笑又叫，不愿意离开。到4个半月就能准确认识它，一听到物名，会用眼睛看着这幅图。暂时不要用书上太小的图和太复杂的图做启蒙学习用。

Q 怎样教宝宝发音

中午的时候妈妈抱着她下楼晒太阳，隔壁的小姐姐和她玩，嘴里发出嘚嘚的声音，我家小宝贝的舌头竟然也伸出来学，让妈妈惊奇不已！这么小的孩子就能够模仿得有模有样了，以后该怎样锻炼才能让宝宝学习得更快呢？

A 妈妈可经常同宝宝说话，故意把其中某一个音拉长，口型夸张，让宝宝学习。2~3个月的宝宝已经能自己发音自娱，每当他自己发音时，大人要用声音回应，宝宝就会再次发音，好像同人说话一样。这种发音游戏既能帮助宝宝练习发音，又能让宝宝学习用声音与人对话，引起与人对话的兴趣，对以后的语言发展十分有利。如果宝宝发出好听的声音，不妨用录音机把宝宝的声音录下来，并放给他听，宝宝会很高兴地多发出好听的声音。

Q 怎样用玩具锻炼宝宝的能力

宝宝从出生到现在是玩具不离身啊：月子里，毛茸茸的玩具陪着她睡觉，增加她的安全感；后来的响声玩具和床挂玩具让她的听力及视力得到了锻炼；如今小手会抓东西了，摇铃和安抚巾又到了登场的时候。宝宝的活泼好动，玩具功不可没！玩具既能增加宝宝的活动量，又能增强她的感官能力，真是益处多多！请问怎样才能更好地利用玩具锻炼宝宝的能力呢？

A 让宝宝每天俯卧，把她喜欢的玩具放在头的前方，让她抬起头来看，如果她不会，就在玩具旁边摇铃，引起她抬头。80~90天就可用玩具引诱她从俯卧转到侧卧、百天后就可以用玩具练习向不同方向侧翻、150天就可以从俯卧翻到仰卧。

Q 给宝宝经常更换玩具好吗

妈妈给宝宝买了不少玩具，准备每星期拿出一两样新的给宝宝玩。妈妈认为，这样既可以从不同方面培养宝宝，又可以刺激其智力发育。但爸爸觉得玩具多对培养宝宝的耐心和持久力是有害的。

A 给宝宝选择玩具并不是越多越好，主要在于是否适合，要按照宝宝的能力给他适龄的玩具。2~3个月可以让宝宝看有鲜艳色彩的玩具，听柔和声音的花铃棒，并可以放在宝宝的手里帮他摇着玩。在他俯卧撑起来时，让他看到会动的玩具，会使他撑得更高。2~3个月的活动重点在于感官发育。凡是有利于视觉、听觉、触觉和嗅觉的游戏都很重要。此外在同宝宝玩玩具时要不断同他说话，引诱他发音，也要用玩具锻炼他俯卧抬头。用每种玩具展开游戏时，都要符合宝宝该月龄发育的需要。

Q 给宝宝买的第一件玩具应该是什么

宝宝一天天长大了，我很想给他买玩具，却不知小孩的第一件玩具最好买什么？

A 第一件玩具应该是花铃棒，最好是哑铃形的，两个球表面光滑，颜色鲜艳，摇起来声音好听，当中的棒如同铅笔那样粗，表面光滑，便于宝宝抓握。让宝宝自己握住小棒，练习摇动，发出声音。3个月的宝宝应当用吊起来的小玩具，例如小球、有声音的小玩具，让宝宝练习拍打和够取，使手和眼能够协调。大概4~5个月宝宝就能自己够着了。宝宝也需要玩具做伙伴，女孩子喜欢娃娃，男孩子可以有狗熊或其他可爱的毛绒动物玩具，作为逗笑或啼哭时安慰之用。

■ 预防保健及其他

Q 宝宝长湿疹怎么办

A 如果宝宝正在急性期，湿疹上分泌物很多，就不能洗澡。用4%硼酸溶液湿敷可以减少分泌物排出。等皮肤干燥后，以红色丘疹为主时就可以洗澡，但不能用肥皂和浴液，可用1%硼酸水洗，或在洗澡水里放点小苏打，可以止痒，也可外涂炉甘石呋喃西林洗液，或照医嘱用药。注意不让宝宝吃鸡蛋清，妈妈不要吃鱼、虾、螃蟹等致敏食物。宝宝不要穿化纤和羊毛的衣服。如果用凉席，每周要用开水烫过，再晒干，以免尘螨引起过敏。家里不要用地毯，以免尘螨致敏。

Q 怎样给宝宝喂小儿麻痹糖丸

宝宝不肯吃小儿麻痹糖丸，我想自己喂，去倒热水想化开糖丸，结果却被护士阻止了。喂小儿麻痹糖丸要注意什么？

A 小儿麻痹糖丸是一种弱毒的活疫苗，需要冷藏保存，吃时不可以用热水，以免疫苗灭活。也不可以在服用前后 2 小时内接触母乳，因为母乳内有抗体，会减弱它的抗原性。这些说明都会张贴在保健科的墙上，家长要仔细阅读，才能使宝宝的预防工作做得更加有效。有些保健科会有人讲解，但是因为家长来的时间不同，不可能全都听到，所以多了解一下很重要。如果宝宝不能耐受长时间不喂母乳，就有必要准备一次配方奶，宝宝饿了就会吃的。

3~4个月

■ 生理指标

出生后90天	男 孩	女 孩
体重	均值 7.17 千克±0.78 千克	均值 6.56 千克±0.73 千克
身长	均值 63.3 厘米±2.2 厘米	均值 62.0 厘米±2.1 厘米
头围	均值 41.2 厘米±1.4 厘米	均值 40.2 厘米±1.3 厘米
胸围	均值 41.4 厘米±1.9 厘米	均值 40.2 厘米±1.8 厘米
前囟	2 厘米×2 厘米	2 厘米×2 厘米

专家提示

★本月多数宝宝胸围与头围相等。如果胸围小于头围，表示宝宝身体较瘦，应增加食量。

★本月容易出现佝偻病早期体征，如前囟增大、多汗、易惊、乒乓头、枕秃、肋外翻等。每天应带宝宝到户外晒太阳 1~2 小时，按医嘱服用维生素 D 或钙剂。

■ 发育状况

1. 宝宝眼睛聚焦能力良好，能看到直径 0.3 厘米的红色小丸。由于视力准确，使手能击中吊起来的小玩具，也能抓到桌上静止的玩具，开始有手眼协调能力。

2. 能开始同大人玩藏猫猫游戏，懂得看不见的人还存在。可以掀开布巾找到被布巾盖着的人。喜欢与人交往，反复做游戏。

★过了百天的宝宝看上去像个大孩子了，圆圆的脑袋，黑溜溜的眼睛，脖子挺得很直，听到声音就到处扭头看。还没学会认生，会目不转睛地好奇地看着陌生人，人家跟他说话他就开心地笑；抱着他让他直立在大人的腿上，他两脚就像小兔子一样有力地蹦啊蹦。

★在体能方面，宝宝显得更有力气了，什么东西都喜欢用手抓：给他喂水，他就来抓调羹；给他喂奶，他喜欢自己捧着奶瓶；特别喜欢抓妈妈和外婆的眼镜和头发。两只小脚也不甘示弱，总是不停地蹬，喜欢在我们肚子上踩来踩去的。玩健身架时经常把健身架压在自己身上，有时还踢到地上。特别喜欢趴着抬着头看。

★宝宝喜欢看会动的物体，爷爷给宝宝取了个雅号叫"巡逻警"。她最喜欢在阳台上看行驶过的车子，而且要目送车子从她的视线范围消失为止。外面有什么动静她比我们先发现，快速把头转过去瞪大眼睛看。现在很喜欢玩"躲猫猫"，不厌其烦地找到东找到西。

■ 喂养方法

Q 宝宝夜里吃奶次数多，影响妈妈上班怎么办

夜里还不能给宝宝断奶，要吃 3 次奶。妈妈没法上班怎么办？

A 先把半夜的一次奶向后推 5 ~ 10 分钟，每天后移，逐渐就可以减去一次，让妈妈夜间睡眠延长。妈妈睡眠好才能保持母乳继续分泌，到夜里只吃一次，就可以上班了。如果母乳充足，白天能吃饱，夜间的喂奶次数会逐渐减少。如果母乳不足，最好在上班前添加配方奶，因为白天妈妈不在家时也需要配方奶作为补充。

Q 应该怎样给宝宝喂水

宝宝断母乳了，妈妈怕宝宝的饮食缺少水分，常给宝宝喂水喝。可爸爸说奶粉中也有水分，不必给宝宝喂水。

A 每个宝宝对水的需求略有不同，3~4 个月宝宝需水量约 130 毫升/千克，可能比配奶所需的水分略多一点。不过在吃奶前 1 小时和吃奶后 2 小时内不宜喂水，以免占去胃容量，减少吃入的奶量。天气热就可多喂些水，因为需补充出汗的损失。

Q 怎样祛除宝宝的内火

宝宝内火很大，嘴巴酸酸的，舌苔白而厚，经常鼻塞。每天给他喝水和梨汁，但效果不大。怎么办呢？

A 这可能是给宝宝过早添加淀粉类食物造成的。在 120 天以前，尽量不给宝宝添加淀粉类食物，因为宝宝的胰淀粉酶还未有足够的活力消化淀粉类食物，未被消化的食物残留胃肠道内发酵变酸，会引起口舌和肠道黏膜轻度炎症。如果母乳不足，可以补充配方奶，延迟补充淀粉类食物。

Q 宝宝吃奶太急怎么办

A 在喂奶前可一面同宝宝说话，一面温柔地给宝宝擦擦脸，妈妈也擦擦奶头，

让宝宝心平气和地吃奶。如果发现宝宝吃得太快，妈妈可用手指压迫乳房，让宝宝松开休息一会儿，也可以抱起来打嗝后再开始吃。

■ 日常护理

Q 眼睫毛掉到眼睛里怎么办

有一次宝宝的一根睫毛掉到了左眼角里，我用小毛巾和棉签给弄了出来，可是把她的眼角给擦红了。这种情况应该怎样处理呢？

A 最好给宝宝点几滴0.25%的氯霉素眼药水，使他流出眼泪，就会把睫毛冲掉。如果家里没有眼药水，用凉开水也行，不过凉开水的渗透压与眼泪不同，会使宝宝难受。最好不要用毛巾、棉签等去碰宝宝娇嫩的眼睛，会使眼睛受伤，如果碰到角膜，后果会很严重。其实，往往宝宝在啼哭时流出的眼泪也会把睫毛冲出来。

Q 宝宝游泳受到惊吓怎么办

我们给宝宝买了个泳池在家里游泳。可在游完泳的第二天凌晨宝宝在睡梦中就大哭不止。奶奶说是游泳把宝宝吓着了，要停止游泳。我们想让宝宝坚持游泳，应该怎么办？

A 在宝宝游泳前要做一些准备工作，让他喜欢玩水，例如放个玩具在水里让他动手去抓，或者用脚去踢，使他喜欢在水里玩，在他开心时再渐渐把身体泡在水里。如果没有渐进的过程，马上让宝宝泡在水里，宝宝会感到害怕。此外要注意水的温度，最好在37℃～38℃。加热水前要把宝宝抱起，把水搅匀后再把宝宝放回水中。在宝宝"游泳"的过程中也要同宝宝做游戏，使他感到快乐。

Q 怎样给宝宝增减衣服

天气渐渐热了，外公外婆担心宝宝抵抗力差，仍然坚持给她穿棉袄，妈妈觉得应该和大人穿得差不多就行了。

A 在室外会比在室内暖和。宝宝在室外或在运动时应当少穿，回到家里，安静下来后，应当添加衣服。

Q 怎样去掉安抚奶嘴

宝宝睡觉前哭闹，我们就用安抚奶嘴"应付"，可是时间一长，宝宝睡前就离不开奶嘴了。但好像奶嘴用时间太长也不好吧？

睡觉前同宝宝一起唱歌，让他张开嘴跟着哼哼，就可以轻松地去掉安抚奶嘴。以后不让他看到，就会逐渐忘记。安抚奶嘴不利于宝宝的乳牙和口腔的形态，会使门牙向前突出、咬合不正、上腭拱起，会影响宝宝的容貌。所以最好不用安抚奶嘴。

Q 宝宝腹泻怎么办

我家宝宝是母乳喂养，3 个月了，一直以来大便都很正常，可忽然有一天开始拉稀的大便。去医院看后医生建议吃些"妈咪爱"，但效果不好。

如果是母乳喂养，妈妈要注意饮食清淡一些，多喝水。特别要在喂奶前认真洗手，要用蒸过的小毛巾擦乳头。每天需要消毒 8~10 次小毛巾，用一次就要洗涤蒸过再用。

应该坚持母乳喂养，虽然母乳喂养宝宝大便次数较多，但只要没有水便分离，是糊状便，就算正常。母乳有抗体，可以保护宝宝不生病。如果宝宝便次太多可喂一些"婴儿散"，内含乳酶生、胰酶、酵母等普通帮助消化的药物就行。中药芡实和山药各 30 克，加水 1 大碗放在锅里慢火煮粥，快好时加 3 个大枣，把水倒出来喂宝宝吃，每次 7 毫升~10 毫升，每天 3 次。一副药可用 1 周，吃后可以减少便次。芡实和山药是收敛肠道的粮食作物，对宝宝无不良影响。

如果出现水便分离，就要带宝宝和大便去医院检查，根据具体情况进行治疗。

如果已经患腹泻就需要服用药物。如宝宝吃配方奶，就要将配方奶稀释，喂奶的次数可以增加。如果排出水分太多容易脱水，要按需要加喂补液盐（ORS），按照医嘱喂服。如果有母乳就要按时哺乳，不必禁食，因为母乳中有抗体，能帮助宝宝康复。

Q 怎样给宝宝把尿

现在还掌握不好给宝宝把尿的时机，在抱宝宝的时候经常被她尿得满身都是，弄得全家人哭笑不得。

A 在抱起宝宝玩耍、做体操、外出或者不方便换尿布时，可以给宝宝换上纸尿裤，等到休息时，再换布的尿布。平时仔细观察宝宝何时大便，因为大便比较定时，容易成功。如果把持成功了就一定把宝宝抱起亲亲，让宝宝高兴，下次有需要排泄时，他会做动作让大人把持。此外大人也要估量一下时间，平时吃奶后如果未入睡，10~15分钟就要把，在觉醒时间内30~40分钟就要把一次。以后宝宝需要排泄时就会做动作，使人懂得，两人互相配合，逐渐就会默契，使宝宝基本上白天能保持床铺清洁。

Q 夜里有必要把宝宝叫醒吃奶吗

现在宝宝白天的睡眠很少，加起来也就三四个小时，有时睡一觉10多分钟就醒了。可到了晚上宝宝一般8点左右就睡了，而且一觉睡到天亮，可以睡10个小时左右。不知道宝宝这样的作息时间是否正常？此外，晚上有没有必要让宝宝起来喝一次奶？

A 宝宝的父母真是太幸运了，晚上能踏实睡觉，真让许多人羡慕。看来宝宝的身高、体重都正常，表示宝宝生长发育良好，没有必要让他半夜起来吃奶了。如果有过一次，以后就会成习惯，半夜必醒，影响生长激素的分泌，使身高增长减少。大脑垂体分泌生长激素的时间在睡熟时，大概在晚上11点到凌晨3点之间，如果在这段时间内受到干扰，生长激素的分泌就会减少。

■ 动作训练

Q 宝宝特别喜欢俯卧抬头，这样好吗

A 趴着仰头能锻炼颈部肌肉支持头的重量，是练习坐和爬行最重要的基础，应

当多多练习，以后宝宝就会用双手把上身撑起来，为起坐和爬行做准备。此外宝宝可以练习翻身，学会脊柱的扭转和变换体位，先在侧卧位，大人用玩具引诱宝宝仰过来拿，然后把玩具放在一侧让他侧身去拿，大人帮助他把屁股也侧过去，渐渐使他能自己完成90°的翻身。

ⓠ 让宝宝练习迈步好吗

宝宝老是喜欢站起来，并在我肚子上迈几步，越是做不到的事情越喜欢做。不知是否应该鼓励他多站、多迈步？

Ⓐ 如果他喜欢迈步，可以扶着他的腋下让他迈几步。宝宝出生时就能迈步，这是反射性的，不经练习，两个月就会消失；如果能坚持，就会使下肢发达，会早1个月走路。不过多让他趴着练习抬头更为有利。此时应当让宝宝练习翻身、拉坐、俯卧抬头等动作，这些比站起来迈步更加重要。

ⓠ 怎样让宝宝愿意练习翻身呢

人家都说小宝宝三翻六坐，可宝宝到满3个月的那天都还不会翻身。另外，1个多月的时候趴在那里还能抬头的，可是现在让他趴着，大人在前面叫他，小家伙根本不吃这一套，只顾自己歪着小脑袋吃小拳头。怎么才能让宝宝尽快学会翻身呢？

Ⓐ 宝宝在侧睡的基础上会自己无意地变成仰卧或者俯卧，这时大人可以夸他几句，让他觉得好玩，以后他就会有意地自己做90°翻身。下个月在他仰卧时用有响声的玩具在宝宝一侧引诱，当他侧身来拿时，用手把屁股推一下，就能由仰卧翻成侧卧。要到150天才能由仰卧翻到俯卧，做180°的翻身。

另外在宝宝趴在床上时，用一面镜子让他看到自己，看着有个小人在前面会很新鲜，就会把头抬起来看清楚一些。或者大人拿一个新鲜的发声玩具逗他看，用手帮他把头抬起来看，使他知道前面有好东西，就会把头抬起来，并伸手够取玩具，这时大人用手去推伸出手的一侧，宝宝就很容易向另一侧翻过去。

■ 潜能开发

Q 宝宝 3~4 个月可以做哪些游戏

A 可让宝宝玩选择动某个肢体拉响大球的游戏。把一个能发声的大彩球挂在宝宝看得见的地方，大球用绳子牵着一个松紧带环，套在宝宝一个手腕上。大人牵动宝宝的手腕就可拉响大球，大人放手后，宝宝会全身活动使大球发出声音。多玩几次，宝宝就知道只动某一个手腕就能拉响大球。等宝宝已经学会后，大人把松紧带环套到另一只手腕上。宝宝动原来的手腕不成，就会全身活动，然后落实到另一只手腕上。以后大人可以把松紧带环轮流套在左右脚踝上，宝宝都能自己找到。可见 3~4 个月的宝宝很聪明，不妨试试。注意玩完后马上把东西收起来，以免宝宝用绳子缠住自己，造成伤害。

此外，可以让宝宝练习左右翻身以及做用浴巾荡秋千游戏。父母分别拿着浴巾的两个角，让宝宝躺在中间，先享受荡秋千似的快乐，然后轮流使浴巾一侧高些让宝宝感到体位的不同，等到宝宝习惯一些后，大人可以让宝宝在毛巾里做被动的翻身，为宝宝自己翻身做准备。也可以同宝宝做拉坐游戏和藏猫猫游戏。趁宝宝还未认生，多带宝宝外出认识一些生人，如果请保姆也要在这时请。宝宝接触的人多了，就不会太认生了；从来不认识生人的宝宝以后就会更认生，将来入托的困难会越大。

Q 如何用儿歌来提高宝宝的语言能力

每天早晨醒来是宝宝最兴奋的时候，经常手舞足蹈的，开心地笑个不停。我趁这个时候就给她听儿歌。不知道怎样通过儿歌来提高宝宝的语言能力？

A 可让宝宝反复听一到两句儿歌，要念得押韵，好像唱歌一样，拿着他的小手或者小脚打拍子，使他快乐。鼓励他发出声音，同他一起拉长儿歌的押韵词，让他发出声音或者让他发出重复的双音如"啦啦""姨姨""嗒嗒""啊咕"等。4 个半月就教他认识第一件东西。到 5~6 个月在念儿歌时，念到一定的句子就让他做同一个动作应和。例如"小耗子，上灯台，偷油吃，下不来。喵喵喵，猫来了，叽里咕噜滚下来"，每次到"叽里咕噜"时就把宝宝往外推，以后每次念这首儿歌，一到"叽里咕噜"时，宝宝会自己向后仰，做"滚下来"的动作。

Q 怎样培养宝宝开朗活泼的个性

随着宝宝一天天长大，妈妈越发感到对宝宝正确引导的重要性。宝宝的个性关系着他的一生。不知在培养宝宝个性方面应注意些什么？怎样培养他良好的个性呢？

A 在宝宝3~4个月时，最好让宝宝多同生人见面，可在街心公园或小区院内见见邻居和他们的宝宝。因为3~4个月的宝宝还不会怕生，见人就笑，让他经常看到邻居和他们的宝宝，同他们笑、打招呼，就会把邻居们当成熟人，就会使宝宝将来不怕生，养成见人就笑的开朗活泼、善于交往的好性格。

Q 宝宝的发音和动作是通过模仿学会的吗

宝宝很喜欢和人对话，哇啦哇啦地讲一些简单的单音节词。我们发一些音，如a、e、ou，多说几次他也会跟着发出相似的音。另外，我和宝宝玩耍的时候经常对着他做体操，很快他也会手舞足蹈起来。请问，4个月以后的宝宝哪些能力是可以通过模仿来培养的？哪些是要直接培养的？

A 要鼓励宝宝与人对话，不但与家人，而且到小区要同邻居们笑和对话。这时宝宝还未认生，对谁都笑，喜欢交往。到6~7个月认生时，以前见过的都成了熟人，就不那么怕生人了，而且有过交往经验的宝宝会比较开朗活泼。4个月后的宝宝会发出"爸爸""妈妈""大大""拿拿"等音，有时还会跟着发出"哥哥""娃娃""沙沙"等音，这些都是大人有意或者无意中发音时，宝宝跟随着发出的。宝宝喜欢游戏，在他高兴时学得很快。大人同他玩耍时发出的声音，宝宝最容易学会。如果很刻意地去教他，他反而不愿意学。有时让宝宝听音乐做被动体操，多做几次，每次到某种声音就会出现相同的动作，这是条件反射形成的习惯动作，宝宝经常是在潜移默化中学到的，不是刻意地教出来的。因此家长用快乐的心态经常同宝宝玩，发出各种声音、做不同的动作，宝宝就会学得很快。

Q 怎样跟 3 个月大的宝宝互动

A 爸爸妈妈可以各自拿着浴巾的两头把宝宝放在中间，让宝宝在浴巾里荡秋千。此外可以拉宝宝坐起，先拉宝宝的双肩，并且喊口令"起来"。于是把宝宝拉起来。下次拉肘部，再下次拉手腕，最后妈妈伸出食指让宝宝拉着自己坐起来。但是如果第一次拉肩部时宝宝的头后仰就不能拉坐了，因为颈部不能支撑头的重量。要继续训练宝宝俯卧抬头，使其颈部力量强壮才可以开始拉坐。

Q 怎样用玩具跟 3 个月的宝宝做游戏

宝宝最喜欢能发出声响和颜色鲜艳的玩具，我常常会拿着玩具在她的眼前来回移动，她的视线会跟着玩具移动，还兴奋得手舞足蹈。宝宝才 3 个月，除了这些，还有什么游戏可以跟宝宝玩呢？

A 把有颜色能发声的小玩具吊起来，放在宝宝的胸前，大人拿着宝宝的手拍打玩具，大人放手后，宝宝会自己用手拍打。宝宝开始时总是打不中，练习一段时间就能打中了，到下个月就能用手够到玩具，并且能拿到它。可在白色的纸巾上面放一粒小小的红色小丸，看宝宝是否发现了，是否会用手去拨弄。如果宝宝看到了，用手拨弄，就说明宝宝的眼

睛能够聚焦，能看得清楚了。要提醒的是，做完游戏后红色小丸要及时收起来，以免宝宝吃到嘴里。爸爸妈妈也可以拿一个小球或者一辆惯性车在桌上两头推动，看宝宝能不能用眼睛追着看。

怎样给宝宝选择无毒的塑料玩具

现在各个厂家推出的婴儿玩具不少是塑胶制品。不知道对宝宝身体有没有不良影响？

A 塑料是化学合成品，有些是有毒的，例如聚氯乙烯（PVC）。无毒的塑料有聚丙烯（PP），三元共聚物（ABS）（由丙烯腈、丁二烯、苯乙烯三种材料制成）等。玩具的材料大多数是由无毒的 ABS 塑料制作的。购买时一定仔细看清说明书上写的所用的内容，不要买便宜的塑料玩具。因为便宜的塑料玩具有可能是回收有毒的废塑料制成的。

Q 宝宝不喜欢玩具怎么办

宝宝好像对玩具都没什么兴趣。不知该怎样开发宝宝的早期智力呢？

A 用玩具是要有目的的，大人用音响玩具促进宝宝听觉发育，给宝宝抓握是练习手眼协调，吊起来拍打让宝宝学会击中，可为下月够取做准备。这个月可以让宝宝照镜子，让宝宝快乐，逐渐认识镜中的妈妈，到 1 岁后认识镜中的自己。大人多同宝宝玩，可以用玩具，也可以用家庭的废旧包装盒和用品，经常同他做游戏，宝宝就会喜欢游戏时所用的玩具了。

■ 预防保健及其他

Q 疫苗是越贵越好吗

这个月宝宝去注射了第一针百白破疫苗，他很勇敢，没有哭。我有两个疑问，疫苗有国产的和进口的，是不是越贵越好，有没有必要都选择贵的？

Ⓐ 选择效价高的、保护期长的。如果两者都一样，就要选出厂日期近的，尽量不要选用快到期的产品。

Ⓠ **给宝宝预防接种前应做哪些准备**

宝宝满3个月了，该吃第二次糖丸、打百白破了。我们一大早就带着宝宝赶到医院，可是到了医院排了队之后才知道，两次糖丸之间一定要间隔30天，宝宝来早了两天，所以只打了百白破，吃糖丸还得再跑一趟。

Ⓐ 在每次到医院时，最好找些资料仔细阅读或者注意看张贴在墙上的宣传材料，看明白需要注意的事项，下次应何时再来等，以免白跑一趟。例如吃糖丸一定要隔30天，不能用热水送服，吃糖丸前后两小时不能吃母乳等，因为糖丸是活疫苗，温度高就会失去活性。此外母乳有抗体，如果不按照要求做，喂过奶再吃糖丸或怕宝宝哭就赶紧喂奶，就不对了。因为母乳中有抗体，会减少糖丸的抗原性，使宝宝失去抗病的能力。

4～5个月

■ 生理指标

出生后120天	男 孩	女 孩
体重	均值7.76千克±0.86千克	均值7.16千克±0.78千克
身长	均值65.7厘米±2.3厘米	均值64.2厘米±2.2厘米
头围	均值42.2厘米±1.3厘米	均值41.2厘米±1.2厘米
胸围	均值42.3厘米±1.8厘米	均值41.3厘米±1.8厘米
前囟	2厘米×2厘米	2厘米×2厘米
牙数	0~2颗（个别宝宝提前出下门牙）	0~2颗（个别宝宝提前出下门牙）

专家提示

★要注意给宝宝补充含铁辅食，因为胎儿后期储存的铁已经用完，必须及时补充。

★宝宝开始分泌唾液，其中的淀粉酶逐渐有活性，能消化少量淀粉类食物。

■ 发育状况

1. 在135天后可以学认第一件东西，能听懂物名，大人说物名时能看所指定的东西。

2. 在上月能击中吊球的基础上，4~5个月的宝宝能够着吊起来的小玩具。

3. 练习向两个方向做90°翻身，为下月做180°翻身做准备。

★通过游戏的训练，宝宝的抓握能力已经从被动抓握变成主动抓握了。现在经常和她玩的游戏是"拔萝卜"和"藏猫猫"两个游戏。其中拔萝卜就是我把手指给她让她自己来抓握住，然后做拔萝卜的姿势，并且口中念着"拔萝卜，拔萝卜"，然后把手指抽出，告诉宝宝萝卜跑掉了，那时宝宝总是会开心地笑。

★宝宝翻身很熟练了，一不留神就翻身。都不敢留下宝宝一个人，怕不小心从床上或沙发上掉下来。

★天气渐渐热起来，可以不用穿得厚厚的，宝宝的手脚活动更放松了。躺在小床上的宝宝会把自己的小脚抬得老高又放下，自娱自乐地高兴尖叫。吃起小手来也更自如了。看到色彩鲜艳的摇铃他的眼神很向往，可主动伸手却不太会够取，把摇铃放在他手中他就能握得很牢，握的能力不错。

★4~5月的宝宝，又长大了很多，不仅自己会抓玩具玩，还会自言自语了。如果能够陪着她说说话，尤其是一本正经地说话，那她就会很高兴地咯咯笑。白天睡觉的时间开始减少了，晚上则睡得更好了。

★宝宝颈部力量已经大了很多。最让我感到惊奇的是宝宝有时在仰卧的时候会用手把住自己的小脚往嘴里放，这动作可够高难的。

★宝宝开始认人了，知道伸手要人抱。也会伸手去抓东西，但只拿小汽车小飞机，对布娃娃等不感兴趣，似乎体现出小男生的意识了。

■ 喂养方法

Ⓠ 应该何时添加辅食

爸爸听了医院的培训后想给宝宝添加辅食，可是妈妈看过的一本书上讲，给宝宝添加辅食可以晚些，据说国际营养学会建议 6 个月前要纯母乳喂养。

Ⓐ 两种说法各自有出处，国际营养学会建议纯母乳喂养，目的是不让大多数婴儿过早吃入大量淀粉，等待胰淀粉酶完全有活性时才开始。所以我们经常劝导妈妈不要过早大量喂淀粉类食物。发达国家由农业部免费发给孕妇铁强化的麦片以预防婴儿贫血。我国有的营养专家强调早加辅食，是因为不少宝宝在 4 个月时就已经贫血了，因为妈妈在孕期没有足够的铁存入宝宝的肝脏，需要早一点添加含铁食物，例如含铁米粉。最好在 150 天添加肝泥，肝内血红素铁有卟啉基的保护，整体被吸收，不会受植酸和草酸干扰，吸收率达 27% 以上，可以预防，甚至可治疗轻度贫血。淀粉类只能给少量，用于诱导淀粉酶的活性，不可以作为顶饱的食物。

Ⓠ 怎样让宝宝愉快接受新添加的食物

我们担心宝宝的营养不够，给他添加辅食或配方奶的时候，宝宝很不配合，甚至很排斥。不知要怎么做才能让孩子愉快地接受新加的食物？

Ⓐ 每次只给一种食物，从少到多。例如喂米粉，妈妈用一个碗，先自己吃，并说："真好吃！"作出津津有味的样子，引起宝宝的兴趣，然后用他的小勺趁他张嘴时给他一小点，放在舌头中央，不要拿走勺子，妈妈也替他作出很有味道的样子，等他吞咽 4~5 次才能吞完嘴里的食物。宝宝把食物吐出并不是他不爱吃，而是因为舌后的会厌软骨向前遮盖气管时会把舌头上的食物带出来，这就是舌咽未协调的结果。两个人一人一勺，像做游戏那样让宝宝愉快地练习，逐渐学会接受新的食物。

Q 添加辅食的顺序和进度应怎样掌握

A 从含铁米粉开始添加。每一种新的食物宝宝要用1~2周才学会消化和吸收，4个月时只能学会吃1~2种食物。每天都要坚持定量喂，才能让宝宝的胃肠道真正学会消化和吸收，而不是让宝宝吃后未经消化和吸收直接从大便排出。

Q 大人在吃饭时让宝宝尝味道合适吗

外公外婆很喜欢在自己吃饭时给宝宝尝尝不同的食物味道，觉得可以增加宝宝对辅食的兴趣，而妈妈认为这个月龄的宝宝不宜吃咸的食物。

A 4~5个月的宝宝还未到尝味道的月龄。给宝宝添加淀粉类辅食后，也应吃原汁原味的，不放调味品，因为宝宝的肾功能还不足，不能排出过多含盐、酱油等咸味食物的盐分，钠盐排不出来就会积聚在体内，将来在青少年时就有可能患上高血压。宝宝更不宜吃油腻食物，容易引起脂肪泻。

Q 给4个月大的宝宝吃大人的菜好不好

A 不要让宝宝吃口味重的食物，因为宝宝的肾功能还未成熟，不能排出过高的盐分，盐会积聚在体内，有可能将来成为患高血压的潜在因素。等到1岁后许可宝宝上桌子吃饭，那时给宝宝的菜要清淡些，避免摄入过多的盐分。在宝宝的食物中，也不可以放味精，因为味精是谷氨酸钠，进入体内会把血液中宝贵的锌以谷氨酸锌的形式从尿中排出，使宝宝缺锌。所以不宜给宝宝吃有味道的肉松和有调味品的菜肴等含有味精的食物。

Q 怎样让宝宝学会吞咽食物

每当宝宝看见大人吃东西的时候，小嘴巴也会学着大人咀嚼的样子一动一动的，这大概也是一种模仿吧。她在模仿的时候好像也有吞咽的动作，但是我们给她喂辅食她却好像还不会吞咽。比如用勺子给她喂果泥，她放在嘴里含着，然后趁你不注意时就又吐出来了。应该怎样训练宝宝吞咽呢？

A 首先大人要诱导宝宝张口，然后把有食物的，比如盛蛋黄的勺子放在舌头中央，不要拿走，等宝宝吞咽几次，确定把嘴里的食物吞下后再拿走。勺子不能拿走是要截住宝宝每次下咽时舌头后面的会厌肌向前移动时带出来的食物。这时舌咽尚未协调，所以宝宝每次都会把食物吐出，有些妈妈会误以为宝宝不爱吃，就不敢再喂了。所有宝宝必须经过一段练习的过程，等到舌咽协调后，就不会把嘴里的食物吐出来了。在练习时一定要把勺子放在舌头中央，把食物拦截住，让宝宝多咽几回，才能慢慢用勺子吃东西。宝宝要多练习，大概 1~2 个月后才能完全学会吞咽。

Q 鸡蛋可以用牛奶和米糊调吗

A 蛋黄不可以调入奶中，因为奶中有磷，会妨碍铁的吸收；也不可把蛋黄调入米糊中，因为粮食有植酸，会与铁结合成不溶解物从大便排出。米糊可以在吃奶后用小勺喂。

■ 日常护理

Q 患感冒时怎样保护宝宝的皮肤

宝宝感冒的时候鼻涕很多，鼻子下面的皮肤都擦得红红的。怎样才能让这里的皮肤不被鼻涕淹得红红的呢？

A 宝宝感冒时，可用潮湿的手绢轻轻擦拭鼻涕，局部涂上红霉素眼药膏。此外，要注意以后这支药膏只能擦拭鼻子和皮肤，不可再滴在眼睛上。

Q 宝宝皮肤皴了可以用护肤品吗

宝宝的小脸皴了，妈妈想给他搽点儿童霜滋润一下，但爸爸不同意，认为小孩的脸最好什么也不搽。请问小孩可以用护肤品吗？最好多大用？

A 如果看到宝宝的皮肤皴了，就可以用专门给婴儿准备的、无刺激性、不容易引起过敏的护肤品。如果宝宝的皮肤光滑、良好就可以不用。护肤品可以防止皮肤干裂，因为小小的裂痕会诱发湿疹或使湿疹复发。

Q 宝宝发烧需要去医院吗

这个月宝宝第一次生病，发烧了。但是宝宝睡眠、食欲依然很好，妈妈就给宝宝贴了退热贴，多喝了点温开水，并没去医院。可是爸爸觉得应该去医院。

A 观察宝宝的精神状况和食欲，如果都很好，退热后没有腹泻、出疹子就可以在家调养。如果宝宝有疲倦、不吃奶、呕吐、腹泻等症状，就要及早就诊，以免耽误。

Q 冬季如何让宝宝得到更多的锻炼

渐渐进入冬季，因为担心着凉，妈妈减少了宝宝游泳和外出的时间。不知道如何在保障宝宝健康和安全的情况下，给宝宝提供更多的冬季活动空间？

A 从夏末秋初就要坚持每天让宝宝外出，根据宝宝的活动强度增减衣服。如刚出去时可以多穿，带着铺地的毯子，让宝宝在上面翻滚乱踢，活动时就可以脱去一两件衣服，宝宝累了，休息时再穿上。可以带着童车让宝宝坐在车上休息，到了另一个好地方可以再铺开毯子让宝宝再活动，让他逐渐适应室外的冷空气。等到天气冷时，宝宝已经能爬，就要找有阳光、温暖的地方让他练习爬行。

Q 可以改变宝宝晚上睡前洗澡的习惯吗

几个月来宝宝都是晚上睡前洗澡，可是天冷了，是否可把洗澡时间换到暖洋洋的中午呢？习惯的改变会对孩子有什么影响吗？

A 可以让宝宝在午睡前洗澡，晚上睡前洗脸、洗屁股、洗脚就可以了。仍然要有睡前的卫生程序，让宝宝形成良好的睡前习惯。

■ 动作训练

Q 怎样让宝宝练习向前爬

爬行好像很困难，宝宝趴着的时候虽然有想爬的意识，但腿一动一动，屁股一撅一撅地就是不能向前爬。应该怎么办呢？

A 在宝宝趴着时，可在他前面放一个好看的玩具，吸引他去拿。大人可用手推着宝宝的脚底，帮助他向前使劲。此外，不可以把宝宝单独留在床上玩耍，要把一个大的地垫铺在地上让他活动，以后他要在地垫上做360°翻身、翻滚、趴着到处转动以及练习匍行和爬行。大人也要陪同宝宝在地上活动。

Q 怎样让宝宝学习翻身

宝宝躺在床上就开始翻身，别人如果不让他翻就开始哭。刚翻过来自己有胜利感就开始乐了，可趴了一会儿又觉得难受，又开始哭了。真不知道如何是好！

A 本月宝宝应当学会翻身，从90°开始，即从仰卧到侧卧，或者再翻到俯卧，这样就成翻身180°了。此外让宝宝在俯卧位用双肘或双手撑起，使身体与地面约成90°，可为以后匍行做准备。此时宝宝可以从拉坐到垫着坐起来。可以把一个50厘米×40厘米的包装箱放在地上，里面放入垫子和枕头，让宝宝坐在里面玩。千万不要让宝宝在大床上玩，因为宝宝会翻身，容易掉下，会发生危险。

Q 宝宝会翻身后怎样注意安全

宝宝会翻身了，但是大家还没有在养护上注意安全，导致宝宝有一天从大床上掉了下来。所幸是木地板，没有造成大碍。

A 婴儿到5个月时就一定要准备地垫，大人和宝宝白天在地上玩耍，不要把他留在大床上。一来宝宝已经能翻身，稍不注意，宝宝就会掉到地上；二来宝宝需要在6个月练习匍行和翻身360°，在7个月练习连续翻滚，需要较大的练习场地。

■ 潜能开发

Q 宝宝对游戏没兴趣怎么办

宝宝非常喜新厌旧，一个游戏玩了几次，她就没兴趣了。应该怎么办?

A 宝宝喜欢新鲜的事物，有好奇心，所以游戏要经常变化。就算一个藏猫猫游戏也要有不同的玩法。例如开始妈妈盖着自己让宝宝把布掀开；以后就要让宝宝盖着自己，大人把布掀开，或者让他自己掀开；再后来可以把娃娃盖起来让宝宝掀开。以后可以延伸到用其他东西把玩具藏起来，让宝宝掀开。宝宝会翻开盒子、枕头、被子等找到玩具，变成藏和找的游戏。家长在游戏中越有创造性，就越能培养出有创造性的宝宝。

Q 宝宝喜欢看电灯、 电视怎么办

宝宝很喜欢看电灯、电视或电脑，每次会自觉地盯着看。爸爸担心他看坏了眼睛。请问该怎么做?

A 这个月龄正是学认东西的最佳时期，可以让宝宝先认一种，比如认"灯"。大人说"灯"时可把灯打开，复习几次以后，大人再说"灯"时，宝宝会看着灯的方向。以后再慢慢学习认识电视、电脑。学习时只亮一小会儿就够了。大人看电视和用电脑时尽量不让宝宝在场，以免他长时间观看，接受过多的辐射以及对眼睛造成伤害。

Q 怎样让宝宝喜欢玩具

宝宝喜新厌旧，对玩具也是如此。一个玩具玩了几次，她就连抬手来拿的兴致都没有了。应该怎么办呢？

A 玩具也是要新鲜，要经常变，用一点装饰品美化原来的玩具，就可以让宝宝高兴，如同新的玩具一样。也可每次只拿出2~3件玩具，把多余的藏起来，过3~4个星期再拿出来，就成为新的玩具，这样会让宝宝开心。爸爸妈妈也可以把家里的包装盒、空瓶子、空盒子当成玩具，因为宝宝也喜爱这些东西。

Q 适合这个月龄宝宝的玩具有哪些

A 买几个形象的玩具，如小白兔、小花猫、苹果、香蕉等，让宝宝逐个认识它们的名称。5个月认识1个，6个月认识2~3个，7个月不但认识这几个玩具，也要能认识家里的用品、食物及其他玩具。也可用认物用的图片或者一图一物的认物用书让宝宝学认。另外，为了学匍行，还要买不倒翁，等会爬时就需要买皮球和惯性车以做诱导之用。

Q 怎样才能让宝宝抓得更好些

A 可吊起一两个小玩具让宝宝学拍打，然后练习够取。可把一些乒乓球大小的

玩具放在桌上，抱着宝宝坐在桌旁，让他练习单手拿取，如果他不会伸手，就把他的手放在靠近玩具处，甚至碰到玩具，让他看着玩具。如果他能拿住，就亲亲他说："真棒！"每次离远一点点，逐渐让他学会看着玩具伸手取物，锻炼手眼协调。不要直接把玩具放在宝宝手心，因为这样不利于锻炼手眼协调。手眼协调对以后手的技巧训练十分重要。

■ 预防保健及其他

Q 腹泻有什么疫苗可用

身边同事的小孩都拉肚子了，妈妈担心宝宝腹泻，需要打什么疫苗吗？

A 如果母乳够吃，母乳中有抗体可以抵抗秋季腹泻。如果母乳不足或者只给宝宝吃配方奶，就可以吃一种口服的轮状病毒的疫苗。最好每年 9~10 月份服用一次，从 6 个月直到 3 岁都很有效。

Q 怎样预防手足口病

A 手足口病是由一种肠道病毒 EV71 传染所致。肠道病毒包括 1969 年之前人们认识的 67 种，其中有婴儿麻痹病毒、甲肝病毒、致感冒的柯萨奇病毒等，后来陆续有新的发现，在东南亚发现的 71 型病毒致病性强，除了侵犯手足口之外，还会引起脑膜炎、心肌炎和肺水肿，会危及生命。目前还没有特效治疗该病毒的药物，主要靠自身免疫性才能康复。因此重在预防。

（1）隔离病人。患手足口病的孩子发热往往在 38℃ 左右，手掌、脚心、臀部可见皮疹和疱疹，轻者 1 周降温、疹退。但是患儿应当隔离至少 1 个月，待手足口的疱疹全部结痂，皮肤完好后才可以解除隔离。患儿的排泄物有传染性，必须避免污染水源，以免引起流行。

（2）注意传染源。如带病毒的唾液、疱疹液、粪便、口鼻分泌物及其污染的水必须消毒才可进入下水道。患儿接触过的食物、玩具、餐具、奶瓶等都有传染性。反复使用的尿布也需要经过煮开消毒后才可再用。

（3）养成卫生习惯，注意手的卫生。饭前便后要认真洗手，流行期婴儿尽量不吃手，不用安慰奶嘴，不把玩具放入口中。

5～6个月

■ 生理指标

出生后150天	男 孩	女 孩
体重	均值8.32千克±0.95千克	均值7.65千克±0.84千克
身长	均值67.8厘米±2.4厘米	均值66.2厘米±2.3厘米
头围	均值43.3厘米±1.3厘米	均值42.1厘米±1.3厘米
胸围	均值43.0厘米±1.9厘米	均值42.1厘米±1.8厘米
前囟	1厘米×2厘米	1厘米×2厘米
牙数	0～2颗	0～2颗

专家提示

★强健的宝宝开始胸围大于头围。瘦小的宝宝两者相等，甚至头围一直大于胸围。这样的宝宝要注意喂养，在添加辅食时不宜减少奶量，因为宝宝消化吸收淀粉的能力不足，大部分淀粉未被消化吸收，会原样排出，如果减少奶量就会使宝宝体重不增，甚至减少，胸围就不可能大于头围。

★鼓励开始出牙的宝宝学习咀嚼，用牙龈咬一些饼干、烤脆的面包条或馒头条，用唾液包裹咬碎的食物慢慢吞下。一来练习舌咽协调，学会吞咽固体食物；二来能使牙龈强健，有利于牙齿萌出，同时促进唾液淀粉酶的活性，有利于宝宝口舌的灵活运动，便于发音说话。

■ 发育状况

1. 在拉坐的基础上练习靠坐。由于头太重，宝宝向前够取玩具时身体失衡，必须用双手支撑，就会成为蛤蟆样，不能长久支持，如能得到家长的帮助，个别强壮的宝宝就会自己独坐一会儿。

2. 学会用大拇指与其他四指相对握物，逐渐学会两手各握一物，而且能对敲。

3. 喜欢听大人朗诵儿歌，并且学会在某一句作出相应的动作。

爸爸妈妈的描述

★宝宝慢慢地长大了，吃饭可以自己坐在餐椅上吃了，开始想吃大人碗里的东西了，每次吃饭都要抓勺子。

★宝宝这个月已经开始有点认人了，看见我就会露出非常高兴的表情，见到大声说话并亲近他的陌生人就会大哭。这个月与上个月相比，对自己周围的事物也越来越感兴趣了，什么都想看一看、摸一摸，腿脚的蹬力也越来越大，常常会把盖着的被子蹬开。翻身已经成为了他的强项，有时能够不用扶靠独立坐上几分钟。

★宝宝的视觉范围越来越广，有时候我远远地和宝宝打招呼，她看见我后高兴得手舞足蹈。宝宝最喜欢和别人玩藏猫猫的游戏了，我把她的眼睛用纱布遮住，小家伙好聪明，会自己用手把纱布扯开，然后咯咯地笑个不停。最近宝宝无论看见什么都喜欢伸出小胖手去抓、去按、去触摸。

■ 喂养方法

Q 宝宝吃鱼虾过敏怎么办

宝宝吃鱼虾身上会出小点点，容易咳嗽，可能过敏了，以后还能吃吗？如果不能吃鱼虾类食物，会不会营养不良？

A 宝宝出现过敏可以暂时停止吃鱼虾，改吃肝泥。可以自制，也可以买现成的肝粉或瓶装的肝泥，即可以得到铁和优质蛋白。能引起过敏的鸡蛋白、鱼虾等可以待宝宝 1 岁半以后再吃，因为那时肠道的组织致密，能滤过对身体不利的物质，食物引起的过敏现象减少。

Q 宝宝吃酸味食物过敏怎么办

宝宝吃了酸味的食物，比如橙子和西红柿，下巴就会变红，要很久才会消退，不知道是不是过敏，需要特殊处理吗？

A 出现这种现象，可以在给宝宝吃较酸的水果之前，先给他涂上护肤霜或凡士林，看看能否预防酸性食物对皮肤的刺激。不过这种刺激不会太大，随着宝宝长大，天气暖和，宝宝的皮肤就会有抵抗能力的。

Q 宝宝只爱吃番薯饭怎么办

宝宝喜欢吃番薯饭，于是妈妈就总是喂她吃番薯，觉得可以调节肠胃。但爸爸说番薯没营养，要少吃。怎样做才对呢？

A 尽可能把鱼泥、肉泥、肝泥等混在番薯饭中，使宝宝有蛋白质、锌、铁等营养素。也可以用南瓜代替番薯，逐渐更换成胡萝卜泥和菜泥。每次更换要缓慢，因为宝宝需要时间来适应新的食物，学会消化和吸收。

Q 5～6 个月的宝宝应该吃什么辅食

宝宝越来越大了，这个阶段给他吃什么辅食对他的生长发育最适合呢？

A 5~6个月最应当添加肝泥或肝粉。每次只吃1小勺，观察宝宝的大便，如无异常，就连续每天吃。肝粉不占体积，可以添加在淀粉糊里，较容易吃下，而且容易保管，开始吃1/3包，习惯后可为1/2，2/3，直到每天1包，可以较快补充铁，能预防贫血。6个月就可以吃鱼，家里的清蒸鱼把刺挑净就可以给宝宝吃。此外宝宝还可以吃一点软的水果。开始只吃1种，如香蕉，用小勺刮烂只吃1小勺，密切观察大便，如无稀便就可以每天吃1勺，缓慢增加。

Q 宝宝不爱吃辅食怎么办

宝宝都5个月了，可是他很不喜欢吃辅食，也不会吞咽，只会往嘴里吸。弄得每次吃辅食都是又哭又闹，满脸都是米粉和果汁，怎么办呢？

A 从一勺学起，例如用勺子喂香蕉，就给1勺，过几天大便正常再加1勺。妈妈同宝宝一起吃饼干，妈妈用夸张的咀嚼法鼓励宝宝练习，再用烤面包条来练习咀嚼，宝宝学会用牙龈来咬，可促进唾液分泌，唾液把食物包裹，就很容易吞下。学会吞咽不但使宝宝学会吃固体食物，而且对语言所需的舌头和口腔的复杂活动也很有帮助。

Q 怎样喂宝宝吃果泥

妈妈在书上看到可以给宝宝吃番茄泥，但是可能冰箱里的番茄太凉了，宝宝的大便有点稀，里面还有未消化的番茄。应该怎样做？

A 每喂一种新的食物都要十分小心，一来量要少，二来把其他不利因素降到最低，例如温度、精细程度等都要适合。不过，宝宝第一次吃的东西都不可能消化，有颜色的东西，例如胡萝卜、西红柿，甚至菜叶，都会在宝宝的大便中出现，要过5~7天才看不见。所以，每一种新的食物起码要过1周后才会消化和吸收。宝宝的大便稍微有点稀是正常的，等大便干一点儿就可以再喂。每次1小勺，不要马上增多，等大便中完全看不见菜叶等后再增加半到1小勺。此外，从冰箱拿出来的食物不可以马上给宝宝吃，至少放1小时，待温度达到室温才可以给宝宝吃。

Q 宝宝常吃固体食物有什么益处

宝宝很爱吃磨牙饼干，一块饼干咔嚓咔嚓几下就啃掉了。于是妈妈就给她吃了不少，可因此遭到了外婆的批评。外婆认为这些零食不利于宝宝养成良好的饮食习惯。宝宝吃固体食物好不好？

A 可以让宝宝吃一些硬的固体食物，如烤脆的馒头条、面包条，厚的饼干等。这些固体食物在口腔里得到唾液淀粉酶的消化，在肠道更容易吸收，而且宝宝学会了咀嚼和吞咽。舌咽协调，将来学会吃饭菜都更加容易。而且固体食物占的体积少，有更大的容量可以吃一些奶类、水果和蔬菜，更容易养成良好的饮食习惯。早期学会咀嚼，舌咽的运动和协调良好以后，发音说话都会更容易，有利于语言发展。

Q 给宝宝用餐桌吃饭好吗

从5个月起，妈妈给宝宝用餐桌吃饭，这么早坐对脊椎会不好吗？

A 家长要等宝宝完全坐稳以后再用餐桌就更好了。宝宝自己能坐稳时颈部就能支撑头的重量，不会对脊柱造成任何负担。如果宝宝还不能坐稳，头太重，他就会趴在小餐桌上，把吃的东西打翻。

■ 日常护理

Q 应该给宝宝穿多少衣服

A 春天天气渐渐热了，爸爸和妈妈主张给宝宝穿少点，让宝宝活动自由；奶奶总怕宝宝会着凉，宝宝一咳嗽，就认为宝宝冷了，要多穿衣服。

给宝宝习惯少穿点确实有必要，可以从中午暖和时开始，尤其是在有太阳的地方就应让宝宝少穿，但是早晨、傍晚，阴天或刮风时就应给宝宝添衣，以免着凉。由于春天气温易变，春季婴幼儿发病率高，在锻炼同时也应兼顾保暖的问题。

Q 需要对小宝宝进行性别教育吗

每次抱宝宝到院子里去玩时，一些叔叔阿姨总会关心地问宝宝是男孩还是女孩。进行教育时要注意些什么？

A 直接回答宝宝的性别，让宝宝听熟了，到 1 岁左右，当别人问到宝宝的性别时，宝宝会点头或摇头来回答自己的性别。开头宝宝并不了解性别的不同，不过他能记住自己的性别，他是通过记忆来回答的。到了 1~2 岁宝宝就会通过看发型、服装打扮、听声音等来区分性别，喜欢走进与自己相同的人群中，所以奉劝父母要按着性别来打扮自己的宝宝，不要穿异性的衣服，以免误导。

Q 怎样才能阻止宝宝把东西放进嘴里

宝宝经常把能抓到手的玩具或衣服、毛巾之类的东西放到嘴里，怎样才能阻止他的这一行为？

A 暂时不必管他，宝宝把拿到的东西放到嘴里是一种自然探索，想知道这些东西能不能吃。尽量让宝宝的衣物简单，没有随手抓到能放到嘴里的衣物，玩具一定要大于 3.7 厘米，不能让宝宝放进口中以防吞咽。等到 8 个月前后，宝宝额叶的抑制中枢成长后，就要教宝宝懂得哪些能吃，哪些不能吃，而且宝宝能看懂大人的表情，懂得"不许"，那时就可以逐渐让宝宝放弃把不能吃的东西放进嘴里了。目前的任务就只能保持宝宝周围能拿到的东西清洁，掉到地上就拿走，不让他再碰到即可。

Q 夏天怎样预防宝宝屁股出红疹子

天气很热，因为要带宝宝出门玩，没有及时更换纸尿裤，宝宝小屁屁上捂出了红红的小疹子。怎样预防宝宝屁股上的红疹子呢？

A 出门在外，要带齐纸尿裤、温开水、冲奶的工具、洗脸的小毛巾和随时添加的衣服等，要及时给宝宝更换纸尿裤，以免措手不及。

Q 宝宝腹泻需要立即去医院就诊吗

A 如果宝宝拉肚子，应该第一时间拿着宝宝的大便去医院化验，而不是带宝宝去，大便要放在小的容器里。不要在没有确诊前凭自己的判断给宝宝用药。

如果未经检查就自己给宝宝吃药会耽误事，如果剂量不对也会出事，所以及时就诊很重要。

Q 妈妈不在家时宝宝总哭闹怎么办

A 平时最好多培养一位照料人，如奶奶、姥姥或保姆等给宝宝喂辅食，以便妈妈不在家或者要去上班时有适合的喂养人。开始妈妈可以坐在照料人身后，让照料人喂食，妈妈可以同宝宝说话，让宝宝放心，但不要动手，逐渐让宝宝适应照料人的喂食方法，以后妈妈就可以离开1~2分钟以至更长时间，逐渐让宝宝适应让照料人喂食。

Q 宝宝每天傍晚都要哭闹是怎么回事

白天和夜里宝宝都很乖，可为什么每天傍晚时分必要大哭一场呢，难道是犯困？怎么改掉这个习惯呢？

A 很多宝宝在大人下班之后会特别兴奋，很希望有人同他玩耍。在他每天大哭之前1~2分钟，大人就来同他做比较兴奋的游戏，例如举高高、坐飞机、抱着他跳舞等，让他高兴，就能把注意力转到兴奋的活动上，不会哭了。以后都应当保证在父母下班后让宝宝有一段同父母游戏的快乐时光。

Q 怎样调整宝宝的生物钟

宝宝每天都醒得很准时，但是太早，6点不到就醒了，想让她晚上晚一点睡，她又闹得慌。怎样才能微调一下宝宝的生物钟？

A 白天上下午都带宝宝到户外玩耍，到了户外，她会很兴奋，逐渐把白天的三次睡眠缩短。尤其是下午的睡眠尽可能延迟，就可以养成迟一点睡、晚一点醒，白天活动、晚上多睡的习惯。

Q 宝宝晚上睡觉盖多少合适

前段时间天一下子转热了，我们没有及时作出应对，宝宝晚上睡觉就一直哭闹个不停。最后才发现，我们还给宝宝用棉睡袋，宝宝晚上睡觉穿得也多，他太热了，所以晚上睡不好觉。宝宝晚上睡觉盖多少合适呢？

A 晚上让宝宝穿单的小绒衣睡，改用毛巾被做的睡袋，上面盖小薄被就行，如果宝宝面色苍白，缩作一团，就要加被；脸红、出汗，就要减被。要根据宝宝的具体表现决定盖多少。

Q 宝宝喜欢朝左侧睡，有必要调整吗

宝宝现在喜欢朝左侧睡，不管我们用什么姿势把她放到床上，她立马就自己调整过来。一直朝左侧睡会不会有什么不好？怎么样把她改正过来？

A 较大的宝宝就没有必要固定朝右侧入睡，因为大的宝宝贲门比较成熟，较少溢奶，所以朝哪边睡都可以，不必做调整。如果要让她偏向另一侧睡，可把枕头放到床尾，因为宝宝喜欢面向有光的方向，很快就能调整过来。

Q 怎样让宝宝在早晨迟一些睡醒

A 把宝宝的睡眠时间略作调整，每天晚上多玩 10~15 分钟，逐渐向后推迟睡觉，早晨就会迟一些醒，让大人得到休息。宝宝在浅睡期最容易被惊醒，如果入睡迟一些，深睡期延长，就不容易被惊醒了。

■ 动作训练

Q 运动能力强的宝宝该怎样锻炼

宝宝腿脚的蹬力越来越大，常常会把盖着的被子蹬开，翻身已经成为他的强项，有时不用扶靠能够独立坐上几分钟。抱起来放在膝盖上时还能

什么在响?

站一会儿，并能一蹦一蹦地跳起。应当怎样进行更好的锻炼呢？

A 既然宝宝很会翻身，就可以让他练习翻滚。先用一条大浴巾把他裹几个圈，大人拉着浴巾的一头就会使宝宝连续翻滚。开头用浴巾是被动的翻滚动作，以后他会自己使劲翻滚，离开原来的位置去够取远处的玩具。白天要让他经常趴在地上，逐渐练习腹部靠地的匍行，以后再练腹部离地的爬行。

Q 宝宝现在可以学坐吗

爸爸主张让宝宝坐在婴儿车里，妈妈坚持不要太早坐。谁的意见对呢？

A 5~6个月时应该让宝宝学坐。用枕头垫好坐在童车内，用带子固定，才便于出外晒太阳。在未会坐之前，先练习拉坐。大人拉着宝宝的肩部说"坐起"，如果宝宝的头可以向前伸出，就可以拉着肘部、手腕、手指练习。宝宝每次都能按口令坐起，就可以坐在婴儿车上出去晒太阳了。

Q 哪些运动游戏可以开发智力

A 让宝宝翻身180°，到6个月就能翻360°，7个月就能连续翻滚。此外，可以拉着宝宝坐起来，用枕头垫着练习靠坐。由于宝宝的头太重，宝宝经常要用双手支撑，好像蛤蟆一样，每次坐10分钟就要休息。每天练习，到6个半月或7个月就能坐稳。宝宝之所以坐不住，就是因为颈部乏力，不能支持头的重量。要锻炼俯卧抬头，才能使颈部有力。5个月的宝宝应当能用双手撑起上身，抬头四处观看，这时可用动物形象玩具逗引宝宝向前来拿，让宝宝匍行。开头宝宝向前使劲，身体反而会向后，妈妈用手把宝宝跷起的脚压下，让脚趾着地作支点，妈妈推着宝宝的脚底向前进，使宝宝能向前匍行。等宝宝熟练后，大人用毛巾把宝宝的肚子托起，宝宝就能用手、膝爬行了。宝宝的每一种运动都能让他得到锻炼，接受的信息增多，自然能开发智力。

Q 怎样帮助宝宝从俯卧位翻回至仰卧位

A 宝宝俯卧时，在他的一侧摇动有响声的玩具，宝宝会侧身来拿。快要拿到时，把玩具往高处摇动，逐渐引诱宝宝的上身仰着，大人帮助把宝宝的脚翻过来，就成仰卧了。有些宝宝喜欢镜子，可以用一面 20 厘米大小的镜子来引诱，使宝宝学会翻身到仰卧位。

Q 怎样让宝宝练习游泳

家里有个婴儿用的游泳池，宝宝没满月的时候游过一次，可是宝宝似乎不太喜欢，游了一会儿就哭了，后来一直没有游过。上周末，我们又让宝宝游泳，宝宝仍旧是游了一会儿就哭了。怎样教宝宝游泳呢？

A 先让宝宝用小手拨水，把玩具放在水里让他玩，然后用小脚踢水，等他玩高兴后再把身体放入水里。大人不断用玩具逗他玩，让他高兴就可以在水里多泡一会儿。如果让玩具在水里动，宝宝就会在水里去追拿玩具，托着他的肚子就可以让他游过去够取玩具。

■ 潜能开发

Q 适合这个月龄的亲子游戏有哪些

A 让宝宝学习握物，先学拿到桌子上静止的东西，以后经过练习就可以拿到吊起来的东西。宝宝开头两只手一起抱着，以后就能用单手拿稳。细心的妈妈可以发现 5 个月的宝宝是大把抓，5 个手指在同一个方向，把东西夹在手掌里。到 6 个月时宝宝会用 3 个手指把东西拿稳，东西离开手心，这时双手就能各拿稳一个玩具对敲了。

妈妈同宝宝一起念儿歌时，到某一句就让宝宝做一个动作，经过几次练习，每次到这一句时，宝宝就会主动做这个动作。

宝宝开始懂话，说到"爸爸"就会看着爸爸；说到"妈妈"就会看着妈妈；

说到"灯"时就会看灯。5个月时认识一种，6个月就会认识2~3种能引起他兴趣的东西。可以让他靠着坐起来自己拿玩具，也可以自己拿饼干吃。

Q 怎样培养宝宝的耐性

妈妈现在经常锻炼让宝宝等着，有时候哭了也不去抱她，可是宝宝哭得嗓子都哑了，妈妈也很心疼啊！请问该怎么培养宝宝的耐性呢？

A 用游戏来让他学习等候，例如扶着他的腋下每次数到3就跳一次，过几天数到4才跳一次，再过几天数到5就跳一次，每次多数一个数使宝宝逐渐适应。6个月到1岁只能要求宝宝等待5~6秒。这种玩法让宝宝感到新鲜，多数一个数他能自己预期，不会感到失望，就是在宝宝能承受的安全范围之内。可从这样类似的游戏中扩展到其他的生活各方面。一定要在宝宝能预期、能承受的范围之内，让宝宝能自己预期，让宝宝感到安全，不可以让宝宝毫无心理准备。

Q 宝宝自己玩玩具时要注意什么

我们让宝宝自己拿着玩具玩，不知什么时候，他把自己的脸给打破了。应该怎样做才能避免这种现象？

A 在宝宝开始拿玩具时，大人不要离开，因为宝宝的动作还未协调，免不了会出一些意料不到的事，大人在身旁就会预防出现伤害。要特别注意不让宝宝拿有尖锐或有棱角的玩具，如果玩具破了，也不能再让宝宝拿着玩，以免破口伤着宝宝。

Q 一次给宝宝很多玩具好吗

妈妈给宝宝买了很多玩具，要一起都拿给宝宝玩，还是过几天再拿出一个新的玩具呢？

A 最好每次让宝宝手头有2~3个玩具，过3~4天，等他玩腻了就换另外

2~3个，把用过的收起来，过4~5周再拿出来，宝宝又会很有兴趣的当做是新的玩具那样喜欢了。玩具太多会妨碍宝宝的活动，而且会让他分心。旧的玩具最好略微修饰一下，如在玩具上贴上彩纸或系上丝带，有点儿变化效果会更好。

■ 预防保健及其他

Q 要不要给宝宝做卡介苗复查

我看见别的同龄宝宝都去做过卡介苗复查，我家宝宝没有接到通知。该不该去复查呢?

A 可以主动去社区医院咨询，问一下是否可以做卡介苗复查。因为未接到通知，为了避免耽误就有必要查询，如果能争取复查就会放心一些。因为如果第一次接种没有成功，还可以补种，如果已经有效就不必再接种了。

Q 预防注射前要注意些什么

本月宝宝打了一次百白破，可是不知道为什么打完针后的一周，宝宝变得无精打采，后来才渐渐好起来。下个月宝宝还要打乙肝第3针，打针前后我们需要注意点什么，或者需要做些什么准备呢?

A 宝宝到6个月前后，母乳中的抗体就逐渐减少了，比较容易患上各种疾病。如果想准备接受肝炎疫苗，或准备入亲子园活动，或者需要转变新的环境，如妈妈要上班，需要住在姥姥家或者要请保姆照料等，在转变之前2~3周可以服用乳珍或牛初乳奶粉，得到一点牛的抗体G，就可以减少宝宝生病的可能性，让宝宝少患感冒。但是在注射前3~4天就不能再吃了，以免抗体影响疫苗的效能。

Q 换季时要给宝宝打流感疫苗吗

A 每年在9~10月份注射流感疫苗，能保护冬季流感流行时不患流感。流感疫苗不能预防普通感冒，因为感冒的病毒型与流感不同。一般打预防针都应在疾病流行前一个月注射，使抗体积聚到一定的浓度，才能有预防功能。

Q 患湿疹的宝宝能否接受疫苗注射

我家宝宝是一个超级奶癣宝宝，体质比较敏感，所以打预防针时反应也比较大，需要我们更精心地呵护。第一次打百白破的时候，发了好几天的低烧，胃口差，而且湿疹也加重了。第二次打百白破，我特意选了宝宝状态好也不发湿疹的时候去打，这次的反应就小很多。

A 选择湿疹恢复期接种较好。

6～7个月

■ 生理指标

出生后180天	男　孩	女　孩
体重	均值 8.75 千克±1.03 千克	均值 8.13 千克±0.93 千克
身长	均值 69.8 厘米±2.6 厘米	均值 68.1 厘米±2.4 厘米
头围	均值 44.2 厘米±1.2 厘米	均值 43.1 厘米±1.3 厘米
胸围	均值 44.0 厘米±1.9 厘米	均值 42.9 厘米±1.9 厘米
前囟	1 厘米×2 厘米	1 厘米×2 厘米
牙数	0~2 颗	0~2 颗

专家提示

　　应给 6～7 个月的宝宝补铁，可主要补充动物肝脏或动物血，因为血红素铁有卟啉基包裹，进入肠道能整体吸收，不受食物中的草酸和植酸影响，吸收率在 27% 以上，所以可以使宝宝避免患贫血。由于贫血会使宝宝血红素减少，使大脑供氧不足，使宝宝精神疲惫；肌红素减少，肌肉无力、运动落后；含铁的酶不足，不能合成足够的 DHA，脑细胞和视网膜细胞成长落后，影响智能和视力发展，因此及时补充铁十分重要。

■ 发育状况

1. 练习坐稳，不必用手支撑身体，转身后能恢复原位，头能伸直。

2. 认生。6个月后宝宝害怕生人，出现保护自己寻求生存的防御性反应，要让宝宝逐渐学会适应人多聚居的社会环境，培养社会适应性。

3. 可做360°翻身、连续翻滚和匍行，可滚过去捡远处的玩具。

★宝宝会匍匐动作了。他双手能把上身撑起来，肚子着地向前蠕动，脑袋左晃右晃的。宝宝坐得已经很稳了。宝宝学会认生了，妈妈带宝宝去照相，宝宝不再见人就哈哈笑了，看见阿姨逗他就哭着往妈妈怀里扎。宝宝不爱叫"妈妈"了，叫了一个星期自己觉得没意思就懒得叫了。宝宝这个月下面牙床萌出了两颗雪白的小牙，他用这两颗晶莹的小牙勇敢地在姥姥的手上咬了一口，深深地留下了他的牙印。

★别看宝宝小，手劲还挺大的，拿着一大张纸会撕成一条一条的。有什么不高兴的事他还会发脾气呢！他可喜欢和妈妈一起弹钢琴了。

★宝宝喜欢看颜色鲜艳的图片，特别是爸爸妈妈的结婚照、大红色的衣服。宝宝每次都看得出神，还咯咯地笑个不停。家里的贴图不断地多起来了，都是妈妈带着宝宝去超市让宝宝自己挑的，宝宝喜欢哪张抓着不放，妈妈就买哪张。宝宝还特别喜欢红色的花，楼下的小公园里有好多漂亮的小花，宝宝就像采花大盗，一把抓住就不放了。

■ 喂养方法

Q 宝宝挑食怎么办

宝宝吃东西开始挑食了，遇见爱吃的嗷嗷直叫，往你手上扑；遇见不爱吃的就紧闭牙关，摇头晃脑，把勺里的吃的打翻。怎么办呢？

A 可以保留宝宝爱吃的食物，把本月最需要的含铁米粉加入很小量，让宝宝逐渐适应。添加的量少，味道改变不大，才能让宝宝接受。如果加得太多，味道变了，宝宝就会推开，以后看见就不肯再吃了。

Q 满 6 个月后应该添加哪些辅食

A 6 个月可以让宝宝吃肝泥或者肝粉，以补充铁。还可以吃蒸鱼，大人把鱼刺挑净，喂宝宝吃，不要放盐和酱油。不要给宝宝吃买来的肉松，因为肉松里有防腐剂和太多调料，对肝肾有伤害；可以吃南瓜泥和胡萝卜泥等菜泥，每添加一种都要少量，从 1 小勺开始，每天坚持，直到大便看不到原样排出为止。

Q 为什么宝宝本月体重、 身高都长得不多

这个月也许是饮食没有安排恰当，发现宝宝身高长得不多，体重也没长。这是为什么呢？

A 首先检查宝宝每天吃多少奶。刚添加辅食时，有时看见宝宝爱吃，就不免多让宝宝吃几口，甚至经常把奶挤掉。宝宝消化系统仍然只能吸收赖以生存的奶类，淀粉酶还缺少活性，如果给宝宝喂太多淀粉，只有很少能消化吸收，大多数在肠道发酵而排出。这样，宝宝的体重就不增长了。如果妈妈去上班，母乳就会减少。因此应在妈妈上班前添加配方奶，如果宝宝不肯用奶瓶，可用一次性的细长杯子，内装 20 毫升奶放在宝宝嘴边，让他慢慢学着吃。母乳很少时，每天应喂配方奶 700 毫升~800 毫升，奶加够了才能长体重，身高也会随着增长。

Q 吃哪些食物能补充锌和钙

给 6 个月的宝宝做了一个微量元素检查，发现有点缺锌、缺钙。我们给宝宝补充什么食物才能营养均衡呢？

A 适量补充肝粉，因为肝中富含铁和锌，铁在血红素的卟啉基内直接被吸收，与锌互不干扰，都能吸收。食物中含钙最丰富、最容易吸收的就是奶类，如果妈妈上班就一定要给宝宝添加足量的配方奶，辅食中有了淀粉就要每日加钙剂 200 毫克，保证钙的摄入量大于磷才易于吸收。每日带宝宝到户外晒 1~2 小时太阳，有了内源性的维生素 D 就可以促进钙的吸收。

Q 6 个月的宝宝能吃粗粮吗

姥爷说宝宝应该吃点粗粮了，可是妈妈总是觉得不合适。不知道 6 个月大的宝宝能不能吃粗粮呢？

A 可以让宝宝吃一些磨得精细的玉米面、芝麻糊、花生糊、麦片（过敏体质宝宝慎用）等食物。

Q 宝宝夜里醒的次数过多是怎么回事

宝宝连续两个多月晚上几乎一个小时醒一次，让妈妈筋疲力尽，爸爸也睡不好。这是怎么回事？

A 可以检查宝宝的饮食，如果开始喂辅食，就要注意是否把奶的量减少了。开始喂的辅食，宝宝还未完全消化吸收，几乎是原样进，原样从大便排出，如果马上减奶，宝宝就会在夜间啼哭。6~7 个月宝宝每日所需奶量为 800 毫升~1000 毫升，如果奶量不足，宝宝就会一连几个月都不长体重，最后也会影响身高和智能的增长和发展。

Q 给宝宝多喂辅食好吗

宝宝对辅食需求量很小，外公认为要顺其自然，妈妈则认为应该多喂。应该怎么做呢?

Ⓐ 从 1 小勺喂起,喂得太多会引起宝宝消化不良,甚至引起肠道蠕动过快,会出现肠套叠(突然阵发腹痛、呕吐,有血性大便,腹部出现香肠样的肿物),这是很危险的。越小的宝宝,喂辅食应当越慎重,从小量开始,而且一定要保证奶量的充足供应。

Ⓠ **怎样帮助宝宝练习磨牙**

Ⓐ 让宝宝啃咬烤脆的面包条或馒头条更好,除了练习咀嚼还可以练习吞咽,学会舌咽协调,对以后吃固体食物有利,而且有利于发音讲话,比磨牙的玩具实用而且更加卫生。

Ⓠ **宝宝不肯用奶瓶怎么办**

宝宝一直是吃母乳的,比较抗拒用奶瓶,喝水还可以,如果是其他果汁类的就很难接受。到该断奶的时候怎么办呢?

Ⓐ 可以试用长的一次性的纸杯,每次放 20 毫升配方奶,把杯子放在唇边让宝宝喝下,杯子不拿开,以防宝宝吞咽时从口角反流。喝完了再加,让宝宝学会用杯子,就可以完全不用奶瓶。注意断母乳后一定要补充配方奶,每日 800 毫升~900 毫升,到 1 岁时仍要喝 600 毫升配方奶,才可保证其体重继续增加。

■ 日常护理

Ⓠ 如何吃才能使湿疹不复发, 又兼顾营养的供应

爸爸怕宝宝反复发湿疹,所以在添加辅食时就严格禁止吃鸡蛋清、虾、鱼类,可妈妈担心这样会营养不良,应该适量或少量添加。请问该怎么办呢?

Ⓐ 最好等宝宝过了 1 岁半再吃"发物",因为 1 岁半前,宝宝肠道的黏膜致密度不足,不能滤过大分子的蛋白质,让致敏的大分子蛋白质被吸收,就容易引起过

敏。到 1 岁半后，肠道的黏膜细胞排列有序，而且致密，能滤去一些大分子物质，那时宝宝就可以吃蛋清和鱼、虾等食物了。目前保持足量的奶类，母乳不足就添加配方奶，用蛋黄、肝粉、豆腐脑等以保持优质蛋白质的供应。

Q 宝宝经常抓自己的耳朵怎么办

宝宝经常抓自己的耳朵，有时候还把耳朵抓破了，应该怎么办呢?

注意观察宝宝耳朵有无发红、流液，耳朵后面有无疹子和破溃，如果经常哭闹，就应请医生检查，找到他抓耳朵的原因。因为小宝宝很容易患中耳炎、耳周的湿疹及其他炎症，应抓紧治疗。如果只是抓痒痒，就要在宝宝睡着后给他剪指甲，以免抓破皮肤。

Q 宝宝烂嘴角怎么办

这个月宝宝的嘴角烂了，爸爸妈妈很心疼，也很自责没照顾好宝宝。嘴角为什么会烂呢，是缺乏维生素还是其他的原因。该怎么办呢?

给宝宝吃半片复方维生素 b，每次吃奶或吃辅食后，让他喝 1~2 勺开水。多让宝宝休息。如果宝宝经常啼哭，或者发脾气，体内的维生素 b 消耗增加，就容易烂嘴角。

Q 宝宝睡觉时头上出汗怎么办

宝宝现在头部常常出汗，我晚上睡觉就给她穿一件大大的 T 恤衫，什么也不盖，有时还是会满头大汗，但手和腿都是凉凉的。这是为什么?

如果晚上太热，可以连衣服都不穿，用薄布兜裹着肚子，让宝宝睡在有床单的凉席上。如果仍然满头大汗，可以查一下血液中的碱性磷酸酶，这个指标比查血钙更加灵敏，可以看出是否为佝偻病早期的出汗，以便及时治疗。

Q 宝宝眼角皮肤发红是上火吗

给宝宝洗脸的盆和毛巾要专用，而且经常煮开消毒。妈妈照料宝宝之前认真洗手，尽量不要碰宝宝的眼角，如果发现眼角发红可以用 0.25%氯霉素眼药水滴眼或用 1%利福平眼药水滴眼。不要轻易给宝宝吃祛火的药物，以免引起腹泻。给宝宝吃蔬菜泥（盖菜、小白菜等）或水果泥就可以去火了。

Q 冬天外出时宝宝穿暖的标准是什么

A 外出时，宝宝的皮肤颜色红润、手脚暖和、心态放松、不流鼻涕、不打喷嚏，就说明穿着合适。如果宝宝背后出汗、满脸通红，就是穿得太多，可以把宝宝的外衣脱去，不要当时更换宝宝的内衣，以免着凉。如果有汗，可以垫上干毛巾，等回家在温暖的条件下再更换。如果宝宝皮肤苍白、四肢冷、身体紧缩、流鼻涕，就是太冷了，应马上回到温暖的环境，或者马上加热水袋，或加盖厚的衣服或被子保暖。

Q 宝宝后脑勺着地摔倒了，大脑会受伤吗

爸爸让宝宝自己坐着玩，结果没拉住宝宝的小手，小家伙后脑勺着地摔倒了，还起了一个大包。会伤害宝宝的大脑吗？

A 注意宝宝能不能啼哭、有无呕吐、精神是否良好，如果不会哭、呕吐、精神不振、不吃奶，就要马上就诊检查有无脑部伤害。家里要铺好地垫，让宝宝在地上玩，千万不要在大床上玩，也不能坐在没有倚靠的地方玩，以免摔下来受伤。用旧的毯子也可以铺在地上当地垫用。

Q 怎样清洁宝宝的耳朵

A 不必定时给宝宝清除耳垢。随着宝宝自己的活动，耳垢会自然清除。在家自己清除，很容易损伤外耳道。如果宝宝有炎症分泌物，或者发现外耳道受阻必须清除时，也最好到医院处理。

Q 宝宝为何吸吮下嘴唇

宝宝老是喜欢吸吮下嘴唇，每次看到她那样，我都会给她牙胶咬或拿玩具吸引她，但她连睡着的时候也会偶尔吸吮嘴唇。有什么方法可以不让

她吸吮吃嘴唇呢？

A 如果宝宝是想练习咀嚼，可以给他面包或馒头条。此外，宝宝可能有情绪上的不安或某方面的不满足，例如妈妈去上班，不能按时喂奶；或者改用配方奶，奶嘴开口太大、吸吮不够等。如果这样，换个奶嘴，让宝宝有充分的吸吮时间。不过千万不要用安慰奶嘴代替，将来去掉安慰奶嘴又会成为困难的问题。如果还有情绪上的问题，就要多同宝宝玩，让他手里有玩具。得到大人的关照，得到安慰，宝宝就会逐渐放松情绪，不再吸吮下嘴唇了。

Q 宝宝不让把尿怎么办

A 让宝宝练习坐便盆。妈妈在一旁扶着，一面同宝宝说话，逗他开心，一面发出"嘘"的声音。因为宝宝未曾坐过便盆，对这种新鲜事不会拒绝。

Q 宝宝大便时受过惊吓，不让再把怎么办

宝宝的大小便从6个月开始就都可以把到了，但是有一次，在把屎的时候，妈妈嫌臭大叫了一声，把宝宝吓得大哭，后来好几天都不肯把，直接把屎拉在裤子上了。这种情况怎么办？

A 坚持把，可以让宝宝直接坐在便盆上，妈妈坐在板凳上扶着就成了。大家的位置都要舒服，如果便盆太低，可以把便盆放在板凳上以便扶持。让宝宝一面坐着，一面给他背诵儿歌，让他感到有兴趣。父母不要嫌宝宝大便臭，要像对待自己那样，自己不会嫌臭而不上厕所。宝宝会很敏感，害怕爸爸妈妈嫌他臭，不要他，所以就不肯把了。要注意维持良好的亲子关系，做父母的要克服一切困难。

Q 宝宝趴着时小便次数较多，怎么办

宝宝趴着的时候小便次数特别多，不知是不是"小鸡鸡"受压迫所致？会有不良影响吗？

A 给宝宝趴之前应先把尿，宝宝在喝水、吃奶后，几乎10~15分钟就要排尿，排两次后就会隔30分钟才排一次。趴着不会伤害"小鸡鸡"的，因为学会匍行

后，慢慢就能学会爬行，受压的时间极短。

Q 宝宝大便干怎么办

妈妈天天给宝宝做果泥吃，不过宝宝的大便还是比较干。是不是应该补充一些维生素 C 呢？

A 如果宝宝大便干，可以用芝麻酱涂在面包条上让宝宝练习咀嚼，芝麻酱内富含钙、锌、铁，而且有润滑大便的功能。

Q 怎样安抚啼哭的宝宝

每次宝宝哭闹不止时，爸爸一抱着宝宝看电视，宝宝立刻就停止了哭闹。可妈妈认为宝宝现在还小，不宜看电视。宝宝啼哭时怎样安抚他呢？

A 可以让宝宝看一点小广告之类经常重复的节目，不超过 1~2 分钟，有利于宝宝发音学讲话。此外，打开播放器，一边听音乐，大人一边抱着宝宝跳舞，也能安抚啼哭的宝宝。

Q 宝宝啼哭时可能有哪些疾病

有一天傍晚宝宝哇哇哭，嗓子都哭哑了，我们还是用常规的方法来哄她，到半夜才发觉原来宝宝是发烧了。宝宝啼哭时应该怎样做？

A 宝宝啼哭表示不舒服，8 个月后要特别注意，宝宝哭一阵，停 10 来分钟，又再啼哭，以后越来越勤，又有呕吐，啼哭越来越不易哄，这时不宜等待，应马上到医院检查。因为宝宝如果患肠套叠，早期可以在透视下用气灌肠来解决，如果拖延时间，肠子粘连，就要做开腹手术，宝宝受的痛苦就大了。如果啼哭不容易安抚，就要注意到患病的可能，提早试体温就可以早一点发现，早一点处理，以免引起高热抽风等问题。

Q 晚上睡觉前做游戏好不好

爸爸回家较晚，总是在宝宝睡觉前和他做游戏，弄得宝宝很兴奋。这样好不好？

A 所有宝宝都很喜欢同爸爸做游戏，这是需要的。爸爸是通过游戏同宝宝交流的。当然，早一点儿做游戏更好，实在没有办法，就可以安排让宝宝下午睡得迟一些，腾出时间同爸爸玩耍。

Q 宝宝会打呼噜吗

宝宝晚上有几次睡觉，呼吸声很像打呼噜。宝宝也会打呼噜吗？打呼噜是不是对身体不好？

A 如果宝宝经常打呼噜，最好带宝宝到儿童耳鼻喉科检查，看有无增殖腺肥大的问题。咽喉部的增殖腺如同扁桃体那样，是淋巴样组织。有些宝宝这个部位较肥大，在一定的体位时，会影响呼吸，甚至影响吞咽，容易呕吐。检查过后，再同医生讨论解决办法。

Q 怎样防止会翻身的宝宝从床上摔下来

宝宝喜欢侧着身睡，再也不是平躺着了。爸爸在哄宝宝睡着放小床上后，没把护栏扣上，结果一眨眼的工夫宝宝就掉到地上了。幸好没大碍。怎样防止会翻身的宝宝从床上摔下来呢？

A 从5个月起，宝宝睡觉时一定要把小床的护栏扣上，不可以把宝宝放在大床上睡觉，因为宝宝能自己翻身，很容易掉下来。白天不可以让宝宝在大床上玩，否则会有从大床上翻滚下来的可能。要在地上铺上地垫，让宝宝在地上玩，可以练习连续翻滚，去较远的地方够取玩具等。

Q 怎样调整宝宝的睡眠

宝宝最近白天睡得很少了，总共加起来都不到3小时，而且白天一般睡40来分钟就醒了，可是晚上能从8点多睡到第二天7点多，半夜大概1~2点会醒来吃一点。请问宝宝白天睡那么点时间够吗？对他的发育有没有什么影响？有没有什么办法让宝宝养成安安稳稳一觉到天亮的习惯，省去半夜的那一餐呢？

A 如果宝宝晚上能睡 11 小时，白天 3 小时，就有 14 小时，基本上就可以了。如果夜间要让他不吃奶，可以在奶瓶里加水，水量逐渐增多，总量不变，越来越稀，不顶饱，他就会自动放弃。如果是母乳，只要他一边吸吮一边入睡，就用手在他的嘴角旁压按乳房，让空气进入，就能松口，把他放下。逐渐减少吸吮时间，就会断去夜奶。夜间连续睡眠，会使生长激素分泌，能促进宝宝的生长发育。

Q 为什么宝宝总让大人抱着睡觉

宝宝从出生到现在，白天都是抱在手上睡觉的，自己一个人躺在床上不会睡觉。我们每次去体检的时候都问医生这个问题，最初医生说是缺钙，我们天天吃碳酸钙泡腾冲剂，也吃伊可新，但还是不起作用。也试了很多其他方法，包括改善睡觉的环境，白天睡觉一点声音都没有，但宝宝还是一碰到床就要醒。该如何改善呢？

A 每天带宝宝到有阳光的阴凉处晒太阳最好达到 2 小时，等到夏天就可以在阳光下洗澡，背对着太阳，边洗边玩达半小时，太阳的紫外线会把皮下的 7-脱氢胆固醇转变为内源性的维生素 D。因为婴儿肝脏还未成熟，排出的胆盐不足，吃入的油类难以消化吸收，使伊可新不太起作用。另一个原因是宝宝未养成良好入睡习惯，要让他习惯开始就睡在小床上或者摇篮上，睡前在床上听摇篮曲，大人在宝宝身边跟着哼唱，可以拍拍或者摇摇，但是不要抱。这就没有在浅睡期转手的问题，从浅睡直接进入深睡，就不会觉醒啼哭，慢慢就可以改变过来。

Q 宝宝入睡困难怎么办

应该建立睡前常规，即每天定时做一连串的睡前准备工作，使每一件事就是下一件事的条件，出现一连串的条件反射，让宝宝成为习惯。例如妈妈先让宝宝吃奶和定量的辅食，然后把大小便，把身体弄干净（可以洗澡，或者洗屁股、洗脚），脱去衣服，穿上睡衣或睡袋，放在床上，打开摇篮曲的录音，妈妈拿着布书或者图片，用亲切的声音给宝宝讲解，如同讲故事那样，声音逐渐降低，让宝宝听着逐渐入睡。千万不可以让宝宝含着奶瓶，或者含着妈妈的奶头入睡，也不可以抱起来摇或者拍。宝宝最喜欢有妈妈陪着，听到妈妈温柔的声音就会有安全感，自然就会入睡。如果养成要大人抱、又要摇、又要拍的习惯，大人一放下就会马上啼哭，困意全无，以后就难以再入睡了。

■ 动作训练

Q 怎样帮助宝宝学习爬行

宝宝骨骼很硬，力气一直很大，现在坐着玩已经比较自如，可以从坐着过渡到卧着，可以自如地在原地转圈。但是他还不会爬，努力爬的结果要么是后退，要么是张开手臂向后抬起，并同时抬起双腿做小飞机状，嘴里急得啊啊大叫。应该怎么训练宝宝爬呢？

A 俯卧转圈是宝宝在学爬前必经的过程，因为他的脚没有靠着地面，膝盖很滑，双手使劲时膝盖后面没有阻力，自然沉重的身体就向后退，所以家长用手把脚压到地面，让脚趾能使劲，同时家长也帮他把脚底往前推，这样宝宝就能向前匍行。等到宝宝能够自己往前匍行时，家长用一条毛巾把宝宝的腹部提起，让宝宝的手和膝着地，宝宝就会爬行了。

Q 可以让宝宝学站吗

宝宝能够自己坐起来，有人扶着时能站立起来，大人把双手放开时他可站立3秒钟呢！这个月可以让宝宝学站吗？

A 暂时先让宝宝学爬，等到宝宝下肢有力，能承受体重时再练习站立，大概在11个月时宝宝才能站稳。要特别小心，宝宝的腹部贴着床面练习，很容易滑下来，应当用垫子把地面铺厚，给宝宝一个练习爬行的地方。宝宝已经能自己向前匍行，就可以用毛巾把宝宝的腹部吊起，让宝宝练习用手膝爬行。

Q 宝宝可以学坐吗

宝宝虽然会自己坐了，但是还有点摇摇晃晃。妈妈和爸爸都认为应该让宝宝多练习坐；外婆认为宝宝太小，坐得太早，骨头会坐坏。不知怎样做才是正确的呢？

🅐 练习坐和练习匍行同时进行，坐累了就俯卧，仰起头来匍行，这样可以使脊柱得到相反的练习，不会累着骨头。多数宝宝在 7 个半月坐稳，同时也能让腹部离开地面爬行了。宝宝能匍行向前拿取玩具时，就可以用毛巾托起腹部让宝宝练习爬行。

🅠 是否一定让宝宝先爬后走呢

妈妈见差不多大的小孩子都试着扶着在地上走，所以也扶着宝宝让她学走路；可奶奶认为宝宝都没学会爬，走路还早着呢。请问是否一定要让宝宝先爬后再走？

🅐 宝宝先爬后走才容易保持身体的直立平衡，让宝宝在学爬时锻炼四肢的肌肉和骨骼，可以避免过早站立负重而使腿弯曲。更重要的是练习感觉统合，使宝宝的感官信息进入大脑后，经过前庭输出指挥全身活动。经常爬的宝宝，视觉和听觉都能注意，注意力集中不分心，可为以后上学做好准备。

■ 潜能开发

🅠 宝宝开始黏大人怎么办

宝宝现在会黏人了，爸爸每次上班都要躲着宝宝，万一被宝宝看见了，他就会又哭又闹地要跟着爸爸上班去。

🅐 宝宝开始有分离焦虑了，开始大人还可以躲着离开，以后要逐渐教他学会同大人做"拜拜"游戏。爸爸同宝宝说"拜拜"后就藏在门背后，宝宝要哭时就从门背后出来，说"我回来了"，同他拥抱。过一会儿，再同他"拜拜"，然后躲起来，每次时间都可以适当延长。多做几次，宝宝就知道"拜拜"过后亲人就会回来。有了安全感后，大人每次走开都跟宝宝说"拜拜"，他也会安然接受，把分离变成安全分离，爸爸妈妈白天都可以出去一会儿，宝宝也不会哭闹。反之，经常用偷偷溜走的办法，宝宝会感到不安全，经常东张西望，生怕一不留神，亲人就会走掉，一旦回来就会更加黏住不放，直到上幼儿园都十分困难。如果你做这个游戏做得成功，将来不但入园不难，还能培养宝宝的抑制力，使他做事理智。

Q 怎样培养宝宝双手的抓握能力

宝宝的两只手能握在一起了，还能用小手揉眼睛、擦鼻子，一只手能捏住一个玩具……这个月龄的孩子应如何正确引导和培养他的抓握能力？

A 6个月的宝宝握物时就不是大把抓了，会用大拇指、食指和中指把东西拿稳，学会双手把玩具对敲，很喜欢把玩具敲响。到7个月时，大人给他三个玩具，鼓励他一手拿一个，把左手摊开，放入右手拿着的玩具，空出来的右手就可以拿到第三个玩具，学会正确的传手。在宝宝未学会前，他经常扔掉手中的玩具，去拿第三个。宝宝会敲东西后，可以同他一起随着音乐节拍敲。

Q 怎样让宝宝更加开朗

宝宝开心的时候总是笑一笑，然后躲到妈妈怀里。这是否意味着他是个害羞的宝宝呢？有没有办法让他更开朗一点？

A 看看宝宝对待生人的态度，如果他还不太怕生，就鼓励他去接触生人，如果他已经怕生，尽量不要过于将就，让他留在有生人的房间，鼓励他多观察探究，使他对生人能够接纳，逐渐认识这个陌生人。如果在居住的地方附近有亲子园，就带他去旁观，等到他愿意再让他参加。在亲子园有许多同龄的孩子，便于他习惯与同龄人交往，逐渐就会变得开朗、活泼起来。

Q 怎样引导宝宝说话

宝宝平时很会咿呀咿呀地叫，甚至会尖叫不停，大人和他不停地说话谈天，他就会很认真地听着，偶尔发出"恩格"或"阿不"等声音，妈妈认为他很想说话了。请问在这个阶段，如何做才能促进宝宝语言能力的发展？

Ⓐ 可以开始给宝宝讲故事，只讲宝宝认识的东西，例如宝宝认识玩具车，就讲车会走，走得很快。一边把车推来推去，一边给他讲车的故事。可让宝宝认识食物，先讲他最爱吃的，如苹果，又甜又香，又好吃。几句话就是一个故事，要经常讲，多讲几次，宝宝才能记住一两个字，每天都讲才能使宝宝多记几个字，把字尾的声音拉长，让他学习发音。日积月累，宝宝的语言才能进步。下个月就应当教他学习肢体语言了，如点头问好、拱手表示谢谢等。大人经常示范，宝宝才能学会。

Ⓠ 怎样让宝宝学会分享

宝宝突然变成了小气包，邻居小姐姐来玩，妈妈倒点宝宝的酸奶给小姐姐喝，宝宝竟然愤怒地大叫……难道这么小的孩子已经有了自我意识了吗？我们跟她讲道理很显然她听不懂啊。怎样教宝宝学会分享呢？

Ⓐ 家里有了好吃的，平时都应人人有份，例如酸奶，平时倒出三份，爸爸妈妈和宝宝大家都有，家里的好吃的不可认为只有宝宝才可享用，如同家里的其他食物一样。经常如此，就可以建立与人分享而不独占好东西的习惯。从小不让宝宝吃独食，是养成宝宝能与人分享的开端。

Ⓠ 6个月以上的宝宝适合买什么玩具

Ⓐ 6个月的宝宝可以抓握，所以要准备一些手能握住的玩具，例如方形的积木、乒乓球大小的小球、小动物、小娃娃等。7个月后宝宝要学爬，除了地垫外还要有不倒翁、惯性车、大小皮球和拉球以帮助爬行。今后几个月宝宝需要认物，所

以一些形象的玩具如水果、蔬菜、动物等都可以有帮助。此外还需要一些认物用的一图一物的卡片或者认物图书，可以给宝宝预订一份《婴儿画报》或《婴儿世界》，为宝宝睡前讲故事用。

Q 有必要按宝宝的性别选择玩具吗

宝宝不喜欢娃娃类的玩具，这是男孩的特点吧。对于小宝宝，该如何进行性别教育？另外，刻意强调性别，会不会对孩子造成负面影响？

A 这个月龄，不必过于强调性别。至于玩具的选择上，当然可以让宝宝玩他喜欢的玩具，不过如果大人经常玩某种玩具，甚至经常动用的用具，例如手机和遥控器都会让宝宝喜欢动手去抓的，不必过于强调性别；反之，如果妈妈经常抱洋娃娃，宝宝也会模仿。其实男孩子玩洋娃娃也没有什么不好，玩娃娃就是让宝宝模仿妈妈如何照料自己，学会照料别人；玩过家家就是模仿家庭生活，这些男孩子也一样需要学习。安徒生就是从小爱玩娃娃的，从爱护娃娃而产生了许多幻想，使他成为伟大的童话作家。

Q 6～7个月的宝宝需要买哪些玩具

A 6～7个月的宝宝最重要的是学匍行和爬行，在匍行的阶段用能发声的不倒翁最好，可以引诱宝宝慢慢向前匍行。在学爬的阶段用拉球、皮球、惯性车等可以逗引宝宝爬过去追拿玩具。

6～7个月的宝宝学会认物，形象玩具如小动物、水果等都可吸引宝宝去够取。此外，宝宝学会双手各握一物，就会互相对敲，到7个月就会传手。所以手能拿到的东西如积木、小盒子、小瓶子、乒乓球等都是适合动手的好玩具。

■ 预防保健及其他

Q 宝宝接种后有不良反应怎样护理

宝宝接种疫苗的次日针眼处就肿起来，午后开始发低烧。据说很多宝宝接种后都有发烧现象，那么一般处理发高烧的物理降温方法如冷敷等，是否也适用于疫苗接种后的发烧呢？

A 体温 38℃以上就可用冷水敷头，用温水加上 1/3 酒精擦拭四肢。仔细观察宝宝的下肢是否温暖，如果发凉，就应用温水把脚泡暖和。因为四肢温暖才容易散热，如果脚凉，表示末梢循环不良，散热不足，头部过热就容易发生高热抽风，因此保持头凉、脚暖很重要。注射疫苗引起的反应一般都很短暂，很少会引起长期发热的，如果 3 天不退，有可能感染上疾病，需要就诊。

Q 没有接到预防接种的通知怎么办

满 6 个月的宝宝就应该接种最后一针乙肝疫苗了，可是一直没有接到通知。

A 可以打电话查问，因为有时通知单会丢失，家长积极查问，就可以避免耽误时间。此外，如果赶上 12 月，过了 6 个月的宝宝就应当接种流脑疫苗了，如果没有收到通知，也要查问，一定要在流行季节之前做好预防。

7～8个月

■ 生理指标

出生后210天	男 孩	女 孩
体重	均值8.91千克±0.94千克	均值8.33千克±0.9千克
身长	均值70.6厘米±3.4厘米	均值69.1厘米±2.4厘米
头围	均值43.0厘米±1.3厘米	均值42.1厘米±1.3厘米
胸围	均值44.0厘米±1.9厘米	均值42.9厘米±1.9厘米
前囟	1厘米×2厘米	1厘米×2厘米
牙数	0～4颗（下门牙2颗，上门牙2颗）	0～4颗（下门牙2颗，上门牙2颗）

■ 发育状况

1. 从匍行过渡到爬行，从卧位转成坐位，可以扶物站起。

2. 会用动作表示语言，开始认识身体部位。

3. 食指能独立操作，会抠洞、按开关、拨转盘，逐渐与拇指联合捏取细小物件。

★宝宝长着一双大大的眼睛，不但大而且能看得很远，家里每个地方摆放的东西他都能记住。为了训练他的视觉，在宝宝出生时我就在墙上挂了识字图片，现在听到狗叫声他已经会转头寻找小狗的图片。宝宝最喜欢和妈妈玩捉迷藏游戏。

★在精细动作方面，宝宝的表现一直不错。4个月时会一手握着小摇铃把手，另一只手食指拨动上面的球让它转起来；5个半月时会自己用训练杯喝水，会捏起小馒头、葡萄并把它捏碎；6个月时会自己吃饼干；7个月时会伸出小手用食指指物，两手的配合运用很自如。

★转眼间，春天出生的宝宝也要过冬天了。这个月宝宝学习了很多新的东西，会双膝着地爬了，爬累了坐，坐厌了爬，然后滚，

好像一下子长大了很多很多。两只小手也很灵活了，会用大拇指和食指对着拿东西了。

★宝宝在7个月零7天学会了爬行；现在已经来去自如，并且随时可以自己坐立起来了；满8个月时借助椅背或床头的支撑就可以自己摇摇晃晃地站起来；小牙已经出了第5和第6颗；非常善于在一堆积木中抓出2个颜色、形状完全一样的握在手里……

★宝宝会叫"爷爷奶奶""爸爸妈妈"了。出门的时候会摆摆小手和大家表示再见，客人来了还会拍手欢迎，遇到自己不喜欢的，头摇得可勤了。

★宝宝现在爬得可快了，钻椅子，还喜欢站了！他很喜欢把妈妈铺的塑料块地垫都一一拆开。

◼ 喂养方法

Q 宝宝长得太胖怎么办

宝宝的胃口太好了，很喜欢吃东西，人人都说他又白又胖，说我们喂得好。可是我们担心他太胖了。应该怎么办？

A 如果宝宝太胖、体重超标了，要减少食物的摄入，不吃甜食，注意优质蛋白质的供应，除了保证奶量外，要给宝宝吃鱼肉、肝泥或肝粉，防止发生贫血。过胖的宝宝会引起皮下结缔组织积存脂肪。因此要让宝宝多运动，少吃淀粉和甜食，以免日后成为肥胖儿。

Q 宝宝头发黄、稀疏是缺少营养吗

宝宝可以吃辅食了，我们尽量让营养成分在总量不多的基础上达到平衡：以配方奶为主，另外既有蛋黄、水果、粥，又有蔬菜、牛肉粉、肝粉。宝宝除了头顶的头发长得比较长以外，其他地方都比较短，不浓密，而且有点黄。这是缺少什么营养素呢？这么小适合吃点芝麻补充营养吗？

A 如果怀疑宝宝缺乏某种营养素，要做微量元素检查才能确定。7~8个月的宝宝可以吃肝泥、鱼肉（清蒸），吃炖烂的肉（最好用刀剁烂，再蒸过消毒）。肉类中含锌，海产品和肝脏含锌丰富。吃自己做的菜泥，尽量用天然的食物，也可以加一点芝麻酱在粥或面条里。如果宝宝不愿意用奶瓶的话，配方奶可以用杯子喂。因为奶类仍是宝宝的主食，如果奶量不足，就会使体重难以增加。

Q 怎样让宝宝爱上喝水

宝宝不爱喝水，一见装水的奶瓶头就转到一边去了。对西瓜汁他是感兴趣的，兑水的西瓜汁他就不爱了。但老喝西瓜汁是否糖分高啊，该怎么办呢？

A 让宝宝用大人的方法喝水，用一次性的高水杯放20毫升水，大人托着杯底，

用另一只手自己也拿起杯子同宝宝"干杯"，然后让他一口气把水喝下。用这种游戏的办法会让宝宝高兴的，可以让宝宝逐渐学会用杯子喝水。

另外，不必给宝宝榨果汁，让宝宝用勺子吃切开小块的西瓜、香蕉、桃子、苹果等。

Q 应如何给 7 个月的宝宝安排饮食

这个月龄的宝宝饮食要以什么为主，是奶还是其他的食物呢？量要多少呢？一天的喂养时间要怎么安排？

A 应以奶为主，如果为配方奶，每天要有 800 毫升左右才能保证宝宝每月增长体重。最好让宝宝吃烤面包条、馒头条等，练习咀嚼。馄饨及小饺子等有碎肉、碎菜的食物最好在 10 个月才让宝宝吃。7~8 个月应吃碎末儿状食物，最好有制作得颗粒较大的肝泥、鱼泥、肉泥、菜泥等。每次只给 1~2 勺，让宝宝吃粥和面条每次也只能吃 2~3 勺，不可太多，以免消化不良，引起肠蠕动，甚至会引起肠套叠。时间可按宝宝吃奶的习惯，先吃奶，再给 1~2 勺辅食就行了。

Q 怎样给宝宝吃水果

想给宝宝多吃点水果，补充不同的维生素，于是榨了水蜜桃汁，和苹果泥混在一起给宝宝吃。才吃了一天，奶奶就宣布停止喂食。原因是宝宝吃了之后大便很稀，很烂，可能肠胃不吸收。应该怎样给宝宝吃水果呢？

A 等宝宝大便恢复后再开始。7~8 个月的宝宝可以直接用勺子刮桃子，每次 1 小勺。只能用 1 种水果，连续吃几天，大便变化不大再逐渐加量。到后来宝宝能拿着 1/3 或 1/2 个桃子自己吃。用有颜色的水果，如西红柿，就可以看出头一周在宝宝大便中有西红柿直接便出，就是宝宝还未能消化吸收，几乎到 7 天后大便才没有颜色，所以每种水果的适应期需要 7~10 天。因此开始几天是适应期，每次用最少量就成，直到大便中没有才算开始吸收。每种水果要连续吃一段时间才可以换用另一种。凡是宝宝能自己吃的就不必人工做成果汁和果泥，加工环节越多，感染细菌的机会就越多。食前把宝宝的手洗净最为重要。

Q 可以经常让宝宝吃番薯粥吗

最近宝宝便秘了，每次大便时都痛苦万分。家里老人建议多给宝宝吃点番薯粥。番薯粥的确有正气、养胃、化食、去积、清热的作用。每天在保证宝宝充足的奶量后，适量添加了番薯泥、番薯粥，果然效果非常好。经常让宝宝吃番薯粥好吗？

A 让宝宝先习惯一种食物。番薯粥含糖和淀粉，可以提供热量、可口，宝宝爱吃。可以把宝宝最需要的含铁食物肝粉少量添加其中，不会有不良味道影响宝宝的食欲，这样可让宝宝补充铁、锌和蛋白质。以后就可以逐渐添加鱼肉、猪血、豆腐等，慢慢地可以添加菜泥或者菜粉和肉泥，使宝宝的食物逐渐多样化。

Q 怎样轻松地喂宝宝吃饭

宝宝对爱吃的就张嘴，不爱吃的就把嘴闭得紧紧的，使劲晃脑袋。妈妈为宝宝吃饭发愁。这么小就挑食！每次都用一堆玩具来哄着吃饭，有时还要唱歌、念诗，喂一次饭一身汗。怎样才能轻松地喂宝宝吃饭呢？

A 先做宝宝爱吃的，把少量需要吃的放在爱吃的食物中就成。例如宝宝爱吃番薯，把很少的肝粉撒在番薯泥上搅匀，让宝宝不知不觉就吃掉了。千万不要用玩具、唱歌、讲故事等与吃饭无关的事让宝宝分心，否则大人很累，而且会养成宝宝要条件才肯吃饭的坏习惯。

■ 日常护理

Q 间隔多久给宝宝洗澡合适

妈妈认为每天洗澡有助于宝宝的健康，而外婆认为洗澡容易着凉，不需要天天洗澡。谁的意见正确呢？

A 如果家里的条件很好，室温稳定，就可以天天洗澡。天气渐暖，在夏天鼓励宝宝们早晚在不太强烈的太阳下洗澡，脱光了衣服，背朝太阳在澡盆里玩约半小时，可以积累足够的维生素 D，因为太阳的紫外线照射到皮下的 7—脱氢胆固醇会合成维生素 D。春天要看情况，如果太冷，变天，隔一天洗澡也可以。

Ｑ 怎样给宝宝营造一个安全的运动环境

宝宝在玩的时候小嘴巴不小心碰到了桌子，牙龈还撞出了血。怎样给他营造一个安全的运动环境？

Ａ 宝宝长大后要开始学爬，学站立，会碰到家具及其他东西。因此事先要把有角的地方用布或泡沫塑料包起来，例如桌子、椅子的角，床和家具的边角等都要做好保护。桌上不放桌布更不能放花瓶，以免孩子拉着桌布站起来时把花瓶拉下打着自己。家门一定关好，防止宝宝自己爬出外面，从楼梯掉下。高层楼房的晾台、窗户都要安装防护网，以免宝宝爬上桌子，探头看窗外景物而掉下。总之，许多教训都足以提醒家长，要提早为宝宝做好安全预防措施，防患于未然。

Ｑ 宝宝总把东西放进嘴里怎么办

这个月的宝宝对面前所有的东西都发生浓厚兴趣，会不停地伸手去探索。我和姥姥把看上去能构成威胁的器物拿得老远，以免宝宝盯上。宝宝不管什么东西，拿在手里后都要放在嘴里舔舔。这种状态要持续到什么时候啊？该怎么避免发生危险呢？

Ａ 目前可以把玩具和宝宝的小手洗干净，让他用嘴探索玩具。到满 8 个月就可以让他练习区分东西能不能吃。例如可以用大蒜涂在积木上，等他拿到鼻前，大人说"不能吃"，但是他仍要把积木放在嘴里啃，大人说"辣"，宝宝尝到不好的味道，就会拿开。以后凡是不让他啃的东西都说"不能吃"和"辣"，他就不会放进嘴里了。会爬的宝宝专门去找桌子下面、床下、打扫不到的地方。家长要注意认真搞卫生，把清洁剂、药、笤帚等危险东西拿走，以免宝宝弄到嘴里。

Ｑ 宝宝缠着爸爸不让上班怎么办

宝宝跟爸爸特别的亲，现在大了懂事了，每天早上爸爸要去上班，都要经历她的"纠缠"，最后还是大哭着再见的。这是宝宝特别不讲理呢，还是现在还没有到能"通情达理"的时候？应该怎么办？

A 现在宝宝开始对亲人依恋，到1岁半达到高峰，两岁后才慢慢好些。这是人之常情，应当十分珍惜。宝宝依恋家长、依恋照料人，以后依恋自己所爱的人，这是正常的情感发育过程。如果受到阻碍，让宝宝没有被别人疼爱的经历，他也不会疼爱别人，就会有情感障碍，成为性格孤僻的人。因此不可能要求宝宝"通情达理"，不过，可以让他有另外可以依恋的人，例如妈妈或者照料人，让她不至于集中"纠缠"着爸爸一个人。可以同爸爸玩"拜拜"游戏学习安全分离，以后就能"通情达理"了。

Q 宝宝的衣服能同大人的一起洗吗

不知道能不能把宝宝的衣服和大人的衣服一起放进洗衣机里，再放点衣物消毒水一起洗？

A 如果能给宝宝一个专用的小洗衣机就最好了。如果没有，最好把宝宝的衣服单独洗，或同父母的内衣在一起洗，不可以与大人的外衣和工作服同洗。因为大人接触铅较多（例如开车），如果使宝宝的衣服粘染上铅，宝宝舔食会受害。

Q 怎样给宝宝穿衣服

我给宝宝穿套头衫的衣服时，他特别不配合，身体扭来扭去，好不容易把头穿进去了，手又不能伸进去；到穿裤子的时候更不听话了，经常一条腿穿进去了，另一条腿又抽出来。怎样让宝宝学会与大人合作呢？

A 家长可同宝宝做游戏，让宝宝帮助娃娃穿套头衫，可以让宝宝拿住娃娃，大人示范性地给娃娃先穿手后套头。大人分别把宝宝的双手穿进袖子，再套头。再让宝宝拿住娃娃的腿，大人一面说"看娃娃好乖，穿上裤腿啦"，也让宝宝抬腿穿裤子。多玩几次，让宝宝知道穿衣服时要与大人合作，就会逐渐学会自己伸手入袖子了。

Q 可以让宝宝坐便盆大小便吗

宝宝现在能坐了，但还坐不太稳，妈妈主张让孩子坐便盆锻炼平衡能力，又能自主大小便。姥姥不同意，担心宝宝脊椎太嫩受不了。谁说得对？

A 8个月的宝宝就可以坐在便盆上大小便了，家长要蹲下来扶着，才能保证安全。看到宝宝能自己排泄，就要称赞他，让他高兴，以后他就会很愿意坐盆大小便的。

Q 怎样使宝宝同大人配合把尿

A 大人可以事先观察宝宝的排尿频率，如果吃奶或喝水后经常是5~10分钟内排尿，以后就会30~40分钟才排尿一次。经常把尿，就会让宝宝学会自己做动作，让大人看出来他需要排泄，常常是翻身，扭动表示排尿，使劲去努就是要排大便。如果把尿成功一定要亲亲宝宝，让他懂得做对了。学会把尿的宝宝在大人把尿时都会尿出几滴，表示他懂得大人的意图，宝宝会讨大人的喜欢，与大人合作。如果尿湿了也不必批评，理解这是必经的过程，只有用表扬才能缩短锻炼的过程。平时我们都让妈妈在宝宝2~3周就开始把尿，到满月时都能学会。在周岁前任何时间学习都可以，7~8个月就可以直接让宝宝坐在盆上练习。

Q 宝宝怕生怎么办

我家宝宝看见生人进来就会啼哭，有时邻居进来拿点东西他也大声啼哭，邻居都不敢过来串门了，弄得我十分为难。怎么办？

A 怕生是这个月宝宝的正常现象，妈妈不要感到为难。如果宝宝哭，就抱着他，照常让邻居来拿东西，妈妈也照常同邻居说话。妈妈可以发觉宝宝大声啼哭时也在观察，如果妈妈照顾宝宝，他会大声啼哭把生人轰走，维持与妈妈的二人世界。如果妈妈照顾生人，宝宝就会逐渐停下来观察，会在妈妈身边窥看生人。如果发现生人对自己没有恶意，就会逐渐放松戒备，停止啼哭。如果邻居对宝宝笑笑，或者拿个玩具给宝宝，他就会接过来。因此妈妈首先要用平和的态度对待宝宝的怕生，妈妈越将就宝宝，他就越怕生。如果不当一回事，宝宝就会开始探究，知道生人并无恶意，就会慢慢同生人接近，逐渐认识他，接受他。妈妈越平和，宝宝的怕生情绪就越容易克服。不过开始最好与生人保持一定距离，不要让生人抱，以免宝宝过于害怕。

从6~7个月起到两岁半，宝宝都会认生。有些认生太重的宝宝入幼儿园会有困难，因此在宝宝认生时，最好让宝宝看到一些生人，尤其是同龄的宝宝。最好带宝宝参加亲子园的活动，有妈妈带着，宝宝不会害怕。可多一些机会与同龄儿童接触，跟着别人爬行、学走，一起学习玩玩具、做游戏，逐渐让宝宝适应群体，学习社会交往，为以后入幼儿园做准备。

Q 宝宝多大才能进亲子园

邻居有个宝宝参加亲子园了，让我也去看看。我带着宝宝刚走进去宝宝就大声哭开了，我只好退出来。宝宝多大才能进亲子园呢？

A 宝宝到6个月就可以上亲子园了，因为宝宝在家没有兄弟姐妹，缺乏同伴，不容易形成良好的同伴关系，所以办亲子园就是让住在附近的宝宝在一起玩，可以互相学习，培养良好的社会适应性。例如一个宝宝在家很难学爬，但是到了亲子园，看到别人爬得很好，有了榜样就很快学会。尤其是在学说话期间，同龄宝宝在一起彼此呼应，同时做动作打招呼，大家都会很快进步。宝宝们在群体中容易学会彼此适应，就容易进入群体。亲子园的好处很多，但是刚进入时会因为怕

生而发生困难。如果宝宝哭闹可以让他在门外观看、听音乐，慢慢熟悉环境。等到宝宝较少哭闹时，就可以去屋里观看，逐渐让宝宝习惯后再进入孩子们的圈子内。亲子园可以让妈妈抱着宝宝上课，有妈妈在宝宝就不会害怕。每周参加活动2~3次，以后宝宝就不会哭闹了。通过每周练习适龄游戏，让宝宝在各方面都有所进步，就会比关在家里的宝宝活泼开朗，而且不太怕生。以后进入幼儿园也会比较顺利。

Q 让宝宝按照幼儿园的时间作息好吗

现在宝宝基本保持中午 12 点左右睡 2 个小时午觉，按照妈妈的想法，可以跟以后幼儿园的作息时间接轨。这样做好吗？如果大人一直刻意安排不变，宝宝的作息时间还会变化吗？

A 7~8 个月的宝宝白天应当小睡 3 次，1 岁时改为两次，两岁以后才午睡一次。现在就与幼儿园作息时间相同有点太早了，还是按照自然睡眠规律更符合宝宝的生理需要。

Q 宝宝睡觉时被蚊子咬了怎么办

由于宝宝还小，爸爸不敢给她点蚊香，用了蚊帐，装了驱蚊器效果也不明显。半夜喂奶的时候常常遭到可恶的蚊子袭击，好可怜。

A 把小宝宝抱进大床的蚊帐内喂奶，吃饱后再回有蚊帐的小床上睡觉就可以避免蚊子叮咬。检查门窗上的纱窗、纱门是否漏缝，以免开窗透气时进来蚊子。趁白天宝宝外出时将门窗关好，喷洒灭蚊药，然后再开窗透气，1 小时后再让宝宝回来。宝宝在时不要在房间喷灭蚊药，长期使用会让宝宝中毒的。

■ 动作训练

Q 宝宝何时开始练习站立好

宝宝现在可以扶物站立一会儿，不知现在训练他站立是否早了些？

A 8 个月宝宝运动的重点在爬行，因为在爬的过程中，宝宝轮流用四肢负重，可以锻炼每个肢体的耐力。此外，宝宝在爬行时，先出左手就会再出右腿，身体扭向右侧；再出右手，然后左腿，身体扭向左侧。来回地扭动躯干有利于脊柱长长，使个子长高，也能使身体灵便。等到 10 个月时开始扶物迈步，不但腿有力气，腰也灵便，万一身体重心偏移时能自己矫正，就不容易摔跤。如果过早让宝宝站立迈步，腿还未能负重，就会使腿弯曲，因此还是以先学爬为主。

爸爸想锻炼宝宝爬行动作，可宝宝每次趴在床上后就满脸通红，双脚跷起。妈妈认为应该是顺应"七滚八爬"的规律，到时自然就会了。怎样做对宝宝有益呢？

A 先练习匍行，宝宝在 6 个月时俯卧就会用双手支撑起上身双脚跷起。这时大人用手把宝宝双脚按下，让他用脚支撑着地面作为支点，一手在宝宝前方摇动铃铛，另一手推着宝宝的脚底帮助他向前够取铃铛。由于宝宝的腹部趴在地上支撑体重，所以称为匍行。等到宝宝不用大人推着脚底，能自己前进时，就可以用一条毛巾把他的肚子吊起来，让他用手和膝支撑体重，练习爬行。这个过程需要大人的帮助，如果让宝宝自然能爬，就要等到 11 个月或者会走之后，那就会耽误

4~5个月。过去（1986 年）我们的统计是北京的宝宝要 11 个月才会爬，比外国宝宝迟 4~5个月。经过许多年的努力，1997 年统计时，普及早期教育地区婴儿爬行已经赶上国外了。因为我们强调 5 个月的宝宝必须在地垫上活动，不可以在床上活动，避免从床上摔下来。只要给宝宝匍行的环境，较少的帮助就都能做到。

■ 潜能开发

Q 宝宝对游戏不感兴趣怎么办

有时，宝宝在做游戏的时候会心不在焉，这让我们家长也失去了陪他做游戏的兴致。我们应该怎么做呢？

A 游戏有个适龄问题，太容易的游戏没有挑战性，不会引起兴趣；太难就会让宝宝不易成功，挫伤了积极性，适合月龄的游戏才能促进宝宝身心的发展。首先让宝宝在地上活动，因为宝宝要学爬和扶物站立，小床不够大，大床就太危险了。如果宝宝在地垫上，当他对游戏心不在焉时，就应当让他学爬，转变一下游戏的方式，宝宝就会高兴起来。如同我们上课时需要休息或者活动一下一样。越小的宝宝注意时间就会越短，需要经常更换游戏方式，动静结合才会效果好。

Q 怎样让宝宝安静一会儿

除了睡觉的时间，宝宝在家一刻不停，他的精力比我们大人还充沛。是不是应该培养他安静些呢？

A 可以教宝宝玩玩具。如给他一些学习动手的玩具，例如学会传手，双手已经各拿一物，再给第三个，看他怎样处理。不许扔掉一个再拿，必须把一个放到另一手上，才可拿第三个。学会把不同的东西弄出声音，如摇动花铃棒、会用筷子敲空的纸盒；会用手抓不用的废纸，发出声音等，让他坐下来玩动手的游戏可以使他学会安静一些。

Q 怎样让宝宝学习语言

宝宝现在特别乖，生活也很有规律，没事很少哭闹。就算他有什么需求或不满时，也从不随便哭闹，而是先哼哼唧唧的。要是大人还没有作出反应，他就会大声说"不也"。这是宝宝早期的语言吗？宝宝刚开始学讲话家长应该注意些什么？

A 可一方面响应宝宝的发音，另一方面教他做身体语言，让他学会用表情动作来表达自己的意愿。其实人的语言中，非声音的语言也同样重要，看表情就知道同意还是不同意。有时不好说出来的话，用表情或者手势就能表达了。7～10个月是身体语言表达的最佳时期，在宝宝还未会开口叫人时，就能用手势表达了。

Q 怎样对宝宝进行启蒙教育

宝宝现在 7 个月了，爸爸就买了适合月龄的 VCD、图书，想让宝宝平时学习，可宝宝并不感兴趣，爸爸很是苦恼。什么时段可以对宝宝进行启蒙教育？怎样进行？

A 爸爸自己先看一遍 VCD，只挑其中最有趣的一段入手，大人先学会。例如背诵一首儿歌，挑出声调特殊的一句，到这一句时同宝宝做一个动作。以后每到该处，就做同样动作，几次后，宝宝就形成了这个条件反射，到时会自己主动做动作。此时大人表扬他，可让宝宝感受成功的喜悦。以后宝宝就会对 VCD 的内容逐渐产生兴趣。9~10 个月可以配上图书，指着图讲故事。

Q 应当让宝宝听什么音乐

我家宝宝喜欢听音乐，可爸爸老是放自己爱听的惠特尼·休斯顿的歌让宝宝听，认为旋律优美的音乐都对宝宝有益。妈妈觉得应该放些儿歌、童谣才对。宝宝听什么音乐更合适？

A 可以让宝宝听一些父母特别喜爱的音乐，因为父母的兴趣会不知不觉地影响着宝宝的兴趣和偏爱，如果大家在一起欣赏，就会一起感受快乐。但是宝宝的能力有限，父母也应照顾到宝宝所能接受的简单音乐，选几首给宝宝听也很有必要。

Q 这个月应侧重宝宝哪方面的训练

这个月的宝宝应该多训练发音还是做动作？应该侧重哪个方面呢？

A 让 7~9 个月的宝宝用动作表达意思较好，例如给他吃东西时，如果他想要，就教他伸手或点头；如果他不想要，就教他摇头摆手；当他接受了大人给的东西时，教他拱起双手上下摇动表示谢谢。这样的动作，只要宝宝理解，就能学得很快。宝宝先学会抓挠，后学会同人摆手再见。在此期间，也可以让他发出一些声音。不过学动物叫要等到 1 岁之后，基本上在学会叫爸爸或妈妈之后才能学会。

Q 宝宝玩玩具时有必要给他示范吗

现在宝宝喜欢模仿大人，但我觉得他玩玩具时不应给他示范，而应让他自己探索。不知是否应该这样？

A 你的宝宝的精细动作一定很棒。如果给宝宝新的玩具，先让他自己玩，看他能用什么方法操作。如果操作得很好就给予鼓励，只有操作得不对时，才给他示范。

Q 7~8 个月的宝宝应该用什么玩具

宝宝知道找玩具玩了，但是专门买给她的玩具却不怎么感兴趣。倒是最喜欢爸爸妈妈的手机和电脑，尤其是按键，一个一个键按过去。不给她玩，就哭得一把鼻涕一把泪的。不知道这么大的宝宝应该玩什么玩具？

A 让他玩能动用食指的玩具，就是带有按键、转盘、用手指转动的叶片、三键琴等玩具，家里的电视遥控器也会让宝宝喜欢。7~8 个月的宝宝应该学爬，皮球、惯性车、会响和发亮的滚球等都是爬行时的好玩具。此外宝宝应该学会认物，一图一物的认物书、形象玩具（小动物、水果、蔬菜）等让宝宝认识物名的玩具都很有用。

Q 宝宝对一种玩具玩腻了怎么办

宝宝好像对新玩具热情较高，哪怕是个纸盒子她也能津津有味地玩上半天，但一旦玩腻了就再也不肯玩了。有什么好办法吗？

A 保持她对新玩具的探究热情。每个宝宝都是喜欢新鲜玩具的，大人可以把他玩过的玩具收起来，不让他看到。过 3~4 周在用过的玩具上做一些细小的改变，如纸盒上贴个蝴蝶、塑料瓶上打个孔、用彩色线吊起来等，增加一点变化，宝宝就认为是个新的玩具，就又开始热心地玩起来。家长可以多动脑筋，多数玩具都会有多种玩法，更新了玩法就能使宝宝喜欢玩了。

■ 预防保健及其他

Q 预防接种后发烧应怎样护理

宝宝两次出现发烧的现象都分别在卡介苗和麻疹疫苗接种之后，这正常吗？有什么需要特别注意的吗？

A 在宝宝接受疫苗接种后，如同患过一次小感染，抵抗力会暂时有所下降。所以在接受预防接种后，对宝宝应小心保护，让他多休息，如果仍喂母乳就可以增加一点抵抗能力。

不要强迫宝宝吃东西，等到他愿意吃再慢慢给他，以免宝宝消化不良。如果患腹泻就会使抵抗力更加下降。一般发烧，甚至出现稀疏的皮疹，都会在两天内消退，不需要吃药或做其他处理。

Q 外省适龄宝宝可以在本地预防接种吗

我妹妹的孩子6个月了，她从老家来，听说我带宝宝注射麻疹疫苗，很想让她的宝宝也注射，但是医生不允许。应该怎么办呢？

A 由于从母体获得的被动抗体在宝宝8个月时才消失，如果过早注射麻疹疫苗，经过弱毒处理的疫苗容易被母体带来的抗体中和而失效，所以规定在满8个月才可以注射。由于每个地方都有预防注射的规划和统计，希望每个地区的孩子接种率达到最高，因此奉劝你妹妹在宝宝8个月时最好带宝宝在本地区参加预防接种，才能方便当地作出正确统计。如果某个地区有85%适龄儿童已经接受某种免疫接种，当地的该种流行病就可以得到控制，不会造成此疾病的流行。

8~9 个月

■ 生理指标

出生后 240 天	男 孩	女 孩
体重	均值 9.35 千克±1.04 千克	均值 8.74 千克±0.99 千克
身长	均值 72.6 厘米±2.6 厘米	均值 71.1 厘米±2.6 厘米
头围	均值 45.3 厘米±1.3 厘米	均值 44.1 厘米±1.3 厘米
胸围	均值 44.8 厘米±2.0 厘米	均值 43.0 厘米±1.9 厘米
前囟	1 厘米×2 厘米	1 厘米×2 厘米
牙数	0~4 颗	0~4 颗

■ 发育状况

1. 以用手膝爬行为重点，开始练习扶物站起、横行跨步。

2. 能用手势表示语言，如 "谢谢" "再见" "鼓掌" "敬礼" 等。

3. 认识物名，能听声取物；认识身体部位。

4. 能配合穿衣，坐盆大小便。

★宝宝这个月越来越黏妈妈了，只要妈妈在家，总是要妈妈抱，而且饭也不好好吃，要吃奶，没办法，妈妈只能尽量躲着她。宝宝现在看得越来越远，总是能发现天上飞的小鸟，还指给我们看；远远地看见认识的小朋友，就啊啊直叫，挥手让小朋友过来；一看到红色的汽车就很兴奋，因为爸爸开的就是红车。

★带宝宝第一次远行，是想锻炼一下她的适应能力。她从来没有出过远门，为此我很担心。从市里到山里一路风景如画，宝宝很乖，一个多小时的路程一点都没闹。我们预想的突发情况都没有发生，唯一不足的是换地方孩子睡眠不安，夜里闹了几次。第二天，天公也不做美，下起了大雨，洗完温泉我们连门都没出，雨停了就赶回来了。爸爸最担心的感冒也没有发生，看来平时按时作息还是有用的。出门时带了很多东西都没用上，第一次远行算是幸运地结束了。

★本月宝宝会用拍手鼓掌来表达他的高兴和兴奋！

★宝宝的好动和好奇的天性随着年龄的增长，越加显现。有支撑物的地方她就能扶着迅速站立起来，还可以自己挪动几步，特别喜欢站着玩；会自己去玩具箱翻喜欢的东西，会到处追着惯性车爬，还钻到沙发下抓掉落的玩具。

■ 喂养方法

Q 怎样才能让宝宝接受配方奶

大概是一直吃母乳的缘故，宝宝相当抗拒配方奶。医生建议每天应该吃 800 毫升配方奶，但她能咽下 30 毫升就已经很不错了。妈妈想出了各种方法，比如把配方奶冲在肉汤里，包进小馄饨，但是其量还是远远达不到每天 800 毫升。怎样才能让宝宝接受配方奶呢？

A 如果宝宝平时喜欢吃一些酸奶饮料，可以在其中加入少量配方奶，逐渐增量。也可以用少量巧克力奶、果汁奶等作为引子，让宝宝吃，逐渐增量。如果配方奶量不足，宝宝体重不增，其他辅食难以代替。此外，有些宝宝不习惯奶瓶，可以用杯子喂配方奶。应注意的是，不可以让宝宝直接吃干的奶粉，浓度太高会损伤肾功能。

Q 如何同时补充钙、铁、锌

由于宝宝没有及时添加辅食，造成现在缺钙、缺锌，还有一点贫血。医生开了 4 种药，喂起来有点麻烦。后来妈妈在市面上发现了不少可以同时补这三样的口服液，不知能不能自行购买？有没有什么辅食可以同时补这三样？

A 吃肝粉可以同时补铁和锌，比用药还方便，容易吃得多些，而且吸收好。乳类是补钙最好的食物，应当每天有 800 毫升~1000 毫升。如果能找到一种口服液，含有铁 10 毫克、锌 5 毫克、钙 600 毫克，就可以购买。最好先买少量，看看宝宝是否能接受。在服用前先查微量元素，服用两周后再查，就可以对比是否有效。

Q 如何让宝宝喜欢吃辅食

这个月宝宝不大肯吃辅食，小脸都瘦了，妈妈想尽办法但收效甚微。妈妈认为喂宝宝需要耐心，爸爸则认为他不吃就是不饿。怎么办呢？

只要宝宝能吃肝泥或肝粉，能吃定量的奶类就可以，不必勉强喂那些淀粉类食物（粥或糊糊）。妈妈同宝宝一起吃烤脆的面包条、馒头条等，可以蘸点果酱、奶油、芝麻酱等，把肝粉也和进去，既好吃又有兴趣，还不占胃的体积。这样宝宝就能增加体重了。

Q 怎样改善宝宝的食欲

宝宝最近食欲不好，青菜几乎没怎么吃，大便变得有点干。怎么办呢？

给宝宝吃点香蕉、木瓜等软水果，或者让宝宝吃蒸软的南瓜、蒸熟的番薯和土豆，把番薯或土豆压碎。苹果上拌上沙拉酱或麻酱也能利大便。把萝卜擦碎掺上米粉，或用芋头同米粉加点火腿或瘦肉蒸糕，让宝宝用手拿着吃。换点花样就能改善宝宝的食欲。

Q 宝宝吃鱼肉引起局部过敏怎么办

给宝宝喂一小块鲫鱼或鲈鱼，他的小嘴巴周围马上就变红了，下颌有时还会有一块块突起物，过2小时就退下去了，但身上没反应。不知是不是对鱼肉过敏？这种情况下还可以继续喂鱼肉吗？需要到医院治疗吗？

可等到1岁半左右再喂宝宝吃有可能引起过敏的食物。因为1岁前，宝宝的消化道（包括口腔和肠道）黏膜细胞排列松弛，蛋白质等大分子的致敏物质容易透过，引起过敏。到1岁半后就可以吃鸡蛋清、鱼、虾和其他以前不能吃的食物了。局部过敏如果经常复发，就会引起全身的反应，所以近期内最好不要吃。此外，局部红肿如果消退就不必治疗了。

Q 宝宝不喜欢喝鲜榨果汁怎么办

爸爸给宝宝买了各式各样的水果，给宝宝榨汁喝，补充维生素，但宝宝却不喜欢吃。该怎么办呢？

让宝宝自己拿着水果啃着吃。吃前给他洗手，戴上围嘴或大的围裙，以免弄脏衣服。妈妈同时也拿一块同宝宝一起吃，宝宝看着大人的样子就会很开心地模仿，用门牙啃，用牙龈咬，比喝果汁更加开心。但是要一样一样从少量起学着吃，不要经常更换水果，以免引起腹泻。

■ 日常护理

Ⓠ 爸爸怎样护理宝宝更好

爸爸护理宝宝时总控制不好手劲，老是弄疼宝宝。应该怎样做才好？

Ⓐ 爸爸的动作温柔一些更好。不过如果一时控制不了，让宝宝感到不舒服，就把他抱起来亲亲、逗他笑，让宝宝以为大人同他玩耍，逐渐让宝宝习惯了爸爸的护理方式就好了。爸爸千万不要放弃，因为在1岁以内同宝宝玩耍，或者参与生活照料，最能培养亲情。无论如何爸爸都应参加到护理工作中来，否则，缺乏亲情，以后难以对宝宝进行教育。

Ⓠ 怎样防止宝宝受伤

这个月开始，宝宝的活动能力增强了很多，自己可以到房间的任何地方去，所以一离开大人的视野，就可能发生危险。怎样防止宝宝受伤呢？

Ⓐ 妈妈一定要注意把宝宝身边有棱角的、坚硬的东西收拾好，把能坠落的栏杆安放好。有时宝宝会去拉桌子的桌布，这样很容易使桌上的东西掉在他的头上发生意外。有时宝宝会自己打开抽屉，拿里面的东西往嘴里塞。最要当心的是他有时候好不容易站起来，要摔倒了，大人扶他时，一定要拉他的两只手，只拉一只手，在刚要把他拉起来的一刹那，会伤到他的肩或肘关节的。

平时把他放在铺好的地垫上，不要把他放在学步车里，放在学步车会发生的危险太多，而且学步车不让宝宝自己自由站立和爬行，宝宝失去练习站立平衡的能力，以后学走会比别的孩子迟。因为学步车四周有靠，他不用自己站稳，一旦离开学步车就不会自己走。宝宝摔倒了，把宝宝拉起来时，如果他本身能维持平衡，借一点力就能起来。如果他完全要靠别人拉，大人在使劲时容易使宝宝某个关节脱臼，要十分慎重！最好不要让宝宝活动时碰到头，如果不是硬伤，估计一般问题也不大。

Q 如何避免会爬的宝宝出现意外

一次，宝宝一个人玩的时候坐不稳，眼角撞在电视机柜上，撞出了一个大包。这是宝宝的第一次意外，不过还好没撞伤眼睛。爸爸回家赶紧把垫子移到靠沙发这边了。如何避免会爬的宝宝发生意外呢？

A 凡是宝宝到了学爬的月龄，就要把家庭的安全隐患消灭掉，避免宝宝因为学爬、学站等经常会因失去身体平衡而受伤。有些隐患是父母难以想象的，例如宝宝爬到妈妈放老鼠药的地方，把红红绿绿的老鼠药吃掉了；或者爬上柜台，把妈妈的化妆品吃掉；或者把妈妈枕头下面的避孕药吞掉。无论磕碰的外伤、吞食药品的意外，还是刀剪伤、触电、烫伤等，都要有所防范，尽量给宝宝营造一个安全的生活环境。

Q 宝宝感冒时睡不好怎么办

宝宝感冒时鼻涕很多，睡觉的时候常常堵住呼吸道，大人听着呼噜呼噜的声音很担心，宝宝也因此休息不好。有什么办法能减轻宝宝的不适呢？

A 在宝宝睡着时，呼吸有呼噜声，最好到医院看看是否有气管炎或其他疾病，由医生给予处理。千万不要用大人的滴鼻药给宝宝滴鼻，宝宝必须用婴儿用的滴鼻药，以免中毒。

Q 春天怎样防止宝宝生病

俗话说春捂秋冻，春天的气温总是有反复，这时宝宝的保暖特别重要。两个星期前宝宝着凉拉肚子，耗了一个多星期才好。这段时间吃得少，晚上又闹，明显看到他的小脸都瘦了。春天怎样防止宝宝生病？

A 春天要注意让宝宝穿暖，特别是保护肚子和脚心，如果裤子和袜子尿湿了就要马上更换。因为脚心受凉，会引起迷走神经反射，引起肚子痛和腹泻。胃口不好，抵抗力就会下降，疾病就容易入侵。

白细胞偏高要紧吗

宝宝有时小脸会发黄，人也不太精神，过一会儿又好了。上次体检验血，医生说宝宝白细胞偏高，但宝宝似乎并无不适，活泼如昔。白细胞偏高要紧吗？

A 8~9个月的宝宝经常会出现贫血，最好及时补充肝泥或肝粉等含铁食物。白细胞偏高，可能因为有过感染，经常是上呼吸道感染、咽炎等。如果没有症状就可以暂时不用处理。如果宝宝患贫血就会影响抵抗力，使宝宝容易感冒。

Q 怎样使宝宝懂得危险

宝宝一直比较好动，刚会爬就想自己站，刚有点站稳就莽撞地开始迈步了，两条小细腿总是支撑不稳，啪嗒一下一个屁股墩就坐地上了。就连坐在推车里，一眼看不见，她就从伸腿的空隙里溜下去，连滚带爬地逃走，带她真的好紧张，随时都要高度注意。有没有办法让宝宝胆子不再那么大，懂得危险和害怕呢？

A 家长首先要加强防护。因为让宝宝懂得危险大概要在2岁半左右，而宝宝在学走时就已经会遇到许多危险。况且有些外伤会致残，不能让宝宝冒险尝试。能发生危险的地方赶快做好防护。如小推车，要在能溜下的空隙加几条布带缠好。楼梯口做一个木的栏杆防护；家门经常锁着，不让他自己出去；电的插头一定用硬纸做好保护，用不干胶贴牢；清洁剂、药品、化妆品等要放在宝宝拿不到的地方等。

Q 双休日应当经常带宝宝出去玩吗

每次带宝宝到外面玩回来时他就特别闹，不知道是玩得太累还是玩得心太野了。双休日适合经常带他出去玩吗？

A 应当按照宝宝日常的生活规律，把活动缩到很短，如同平时出去散步等，就不会改变宝宝的日常规律，不会使他失去安全感。如果照着大人的玩法，让宝宝吃不定时，睡眠不安，而且外面的气候变化太大，就会使他生病或者发脾气、睡眠不好等。大概在宝宝1岁后可以去半天，3岁后可以去5~6小时，1岁以内玩1~2小时就够了。

Ⓠ 宝宝发高烧应该怎么办

宝宝发高烧了，39.7℃。用酒精擦拭一会儿就又烧起来。爸爸听专家说如果一直不退烧可以用点儿退烧药。据说美国的小孩很少用抗生素等药物退烧，生病就硬扛着，增强抵抗力。到底应该怎样给宝宝用药呢？

Ⓐ 如果超过38℃，经过头部冷敷，身体用酒精擦拭仍不退热，可以用一些儿童清热的中药制剂，如金银花、连翘、柴胡、大清叶等，有退热功能，又能抑制病毒的传播。现在这些制剂做得不错，量少，味道也能接受。一般的感冒大多数因病毒引起，如果没有继发感染，就不必用抗生素。不过发热时要注意宝宝的脚是否温暖，如果脚凉，表示末梢循环不良，要快用热水暖脚。用凉水或冰敷头，防止婴儿高热抽风。如果有情况发生就赶快送医院急救。如果连续几天都一直发烧不退，也应当就诊，查明原因，不宜拖延。

Ⓠ 怎样防止宝宝摔跤

周末妈妈在家带宝宝，本以为宝宝自己在地毯上爬得好好的，就去厨房倒牛奶。没想到牛奶刚倒完，就听到宝宝摔倒的声音，随之而来的是哇哇大哭。原来宝宝自己扶着小床站了起来，然后摔倒了。看来，宝宝的安全问题是一秒钟也不能疏忽的。怎样防止宝宝摔跤呢？

Ⓐ 会爬的宝宝很容易发生意外。因为宝宝开始自己扶着站立，但是有时双手乏力，站不稳就会摔倒。有时宝宝要拉住一些东西，但是又会惹出麻烦，例如把桌布拉住，连同花瓶及桌上的东西都打翻了。开饭时，宝宝想拉盘子拿食物，身体不稳，把汤泼到自己身上被烫伤等。如果妈妈忙着做事，最好把宝宝放在"松手抱"那样的前式背带上，把宝宝也带上，不要有1秒钟分离，才可避免发生意外。

Q 如何训练8个月的宝宝大小便

宝宝自从能扶床走路后连"便便"都在床上站着进行了，结果就把"黄金"掉到床上了。宝宝现在拒绝大人把便，只爱站着拉。不知怎样改正？

A 8个月就应当让宝宝练习坐便盆了。每天大人先观察宝宝排便的时间，提前2~3分钟让宝宝坐在便盆上，大人用双手扶着。也可以给宝宝讲故事，比如在便盆前放一些有趣的图片，例如狗熊挺着大肚子走，看到一个洞就坐下来了，原来他在拉"便便"，然后大人和宝宝帮他使劲，一起"嗯嗯"。如果宝宝真的能够排便，就好好表扬一番。以后每天都要定时定点排便，成为习惯后，宝宝认识到便盆就是排便的地方，就不会随时随地站着大便了。曾有一个海外归来的1岁半宝宝，也是不分时间地点站着就大便。他经常在全家人吃饭高兴时突然站起来排大便，弄得全家人哭笑不得。在第8个月趁抑制中枢开始起作用时就让他学会抑制，等着找到便盆坐下才可以排便，养成习惯就好办了。

Q 怎样应对性急的宝宝

宝宝从小就是急性子，想要什么都要立刻满足，否则就大哭。现在大一点了，更是得寸进尺。比如吃饭的时候不肯自己坐，一定要抱，不抱就跟泥鳅一样乱扭乱叫。这是不是被宠坏了？怎样对付性急的宝宝？

A 8~9个月是宝宝开始有抑制能力的时期，因为这时他能听懂大人说"不许"，也能看明白大人的表情，应该让他听话。不过应当从他能做到的开始，例如他能稍等一下再给他拿玩具，就表扬他。他有一次能与大人配合就亲亲他，让他知道这样做大人会高兴，逐渐让他随着大人的意愿去做。一个眼神、摸摸脑袋、拍拍肩膀就算是表扬，不必给什么礼物。所有的宝宝都喜欢受到大人夸奖，越批评他就越同大人顶着干。夸他一次，他就会好十次，性格较强的宝宝就会更加如此。如果不抓紧训练让他听话，刚发育的抑制中枢就会因不用而废退。如果宝宝失去了抑制能力，就真正是惯坏了，以后会难以补救的。

■ 动作训练

Q 宝宝不会爬是否影响智力发育

宝宝到现在还不会爬，怎么办？是不是不会爬的小孩子不聪明？

A 马上把宝宝从学步车中解放出来，放在铺好的地垫上，用皮球、惯性车等玩具引诱他学爬。如果带着他参加亲子园的活动就能很快学会，一个宝宝会爬就会让其他不会的跟着学习，有了榜样就学得快了。宝宝在爬行时，一面看着玩具要想拿到，一面听着妈妈的吩咐，把肚子提起来，或者随着妈妈拉球的方向转个弯。总之，视觉、听觉、本体感觉（挺起肚子）、手脚的触觉等所有感觉在大脑中汇总，然后经过思考，发布动作的命令，经过前庭到达身体各部位，这就叫做感觉统合。通过爬感觉统合得到锻炼，宝宝到了上学时就能视觉专注，阅读时不会串行、串字，否则读书就不顺利；听觉专注，能专心听讲不开小差；本体感觉和平衡觉良好才能坐得住，不会做小动作。这样宝宝上学就会有好的成绩。如果不经过爬直接学走，就会感觉统合失调，专注不良、多动。需要重新学爬来补救。因此还是适时学爬最高效、最经济。

Q 宝宝能站起来了，是否应让他学走

有一天宝宝突然就会扶着沙发站起来，而且站得很稳当。可是，他尽管可以站了，却不肯走几步。他为什么不肯走呢？是否应让他学走？

A 8个月的宝宝的确是还不能学走，因为他的腿还不能承担体重。这时多练习爬，把腿的肌肉锻炼结实，过两个月再开始让他学走。可以训练他爬上下斜的平面，爬上铺了厚东西的楼梯，再练习自己爬下来；钻小洞洞，用个包装箱两头打开让他爬过去等。家长利用家里的条件和室外的条件，如在草坪上爬，爬上矮的滑梯，使宝宝爬着去追皮球，再站起来等。不必急于学走。

Q 能让宝宝玩有点刺激的游戏吗

宝宝喜欢有点刺激的活动，比如喜欢让我抱着举高"坐飞机"，喜欢

下楼去坐电子跷跷板。这样小的孩子可以让她玩这些游戏吗？

A 可以的，不过玩时要有大人保证安全，尤其是坐跷跷板时。因为宝宝小，她会被动地留在跷跷板上方下不来，这时宝宝要有大人扶持，否则掉下来就会发生危险。

Q 要不要用毛巾吊起宝宝的肚子学爬

宝宝还不会腹部离地爬行，妈妈有时就用毛巾把宝宝的腹部吊起练习爬行。爸爸觉得不需要让宝宝这么辛苦，还是水到渠成好，等宝宝大了自然会爬了。怎样做对呢？

A 可以用一条洗脸用的毛巾帮助宝宝提起腹部，让他的手和膝学会支撑身体的重量。宝宝先学会匍行，用腹部做支点，靠他自己的力量不容易改变。家长帮一下，让宝宝学会把体重移到手和膝上就可以了。前提是宝宝已经会向前匍行。如果还不会，就要先让他练习向前匍行。大人用手把宝宝的脚压下，让脚趾能撑住地面，再用手在宝宝的脚底向前推，如果宝宝双脚上跷，一定要把脚按下来，让他的脚蹬到地面，以便做支点，才有可能往前匍行。8~9 个月是学爬最关键的月份，不宜等待。如果等到 11 个月才会爬，学站和学走也会相对延迟。早日会走的宝宝，视野开阔、见闻增加，智能同时会有长进。

■ 潜能开发

Q 怎样提高宝宝手指动作的准确性

宝宝开始对小东西感兴趣了，每次吃饭的时候总是想自己拿着吃，尤其是对米粒之类细小的东西，可以一直不停地在那儿抓呀抓的，特别专注！但是宝宝的动作还不是很准确。不知道这个阶段的宝宝应该怎样培养抓握东西的准确度？

A 先锻炼食指的能力，如用食指按键（用电视的遥控器、玩具的开关、电话的按键、电灯的开关等），可以用纸做风车让宝宝用食指拨弄，或者把大枣放在大口瓶子里让宝宝用食指抠出来。随后，鼓励宝宝用食指和拇指把东西捏起来。给宝宝洗净双手，让她用手指拿小馒头、小饼干以及洗过蒸熟的葡萄干等。宝宝学会用食指和拇指捏取后，动作就会越来越精确了。

Q 怎样诱导宝宝学习身体语言

真是"好的学不会，坏的学得快"。宝宝到现在就学会了眨眼睛做怪相，妈妈教了半天的"拜拜"动作倒是一点都没学会。还拒绝我们抓他的

小手做动作，只知道自己去探索。大人朝他挥手"拜拜"，他还笑得很开心。这种情况下，应该如何引导他学身体语言呢？

A 其实宝宝会做怪相就是学会了一种身体语言。鼓励他用身体去表达，例如学点头、摇头，学伸腿、跺脚以及跟着音乐做动作。如果他喜欢做怪相，问他"眼睛呢"？同他一起眨眼；问"鼻子呢"？同他一起耸鼻；问"嘴巴呢"？同他一起张嘴。让他先喜欢模仿，然后同他一起"抓挠"、一起鼓掌、一起拱手"谢谢"，最后再学"再见"。

Q 8～9个月的宝宝应当学习什么

A （1）让宝宝动用食指，抠洞洞、转转盘、按键、从大口瓶里取出糖果等，顺便看看他能不能用两个手指把细小东西捡起来；宝宝用锁瓶口的小圈套到大人的食指上，然后再套到自己的食指上。

（2）学习做手势语言，大人要示范让宝宝学习。会做手势语言就能同人交流。最先学会的是拱手表示"谢谢"，鼓掌表示"好"或者欢迎。大人慢慢教，同宝宝一起做，他很快就能学会。可以让宝宝看电视，只看2～3分钟就够了，不要时间过长。

Q 什么时候可以让宝宝自己穿衣服

8~9个月的宝宝可以自己伸手到衣服的袖子里，伸腿到裤腿里，头伸进套头衫的领口；1岁时会自己脱衣服，会戴帽子，会套上袜子，所以用无跟袜较好；宝宝也会自己穿鞋，但不分左右。只要他能做，就表扬，鼓励他自己做，这样就会越来越能干。2岁前后能自己穿脱衣服，2岁半能自己解、系扣子，以后就能完全自理了。

Q 怎样教宝宝学会等待

宝宝长大了，脾气也见长了。每当他想要什么东西的时候，如果不给他或不能满足他的愿望，他就会大哭大闹。我的性格就比较急躁，希望宝宝以后比我的性格温和一些。不知道能否克服先天因素，教宝宝学会等待？

A 从现在开始，让宝宝练习等待。可以从游戏开始，例如：鼓励宝宝爬行，他在前面放一个玩具，等到宝宝爬来时，用绳子把玩具向后拉一点儿，让宝宝多向前爬一点儿。头一次只能向后拉三次，就让宝宝拿到，以后每次可向后多拉一次，延长宝宝的耐受力。看到好吃的东西，一定要先洗手才可以拿；玩具掉到地上要等大人洗过才能再玩；要某一件玩具前，先做一个"谢谢"的动作才能得到玩具等，这样可逐渐让宝宝学习等待。

Q 怎样使宝宝不把玩具放入口中

宝宝不管什么玩具到手第一个动作就是放进嘴里。怎么才能转移他的注意力不吃玩具呢？

A 可以给宝宝做示范，让他知道完全用手就可以操纵。如果他用嘴，妈妈可以先把玩具洗净，把大蒜涂在玩具上，他把玩具拿近口鼻时告诉他"很辣"，让他尝到不好的味道。以后凡是不让他放到嘴里的都可以说"臭"或"辣"，因为他懂得了臭和辣都很难受，就不会再放进嘴里了。

Q 宝宝不肯放下手中的玩具怎么办

宝宝现在脾气大了，她不喜欢做的事情绝对不做，夺走她喜欢的东西马上就大哭。爷爷奶奶心疼她，事事依着她；妈妈觉得有时让她哭一会儿没什么大不了。怎样做才对呢？

A 给宝宝适合的玩具，不让她拿有危险的东西，以减少夺取她手中东西的机会。尽量做好事前的准备，而不是等她拿走东西再去夺，省得引起大人与孩子之间过多的矛盾。

Q 什么玩具既有用又不浪费呢

妈妈买了很多玩具给宝宝，觉得不同的玩具会对宝宝有不同的启发，而奶奶则觉得太浪费了。哪些玩具既实用又不浪费呢？

A 可以用一些家庭的废品自制玩具，既实用又不浪费，例如用 50 厘米×40 厘米×301 厘米的包装箱，在四面贴上大幅的一图一物的图画，让 8~9 个月的宝宝扶着学站，又可以练习认物；让宝宝在箱子周围爬来爬去找到大人所说的东西，还可以推着学走；以后还可以装玩具用。有些包装用的塑料小碗可以放在水里和玩沙时用，也可以留做过家家时做小餐具。尽量一物多用，不必样样都买现成的。

■ 预防保健及其他

Q 鸡蛋过敏的宝宝能接种麻疹疫苗吗

宝宝满 8 个月要打麻疹疫苗。医生要求吃全蛋不过敏才可以打。但是我家宝宝才吃了 1/4 的炖鸡蛋，脸上就有小红点了，而以前吃整个蛋黄也没有问题。我们的宝宝是否不能打麻疹疫苗？蛋清过敏有没有治疗方法？

A 一般在 1 岁半之后才让宝宝吃鸡蛋清，因为在 1 岁半后，肠道的黏膜致密，可以过滤掉一些引起过敏的食物。只要能吃蛋黄，就应该可以接受麻疹疫苗。如果此时不想注射麻疹疫苗，可以等到 1 岁半后接种麻风腮 MMR 即麻疹、腮腺炎、风疹的联合疫苗，接种一次可以保护 11 年以上，这种疫苗有进口和国产的，进口疫苗需要交费。但是千万不可在 1 岁以内接种，因为疫苗剂量大，有可能引起宝宝不良反应。

Q 冬末春初宝宝应当接受哪些预防接种

冬末春初，天气时冷时暖，可是偏偏这个时候宝宝在家里待不住，最喜欢到外面溜达。可是这个季节好发各种呼吸道常见疾病，存在很多危险因素。这个季节给宝宝做哪些预防接种是必要的呢？

A 8 个月的宝宝应当注射麻疹疫苗，这是很重要的，比如，外地进城打工的人会带孩子来，他们在当地未能按时接种，可能会患上麻疹，会成为传染的疫原。

每年 12 月，凡是满 6 个月的宝宝都应接种流脑疫苗，因为流脑会在 2、3、4 月流行，如果提前接种就可以预防。

不过，每年春季都会有幼儿急疹，使许多宝宝感染。目前幼儿急疹还没有疫苗，好在这种病是良性的，高热 3 天、烧退出疹，疹退就好了，不会留下后遗症。不过宝宝高热 3 天会让妈妈十分着急，护理不到就会高热抽风，因此妈妈一定要学会做物理降温，防止宝宝高热抽风。

Q 怎样辨别宝宝是不是斗鸡眼

前段时间看宝宝的眼睛好像不是很正，虽然去医院检查过了，还是担心她会长成斗鸡眼。怎样鉴别宝宝是不是斗鸡眼？

A 所谓"斗鸡眼"，在医学上称为内斜视。经常让宝宝看远处的东西可以预防内斜视。有些宝宝好像两眼不正，但是眼科检查仍属正常。因为婴儿鼻梁较扁，眼内角的皮肤有皱，两眼的白眼珠被遮盖，好像对眼。另一些宝宝眼距较宽，又好像是二愣眼（外斜）。家庭可以用角膜映光法来鉴别。用聚光的手电筒，摘去灯罩，放在离宝宝眼前 1 尺处的鼻根部位，宝宝看着灯，黑眼珠上有光点，如果两个光点对称，就算正常；如果一个在中央，另一个在边上，就有可能是斜视，可到医院明确诊断。

9 ~ 10 个月

■ 生理指标

出生后270天	男　孩	女　孩
体重	均值9.42千克±1.1千克	均值8.87千克±0.97千克
身长	均值73.3厘米±2.5厘米	均值71.9厘米±2.5厘米
头围	均值45.4厘米±1.3厘米	均值44.4厘米±1.3厘米
胸围	均值45.2厘米±2.0厘米	均值44.0厘米±1.9厘米
前囟	1厘米×2厘米	1厘米×2厘米
牙数	0~4颗（上、下、正中门牙各2颗）	0~4颗（上、下、正中门牙各2颗）

■ 发育状况

1. 部分宝宝能有意识地称呼爸爸或妈妈。不过，在9~14个月内能称呼家长都算正常，还未学会的宝宝可以着重于辅音训练，使他容易发音。

2. 本月应练习蹲下捡物，为下个月独自站稳做准备。

专家提示

★应让宝宝练习上桌子吃饭、捧杯子喝水，逐渐学习吃饭自理。

★应让宝宝进入同龄的群体，学习与人打招呼、用动作语言交流，逐渐克服怕生，锻炼对新环境及与生人交往的适应性。

★宝宝满 10 个月时已经是个十足的调皮小子，自从能扶着站立就开始不停地满屋爬，到床头或沙发边就站起来，摔倒，再迅速爬起来。对所有的事物都表现得兴致盎然，想抓过来研究一番，尤其喜欢手机、遥控器和电脑键盘，对着那些一连串的按键一一尝试。妈妈开始教宝宝玩一些益智的套积木游戏，教宝宝认识形状和颜色的同时学习套取积木。宝宝的模仿能力很强，虽然还不是每次能套准积木，但已经懂得帮妈妈盖好奶瓶盖。很让大家惊叹呢！

★宝宝这个月逐渐能够自己站起来了。给他玩具玩，他就能不厌其烦地玩很长时间，不仅是攥在手里，而且能用拇指和食指抓住东西了。他也可以把右手拿着的东西换到左手里去了。他能注意看大人做事，并能模仿。

★宝宝又长高了，头发也像小草一样很茂盛，同院子里的宝宝妈妈都很羡慕他。现在他也能认识很多事物了，并且会用小手指。为了让宝宝多爬少走，我们特意在地上铺上游戏垫，方便她玩耍爬行。小家伙爬得很有意思，时而像虫子在地上扭来扭去，时而像解放军匍匐前进，两者区别在于前者好像是在 T 台上展示 Pose，后者又像是在战场上争分夺秒。他爬爬停停，可爱又好玩。

■ 喂养方法

Q 宝宝不爱吃猪肝怎么办

A 9～10个月的宝宝可以吃自己家做的肉丸子，用瘦肉剁碎，把一点点猪肝也剁在里面；还可以包小馄饨，宝宝们都会喜欢吃的。如果宝宝仍不接受猪肝，就可以买制好的肝粉，一来好保存，二来不占体积，和在粥或面条里，甚至用水化开直接吃都可以，特别省事。

Q 不爱吃辅食的宝宝如何调养

喂宝宝辅食的时候，他动不动就用舌头顶出来。而且吃得很少，医生说宝宝似乎有些厌食。这样的宝宝应该如何调养？

A 减少甜食，不给甜的点心蛋糕，不喝甜的饮料，鼓励宝宝吃固体食物，例如烤脆的面包条、苏打饼干、馒头条等。1岁之前一定要让宝宝学会咀嚼，虽然宝宝的磨牙还未萌出，但是可以用牙龈咀嚼，引起唾液分泌，使食团滑溜溜地吞下。大人最好同宝宝一起吃，一面吃一面说："真香，好吃!"让宝宝在大人的鼓动和鼓励下学会吃固体食物。固体食物占的体积小，可以多吃，就能增加热量，使宝宝增加体重，同时也要保证每天的奶量达到700毫升～800毫升。

Q 秋季断奶好不好

转眼宝宝9个多月了，要断奶了，正好是在秋季。在秋季断奶好不好？断奶时宝宝的饮食应注意些什么？

A 过了深秋断奶比较合适，例如过了11月再断母乳比较安全。因为秋季的宝宝容易患秋季腹泻，如果已经断母乳，在患病期间饮食搭配就会很困难。如果仍有母乳，一来有些抗体可以增强宝宝身体的抵抗力；二来宝宝什么都不能吃时，还有奶可以坚持一段时间，便于身体康复。

准备断奶的宝宝最重要的是让他能吃部分配方奶，如果不愿意用奶瓶可以用杯子练习，每次只吃少量。学会用杯子会很方便，等到断了母乳，就可以完全用杯子吃规定的奶量。在 1 岁之内宝宝应以奶类作为主食，淀粉类、蔬菜、水果和肉类等都是辅食。千万不可以把奶类完全断了，以辅食当做主食，因为宝宝不能完全消化吸收喂进去的食物。如果连奶都断了，宝宝就不能增加体重，生活在半饥饿状态中就容易生病。

Q 怎样才能让宝宝喝水、 吃饭不会呛着

不知道是不是因为宝宝还小不会卷舌头，宝宝喝水、吃米饭老是伸着舌头，所以很容易呛着。怎样防止宝宝呛着呢？

A 教宝宝学会咀嚼和吞咽，即练习舌咽协调。在咀嚼时，唾液会包裹食物，舌头会在口腔内不停地搅动，使食物与唾液混合，食物团滑溜溜的很容易吞咽，就不会呛着了。在吞咽时，舌后的会厌软骨会向前挡住气管，使食团进入食道就不会呛着，这个过程需要练习才能逐渐学会。

▣ 日常护理

Q 如何按照气候随时加减衣服

天气慢慢热了，宝宝穿得太多感冒了，不知道给宝宝穿多厚的衣服才算正好呢？

A 春天就是需要按照气候随时加减衣服的，早晨感觉到冷，可以多穿，出去玩很快就会觉得热，应当马上脱衣服。有时在太阳下穿短袖都可以，但是回到家里，没有太阳，而且又是坐着就会感到很冷。不要等宝宝感到冷才加衣服。按当地的最低温度算，12℃～14℃可以穿薄毛衣，15℃以上可以穿夹衣或者秋衣。最好穿外套，运动或者有太阳时脱掉，休息或者在阴凉地方就穿上，随时方便调节。

Q 带宝宝出远门有哪些注意事项

爸爸买了汽车安全座椅，想带宝宝去杭州周边的地方玩两天，路程大

约 1~2 小时。宝宝出远门要注意些什么？

A 最好等宝宝自己会走再出远门。如果你们已经决定要去，一定让宝宝坐在汽车的后座，用安全带把宝宝的身体固定好。有些妈妈认为自己抱着宝宝会更加安全，但是一旦有意外时，就会自身难保。如果妈妈本人没有系上安全带，意外发生时，大人不可能控制自己身体的冲力，宝宝就成为大人的"安全气囊"，受到挤压。要注意给宝宝戴上安全帽，保护宝宝的头部。带着宝宝需用的温开水、奶具、足够的奶粉和罐装辅食及其他小食品、喜欢的玩具和纸尿裤。带一本有图的故事书可以排解寂寞。如果路程长，有点音乐也会很好，千万不要放摇篮曲，以免开车的人睡着了，容易出事故。到了新的环境，最好保证宝宝原来的生活规律，按时入睡、按时吃喝，尽量少改变，否则宝宝就会哭闹不安，甚至生病，弄得全家不愉快。

Q 怎样才能让宝宝配合大人穿衣服

宝宝越来越喜欢爸爸了，但是每次爸爸给宝宝穿衣服时她都会大闹特闹。这是为什么呢？

A 做个好爸爸一定要参加对宝宝日常的生活照料。可以用同宝宝玩的办法来给他穿衣服，例如把手放进袖子里之前，让他先看袖子黑洞里有什么，拿个小玩具在洞口让他看到，然后让他把手伸进去拿，他就会很愿意伸手入袖。如果穿套头衫也可以让他看到领口外面有什么好东西，使他自愿把头伸进去。这样，穿衣服变成了快乐的游戏，宝宝很愿意玩"穿衣服"的游戏，就可以学会同大人合作了。

Q 夏天宝宝在户外活动应注意些什么

天热了，白天的太阳很晒，所以宝宝的户外活动就成了一个很大的问题。太阳太猛会把宝宝晒伤，但是老是待在家里宝宝又不乐意。应该怎么办呢？

A 等太阳斜着晒的时候出去，顺着阴凉处走，到树荫下休息。宝宝在阴凉处也会得到紫外线的照射，在阴凉处宝宝可以睡在婴儿车里，也可以把凉席铺在地面爬行。千万不要让宝宝受到太阳的直射，尤其是眼睛不可以看太阳，如果有部分路段非晒不可，就要给宝宝戴遮阳帽，宝宝的皮肤要用防晒霜保护。

Q 宝宝经常损坏家里的东西怎么办

爸爸太宠爱宝宝了，他要什么就拿给他什么，结果家里的东西损坏率越来越高。怎么办呢？

A 有些东西不能让宝宝接触的，就干脆拿开，放在宝宝看不到的地方。8~9个月的宝宝前额的抑制中枢已经长成，有抑制能力，能听懂大人的话，懂得"不许""不可以拿"，有些不该让他拿的，就坚决不让他拿。使他懂得爸爸的抽屉不能打开，里面的东西不可以拿；家里的装饰物不能拿。8个月后就应当让他学会抑制，因为抑制中枢越用越发达，不用就会消退。样样由着他，抑制中枢不用就会废退，宝宝就会变得任性，抑制的神经突触消退以后就更不好管束了。

Q 宝宝怕生怎么办

宝宝在家不哭，到外面看见人就马上大哭，弄得我都不愿意带她出去了。怎么办呢？

A 先带他到人少安静的地方玩，如果老远有人走来，就让他看看这是什么人，他去上学还是去买菜？他拿着什么？书包还是买菜的提包？鼓励宝宝探索，激发他的好奇心，让他去观察。这时他的注意力在探索上，就不会想到这个人会对自己加害，慢慢宝宝就会注意看街上的人，扩大好奇心，也就不会害怕了。不过尽量不让生人走近宝宝，注意维持一定的距离，逐渐使宝宝能适应室外环境，不害怕远处的人，就可以放松地去外面玩了。

■ 动作训练

Q 宝宝不愿意自己待着怎么办

有时候家人有事在忙，就会把宝宝放在小车上。可是小家伙坐了一会儿就会发小脾气，要大人抱。抱他吧，担心会把他惯得太娇气，不抱呢，又担心他的脾气变得比较暴躁。怎么办呢？

A 可以把宝宝放在垫好的地面上，让他自由爬行。宝宝在地面上可以做的事很多，可以自己学爬，也可以坐起来，更可以扶物站立，横着迈步，还可以蹲下来捡地上的东西。如果有皮球或者惯性车，宝宝就会踢它跑，然后爬着去追。在宽敞的地面上，宝宝会很开心。千万不要把他放在窄小的车上，让他无聊。如果大人要离开，最好用"松手抱"（在前面安放宝宝的背带），让他看到大人，否则把他自己留下，他就会大声哭闹叫大人来。

Q 宝宝还不会站就想自己走怎么办

宝宝现在不让抱着了，想下来自己走，可是自己又不能站稳。大家说小孩子不要学走路太早，不知道这种说法有没有道理？

A 在家里找个宽敞的地方，铺上地垫，让宝宝在地上学爬，他找到旁边的家具就会扶着站起，学习自己迈步。多让他练习爬行，等下肢有劲后学习站稳才能开始学走。鼓励宝宝扶物站立，蹲下捡地上的玩具。玩具大小不等，玩具放的距离逐渐加大，使宝宝逐渐学会自己站起来，能够独自站稳以后才可学走，就能减少摔跤。不会自己站稳就想迈步会使宝宝经常摔倒，影响学走的积极性。千万不要用学步车，因为用它不能让宝宝独自站稳，也就难以学走，离开学步车时会不停地摔跤，甚至让宝宝受伤。

Q 怎样才能让宝宝学会站稳

宝宝现在有9个月了，妈妈开始使用学步车来锻炼他的站立能力了。可奶奶认为现在还早些，硬让宝宝学走对腿骨骼生长不利。怎样做才对呢？

A 不要使用学步车。如果宝宝愿意站立，他自己会扶着家具站起来。宝宝需要维持站立平衡，容易觉得累，但是自己不会坐下来，需要大人帮助才能坐下。可以直接让宝宝在地垫上学爬，遇到家具自己就能站起来，学会蹲下再站起，才能体会站立平衡。

Q 宝宝不愿意游泳怎么办

断断续续带宝宝去游泳池游泳，稍微有一阵没去，再去的时候宝宝就有些害怕。虽然戴着颈圈却不愿意在水里游。是不是因为没坚持去的缘故呢？应该怎么办？

A 1岁前后的宝宝已经懂得害怕了，这是认知水平提高的表现，不如让他坐在游泳池边上，由爸爸扶着，用双脚踢水玩，妈妈可以在水里自己游泳，经常游到宝宝身边转转。爸爸可以跟宝宝说："好玩吧，咱们也去。"如果宝宝同意，爸爸就带着宝宝进到游泳池里，爸爸可以一直把宝宝的上身举起，一面游泳，一面让他用腿踢水。爸爸举着宝宝慢慢游，宝宝不会害怕。多次熟练后，宝宝的四肢学会游泳的动作，再练习吹泡泡等呼吸练习，最后就可以在爸爸妈妈之间自己游了。游泳最好在夏天连续学习，否则天气冷了，穿脱衣服时容易着凉。

■ 潜能开发

Q 哪些游戏适合早教启蒙呢

让宝宝做身体语言，如拱手表示谢谢、招手表示"来"，摆手表示"再见"，会同人碰头表示打招呼或者亲热等。大人教的宝宝都能学会。这个月还有哪些游戏可以配合早教启蒙？

A 可以让宝宝蹲下捡地上的东西，自己站起来。开头他会用手扶物，以后就可以不必扶物自己站起，到下个月就能自己站稳，周岁就能自己走了。让宝宝捡到东西后放入筐内，练习准确投放，开头用大口的筐子，以后用盒子，接近周岁时宝宝就能把小珠子投入小口的瓶中。大人用一根棍子同宝宝玩吊单杠，让宝宝双手握棍子，大人用双手握棍子两头，把宝宝悬吊起来，前后左右活动，使宝宝全身得到锻炼。

Q 宝宝不会说话怎么办

别的孩子到这个月已经咿咿呀呀很会开口说话了，可我家宝宝老是不讲话。怎么办啊？

这几个月，应当让宝宝学会用姿势来表达语言，例如拱手表示"谢谢"，会鼓掌、伸手表示"要"，摇头摆手表示"不要"等。宝宝一时还不会表达，做身体语言正是时候，这时一教就会。宝宝会同人招手打招呼，会表示谢谢，就会招人喜欢，而且能听到不少称赞"真好玩""多可爱""真聪明"等，使宝宝乐意与人交往。这时给宝宝讲故事也会让父母高兴，宝宝会指书上的图来回答问题。多让宝宝听懂语言也同样重要。

Q 宝宝不专心学说话怎么办

这个月的宝宝开始咿呀学语了，自己天天嘟囔着"火星"语言，而且特别喜欢跟人对话。宝宝会数1~5个数了，妈妈每次教宝宝学说话的时候都让她看着自己的口型，可是宝宝对此并不感兴趣，每次教她的时候他都不专心学习。怎么办呢？

教她做动作，例如拱手表示"谢谢"，招手表示"来"，摆手表示"再见"，握握手表示"你好"，用手指划脸表示"没羞"等。让宝宝知道竖起食指表示"1"，可以表示自己1岁，或者要到1件东西。在这1~2个月内，宝宝可以学会有意义地称呼大人了，因此可以用照片让她学会叫爸爸或者妈妈。看口型学发音是4~6个月宝宝的功课，如同给3年级孩子讲1年级的功课，那样她不会专心听的。

Q 有必要花钱去亲子园玩吗

妈妈想让宝宝上早教中心，姥姥和爸爸觉得这么大的宝宝主要是玩，在家和外面都玩得挺好。有必要花钱去"玩"吗？

A 很有必要。因为宝宝需要与同龄伙伴交往，如一起学爬会爬得更快，一起做手势语言、一起互相打招呼才更加有趣。以后可以跟其他宝宝一起学走，一起听音乐做游戏。社会交往必须有同龄人，如果把宝宝关在家里，他就会黏着妈妈，特别怕生，出外被人欺负也不会躲避；一些强健的宝宝或者就会专门欺负别人，不懂得群体规则。如果同大家在一起，习惯了就能合群，也懂得自我保护。那些在家长大的宝宝上幼儿园就会有分离焦虑，离开家长十分困难；在亲子园玩过的宝宝就能顺利地入园，并且敢于在众人面前表演节目。有了好的开始才会有更多的机会，入学后也会有好的表现。在家里内向的宝宝不敢表现，会失去许多机会，因此花钱去"玩"是学会适应群体，适应社会，在家里不能学到，而又是非学不可的，所以这些钱值得花。

Q 哪些益智玩具适合这个年龄段

宝宝喜欢颜色鲜艳的玩具，特别是会发出声音或发光的玩具，可是玩的时间久了就不感兴趣了。在平时一看到大人用的手机、电脑就要去玩。妈妈不知道买什么才好。这个年龄段的宝宝该用什么玩具才能益智呢？

A 9~10个月的宝宝能听懂故事。给他买有图的简单故事书，如《婴儿世界》就不错。先让他用手指自己认识的事物，慢慢再教他认识1~2种新的，再让他听声指物。表扬他的成绩，让他感到自豪，以后就会很有信心再多认新的。不必忙于讲整个故事，每次只看一页，让他弄懂，反复让他指已经学会的，再练习一两个新的。天天积累，逐渐让他把这本书完全弄懂。

另外，可以买套塔，塔心要上下一样粗的，让宝宝自己把有洞的环套进塔心的棍子上。这时宝宝还不能分清大小，随意套上就会很高兴。有些套塔的塔心上小下大，如果宝宝拿了一个小的环卡在塔上，其他环就套不进去，就会让宝宝生气，所以购买时一定要注意。家里的空瓶子、空盒子，一些包装塑料盒子、漂亮的包装纸等都是宝宝的好玩具，不必样样都要买。

大人不要在宝宝面前接听手机和说话，躲到另一间房间就不会引起他的兴趣。大人也不要在宝宝面前操作电脑。

ⓠ 宝宝不爱玩新玩具怎么办

ⓐ 在9~10个月期间，最主要是学会爬行和站立，玩具可以作为辅助性的教具。例如让他爬到某处拿到某件玩具，或者用毛巾把玩具盖住，引导他找出来。9~10个月的动手游戏有套环入棍（套塔），从盒子里取出和放入积木，把地上的积木捡到木盒或扔到空罐子里等。宝宝会很专注地自己把环套进木棍上，有时环会滚开。如果大人给宝宝做一个聪明的示范，拉动床上的被单或者转动地垫，不用爬过去就能拿到玩具，宝宝就会从中学到想办法不费劲就拿到东西的本领。这些言传身教需要大人用创造性的心态去和宝宝一同游戏，不必死板地按着玩具的说明书来进行。

ⓠ 怎样挑选有益又能让宝宝喜欢的玩具

宝宝总喜欢玩一些在我们看来怪怪的东西，如拖把、晾衣竿等。而有些给他买的玩具他好像反而没兴趣。如何给他挑选既有益又能使他喜欢的玩具呢？

ⓐ 用家里的东西就可以做游戏。例如小棍子、板凳、包装用的塑料小碗、冰棍棒、雪糕杯和小勺子、小瓶子、锁瓶子的小圈、不同大小的盒子、空罐子等都是宝宝的好玩具。例如9~10个月的宝宝会用锁瓶子的小圈套在妈妈的食指上或者自己的食指上，然后套在一根筷子上；把漂亮的空瓶子滚到地上让宝宝爬过去够取；给盒子配盖等。宝宝用过的玩具加一点变化，例如贴个小花、画个脸，就会让宝宝喜欢。衣架和晾衣服的夹子可以滑动也会让宝宝喜欢。不要把大人用的手机给宝宝当玩具，一来他会把手机弄坏，二来手机的辐射会伤害宝宝。

■ 预防保健及其他

Q 怎样预防牵拉肘

邻居的宝宝比我家的宝宝大 1 个月，前几天听说出现"牵拉肘"了。应该怎样预防呢？

A 在宝宝学走时，如果看到宝宝快要摔跤，最好马上扶住他的身体，不可牵拉宝宝单侧腕部或前臂，可以拉住他的身体或者双肘以上的部位。最好两侧同时抓住，以免宝宝的体重只靠一个手腕或者一只胳臂来支撑，否则会使腕关节或者肘关节半脱位，就会成为牵拉肘。

10 ~ 11 个月

■ 生理指标

出生后 300 天	男 孩	女 孩
体重	均值 9.92 千克±1.09 千克	均值 9.28 千克±1.01 千克
身高	均值 75.5 厘米±2.6 厘米	均值 73.8 厘米±2.8 厘米
头围	均值 46.1 厘米±1.4 厘米	均值 44.9 厘米±1.3 厘米
胸围	均值 45.5 厘米±2.0 厘米	均值 44.1 厘米±1.8 厘米
前囟	1 厘米×1 厘米	1 厘米×1 厘米
牙数	0~6 颗（下门牙 2 颗，上门牙 4 颗）	0~6 颗（下门牙 2 颗，上门牙 4 颗）

■ 发育状况

1. 宝宝几乎能听懂 80% 大人说的话，能选出大人所说的已经认识的图片，能指图回答故事中的问题，部分宝宝能竖起食指回答自己 1 岁了。

2. 大部分宝宝会称呼"爸爸"和"妈妈"，个别宝宝能称呼"爷爷"和"奶奶"。

3. 手眼协调，能准确盖上杯盖，会从三形板中取出并放入圆形。

4. 会用手、膝爬或用手、足爬，能蹲下、坐下，扶着家具迈步。本月的重点是独自站稳，如果在本月宝宝能站稳，下个月就能独自走了。个别宝宝在 11 个月就能独自走了。

★宝宝在这个月里还是非常好动，喜欢玩新鲜的东西，特别是家里的一些日常用品，例如晒衣服的夹子啊、瓶盖啊、小线头啊、包装纸啊。而对我们买给他正正规规的小玩具，他却没有什么兴趣。

★宝宝明显能听懂大人的很多语言了。例如说出去玩，他就会指着门咿咿呀呀地想出去；说开灯，他就会指着灯……宝宝的站立行走能力也越来越强，可以推着凳子、小车子一步步地走得很稳很快。好玩的是，他还能想办法自己转弯。每次凳子遇到障碍前进不了了，他就会慢慢蹲下来，把凳子转个位置，继续前进。我怕他累想抱起他，他都不愿意。他一玩就是很久。

★宝宝很喜欢用手指头拿东西。还只有几个月大的时候，就把小手伸进抽屉里，用食指和拇指捏起胶带等小物玩，还会很专注地小心翼翼地把外婆衣服上的小线头轻轻捏下来。因为发现她很喜欢小东西，所以我们平时会特意给她准备一些细小的东西让她捏，比如小水果丁、米粒之类。她总是非常热衷于这些游戏。

★宝宝会大声拍手，给别人手闻香香，一听音乐会转手算跳舞，还特别喜欢大人逗他玩。一逗他就大声笑，声音从四楼一直传到一楼。

★宝宝现在的模仿能力越来越强了，很会模仿小狗叫。看到奶奶洗衣服也要跟着洗。有时我们不经意打个喷嚏，她就哈哈笑，然后也故意学着打几个。她喜欢看爷爷炒菜，拿着小勺子做炒菜的动作。有一次看到宝宝拿着自己的小手帕，在自己的餐凳上认真地使劲儿擦，原来前一天她看到了钟点工阿姨在搞卫生。

■ 喂养方法

Q 怎样准备过渡性的碎菜和碎肉

A 用带馅食物。北方的家庭爱吃有馅的食物，如包饺子、包包子，做馄饨、馅饼等。满 10 个月的宝宝可以吃特别为他做的小包子、小饺子和馄饨。这些食物要比大人吃的剁得更碎，要自己剁肉馅，选择没有筋的瘦肉，不要买现成的。自己做的调料少，不放味精。如果宝宝很爱吃，第一次只给 1 个小馄饨，下次 1 个小饺子，再下次 1 个小包子。不能让宝宝吃得太多，以免消化不良。这些特别的食物不能天天吃，应观察几天，看大便无异常后，可以逐渐增加，使宝宝的食物逐渐与大人接近。但是仍然要给宝宝单独准备食物。因为宝宝在 1 岁时只有前面几颗门牙，后面的磨牙还未萌出，缺乏磨碎的能力，肉类等食物需要大人用刀帮助剁碎，代替他的磨牙，否则不容易消化和吸收。在南方，可以让宝宝吃软米饭、鱼丸子、肉丸子、碎菜粥、鱼片粥、沙河粉、面线等软食，用各种煮软的碎菜调入就可以作出多种样式，让宝宝爱吃。

Q 太胖的宝宝是否需要控制饮食呢

宝宝的身体越来越胖，妈妈觉得应该合理地控制饮食，可长辈们总喜欢给宝宝多吃点。胖宝宝需要控制饮食吗？

A 应当减少食物中的淀粉类，如粥、米饭、面条、糕点等。去掉含糖的饮料，不可以减奶和蛋白质食物。其次，每天带宝宝学爬、学站、学走，增加运动量可以消耗多余的热量，既能帮助减肥，又能强壮身体。1 岁前后肥胖，是终身肥胖的起点，要把体重控制在标准体重 1 个标准差范围以内。特别要提醒，不可给宝宝吃任何有减肥作用的药物，因为宝宝在生长发育期间，如用导泻或减退食欲的药物会伤害宝宝的胃肠道，难以恢复。这会影响宝宝的生长发育。

Q 夏天怎样调配宝宝的饮食

天气渐渐变热，宝宝不怎么爱吃东西了，这会影响她的身体发育吧？

怎样调配宝宝夏天的饮食呢?

夏天宝宝会喜欢吃一些清凉的东西，例如酸奶、杏仁豆腐、牛奶西米等食物。这些东西只作为开胃用，不能顶替配方奶。供给热量可用咀嚼食物，例如烤面包条、烤馒头条、磨牙饼干等。可以在馒头条上加芝麻酱和肝粉，在面包条上加果酱和肝粉等，让宝宝爱吃。不要让宝宝吃稀的糊糊和稀粥，吃这些东西只能把肚子撑饱，但是热量太低，会影响宝宝发育。夏天需要奶类、水果、浓缩的淀粉类和少量蔬菜、肉类就可以了。不要让宝宝吃冷饮，从冰箱拿出来的食物要放一会儿，等不凉了再吃。

Q 秋天怎样给宝宝润燥或进补

秋天是出游的大好季节，可是又担心会打乱宝宝的作息规律。外出游玩总是让小家伙过于兴奋，以至于吃饭少，睡觉也少，回到家里要休养生息好几天。另外秋天比较干燥，宝宝需要吃水果润燥吗？听说秋天要给宝宝补一补，吃点太子参什么的。这么小的宝宝需要进补吗？

还未会走的宝宝最好做半日游，尽量不干扰宝宝的睡眠和吃饭，在附近找个凉快的地方舒展一下就很不错。等到宝宝能自己走，1 岁半后，就可以逐渐延长外出的时间，但是一定要尽量保证宝宝按时作息，不要扰乱宝宝的生活规律。

小的婴儿不必进补。调整宝宝的食物，有肉类、有蔬菜、有水果、有规定数量的奶类和蛋类就行。如果宝宝每天都有大便也不必特别润燥，只有体弱的老年人在秋季才需要进补。

Q 宝宝有口臭是消化不良吗

宝宝自从吃了辅食后，有时候张开小嘴有股味道。不知道是否不消化？

应减少辅食的量，每次喂淀粉类不超过 3 大勺（30 毫升），如果用小碗每碗150 毫升~180 毫升，就是只可喂过去的 1/5~1/6，减少糊状淀粉的总量，增加配方奶量达到 600 毫升~700 毫升，把需要的热量用烤馒头和烤面包条补上，每天可以吃 3~4 条。因为唾液中的淀粉酶已经帮助消化了一部分淀粉，所以吃经过咀嚼的淀粉更容易被吸收，嘴巴就不会出现不良的味道了。

Q 怎样使宝宝吃饭时保持干净

宝宝吃饭喜欢独立自主，无论吃什么都要自己拿着两把勺子（左右开攻）舞枪弄棒似的把饭菜掀得到处都是。姥爷很是反对。可妈妈为了培养宝宝以后自己吃饭也不得不付出些代价。有什么好办法吗？

A 开头让宝宝一只手拿吃的自己吃，只给他一个勺子，让他自己舀一勺，大人帮助他托着拿勺的手把食物放到嘴巴里，并伸出大拇指表示"真棒"。宝宝得到鼓励，就会再次自己拿勺，吃另一勺食物，就这样一勺一勺地练习。1 岁时只能自己吃几勺；15 个月能吃掉 1/2~3/4，最后几勺可能要大人喂；1 岁半到两岁就可以完全自己吃饭了。宝宝喜欢"自己来"是独立性的表现，应当鼓励。如果害怕宝宝弄得太脏，不让他自己来，就会使他样样都依靠别人，不会独立做事了。

Q 宝宝头发长得慢是缺锌吗

印象中头发生长得慢是缺锌的表现。不知道是不是这样？缺锌又该吃哪些食物来补救呢？

A 给宝宝查一下微量元素，确定是缺乏什么再给予补充。含锌最丰富的是生蚝和生牡蛎，但是难以让宝宝接受。所有海产品、鳕鱼也算含锌食物，动物的肝脏和核桃、芝麻等也含锌丰富，经过加工的肝泥、肝粉、鱼粉、核桃酱、芝麻酱等，都可添加在宝宝的辅食中。此外，局部的刺激也会对头发生长有帮助。经常用温水给宝宝洗头（不用洗发液），用软木梳给宝宝梳头，也能帮助宝宝头发生长。

■ 日常护理

Q 宝宝皮肤皲裂怎么办

宝宝皮肤容易皲裂，在饮食上要注意些什么？还有什么办法？

膳食中能保护皮肤的主要是维生素 A，宝宝每天吃伊可新 3 滴就有维生素 A1500 国际单位。婴儿每天维生素 A 的最高限量是 3000 国际单位，过多会对骨骼发育造成障碍。可以多吃红色、黄色和深绿色的蔬菜，里面的 β 胡萝卜素可以随时在肝脏转换成维生素 A，不会让宝宝中毒，这样皮肤就得到保护。皮肤的皲裂问题还可以用愈裂霜外涂，效果很好。

Q 宝宝被蚊虫咬后起大包是过敏吗

如果宝宝被蚊虫咬后会起个很大的包，像风疹块一样。这是不是皮肤过敏？

A 宝宝被蚊虫和蜜蜂叮咬后都会起大肿包，可用氨水外涂，效果较好。但是如果离眼睛很近就不能用了。平时宝宝睡觉时可用蚊帐防护。如果宝宝外出怕被虫咬，可以事先涂上防蚊子药水，4 小时内就不会被蚊虫咬伤了。

Q 学走期间如何保证宝宝的安全

妈妈为保证安全，把剪刀、针等不安全的东西放起来，又买了防撞角和电插防护套。可由于衣服加得多，宝宝活动不是很方便了，一不小心就会摔倒在地，有一次还差点被房门夹到手，真是防不胜防！怎样才能保证宝宝活动的安全？

A 应做好以下准备工作：

（1）居室的安全，例如门经常锁上，门和窗户、楼梯口和凉台最好有安全栅栏，家具放稳不易被推翻、家具的边角用软的布或泡沫塑料包裹，电器的插头有牢固的防护罩，暖气和炉子要有围栏。给宝宝安排一个玩的地方，铺上地垫，四周安全，没有桌布及可以拉下来能砸到宝宝的东西。宝宝的床应有 50 厘米~60 厘米的床栏和牢固的锁扣。

（2）凡是有危险的物品都应锁好，不让宝宝够着。例如清洁剂、药品、化妆品、消毒剂、强酸或强碱、油漆、汽油、灭火器等。以免宝宝拿到，伤及自己。

（3）锐器，如刀、剪刀、针、毛衣针等都应收好，不让宝宝当玩具用。

（4）宝宝的床上不可堆放东西，尤其是不可用塑料袋装宝宝的日用品放在床上，以免宝宝把东西拉出来，把塑料袋套在头上而出现窒息。不让宝宝拿到绳子或布条，以免他把绳子缠在头颈或肢体上妨碍血液循环，甚至危及生命。

（5）食品的安全。不可直接吃买来未经消毒的熟食，打开罐头包装之前，要把外围事先清洁，罐头刀要清洁，操作者的手也要事先洗净。宝宝未吃完的食物和奶类，应由大人吃掉，不可再给宝宝吃。

Ⓠ 宝宝门齿之间的大缝需要处理吗

宝宝现在长6颗牙齿了。可两颗大门牙之间有条漏缝。不知道是否会影响以后牙齿的发育？

Ⓐ 不必管它，这条缝是为将来的恒齿留出空间的。因为恒牙会比乳牙宽，许多宝宝都会有这条缝，等到长出恒牙时，这条缝就会看不到了。不过家长要注意给宝宝用指套刷牙，否则在牙缝里会藏食物的残渣，容易出现龋齿。

Ⓠ 宝宝便秘怎么办

可能是因为天气热的原因，宝宝便秘，大便时很痛苦。最后妈妈只好给她用开塞露了。还有什么好办法吗？

Ⓐ 可以给宝宝吃香蕉泥、木瓜泥、南瓜泥、番薯泥、菜泥等含有糖分和膳食纤维的食物。另外最好加一点能润滑肠道的油，例如芝麻酱或者沙拉酱。不过食物的总量最重要，如果吃的食物总量不足，基本都吸收了，没有剩余的部分就不会有大便。所以让宝宝吃东西的总量要充足，尤其是奶类供应充足是首要的。

Ⓠ 宝宝容易受声音惊吓怎么办

宝宝会被妈妈的大声吓一跳，一只会叫的小鸟也会让宝宝哭，感觉他比较胆小。怎样可以培养他胆大些呢？

Ⓐ 平时让宝宝的生活丰富一些，多到外面看看车水马龙，看动物的活动，听到各种声音。爸爸经常带宝宝做一些有惊无险的游戏，让宝宝接触不同的情景。最好让他一边听音乐一面拍手或者敲一些打击乐具，自己制造声音，使他对声音有

较多的承受能力，就不至于对声音害怕了。不过应尽量不让宝宝听到过大的声音，例如打雷、放鞭炮等。妈妈可以给宝宝用棉花塞住耳朵，并抱起来安慰他。把门和窗户关好，避免风吹而发生碰撞，尽可能让宝宝不受声音惊吓。

Q 宝宝娇气、爱哭怎么办

宝宝现在越来越娇气了，大人讲话语气重一点就会很委屈地哭。有时她故意做错事，想教育她，又怕她哭个不停。该怎么办呢？

A 应该让宝宝有一定的承受力，例如摔跤可以自己爬起来，不必抱起；大人可以用自然的声音说话，不必特别捏着嗓子对宝宝说话；吃饭可以上桌子自己吃一部分，大人喂一部分，如果宝宝不吃，按时收碗，不可以另外用点心补充等。宝宝在 8 个月后就有抑制能力了，这个中枢在额叶形成期间，越用就越发达，自我抑制能力越好，不用就会慢慢消退。如果不注意培养承受力，这种抑制能力消退后，就惯坏了宝宝，以后很难教育。当她故意做错事时，大人马上板脸，对她冷淡，不抱也不哄，但是不能离开，可以拿起书报来看。对她冷淡本身就是惩罚，她会害怕，不但不敢哭反而会爬过来亲近你，这时再告诉她错在哪里。如果又抱又哄，下次她就更会故意再做错事来吸引父母的关爱，就会养成刁蛮不讲理、爱发脾气的坏习惯。独生子女适时培养抑制能力是十分重要的。

■ 动作训练

Q 宝宝怎样才能学会自己走呢

宝宝在学步车内已经很会走了，怎样才能过渡到自己学走呢？

A 宝宝如果推着放玩具的小车学走就很好，可是宝宝在学步车里推着学走，这样就很不好。因为在学步车里，四周有靠，宝宝不能练习自己站稳。就算他在车子里走得很好，因为还未练习站立平衡，一离开学步车就寸步难行了。此外，有些宝宝用学步车出了意外，就感到更加危险。10～11 个月的重点是学会自己站稳，只有能完全站稳，才有可能学走。让宝宝扶着家具迈步，经常把玩具滚到宝宝脚下，让他捡起来。改用大的玩具，让他双手捡起，使他不用扶着家具。玩具逐渐离他远些，使他不用靠着就能自己捡起站起来。这样就能使他锻炼站立平衡。只要宝宝自己能站稳，就有可能独自走路了。站立平衡保持得越好，宝宝就越少摔跤。

为什么宝宝总是随便扔东西

宝宝总是把他不要的东西随便松手掉在地上，教了他几次要放在桌上或沙发上，他都不理。该怎样让他明白？

扔东西可以算是这个阶段的年龄特点，这也是一个探索过程。宝宝爱听不同物品落地的声音，他认为能使东西发出声音就很自豪。所以家长要给他更好的机会，如空的奶粉罐，把地上的玩具使劲扔进奶粉罐中发出"咚"的声音，引起宝宝注意，使他也想来玩玩。这时大人再给他一个空罐头盒让他学捡物，并表扬他很能干，这样以后他就会自己扔，自己捡，学会一个新的游戏。同时就可以把扔东西变成捡东西，能帮助妈妈收拾，学会把小东西放在容器里。在放的过程中，宝宝学会在指定处松手，这时才有可能依从命令把玩具放在指定的地方。宝宝扔东西只是随便打开手掌，比较容易。要把东西放在指定的地方，就有一个瞄准的问题，要在恰当处松手才能做到。因此先要求在大口的罐上松手，以后在口径小的瓶上松手，这样在 1 岁时就能把小珠子投放进小口瓶内或者把硬币放进存钱盒内。

怎样让宝宝喜欢站立

宝宝明明能够独立站几秒钟了，但就是不愿意站，只喜欢爬，该怎么训练她学站呢？

可以同宝宝做不倒翁游戏。爸爸张开两手做保护，一面发出"向后"的口令，就轻轻推她向后，然后再发出"向前"的口令，轻推她向前。让宝宝有准备就能自己站稳。再做向左和向右，等宝宝学会了，大人就不用发出口令，让宝宝自己站稳，随便大人向哪边推，宝宝都能保持身体平衡。玩过这个游戏，宝宝学走时就会减少摔跤。然后两个大人站在宝宝两边，让宝宝站在中间，一会儿让她拿玩具给妈妈，一会儿让她拿给爸爸。大人拿到就高兴地谢谢她，让她有成功的喜悦，以后她就会很愿意在大人之间站着，并向两边走一两步。大人也可以牵着她走，让她感觉好玩。一定要经常表扬，让她高兴，她才愿意站着并进一步学走。

■ 潜能开发

Q 怎样让宝宝学会和小朋友交往

宝宝比较怕生，我们带宝宝出去玩，他不会主动和小朋友玩，而且小朋友多的地方他会害怕。带他去参加宝宝爬行比赛，他会因为害怕而趴在起点哭起来。要怎样才能让宝宝爱和小朋友交往呢？

A 带他去有同龄小朋友的亲子园，先让他看看，等到他表示喜欢时，再逐渐由妈妈抱着他参加一些活动，使他慢慢模仿别人的游戏，逐渐习惯了才能适应群体。1岁前后的宝宝不可能同别的小朋友在一起玩，最多在学走时，看到别人拉着一个玩具，自己也拉着自己的玩具，远远地比着走。在亲子园里大家都拿着相同的玩具，互相看着，各玩各的，但是很喜欢别人在身边，这就够了。要等到2岁半才能大家凑在一起，各自用不同的玩具，互助合作。因此游戏的方式也有年龄特点，不可逾越。

Q 怎样让宝宝早说话

A 应当先让宝宝学习做手势。10个月的宝宝已经能做许多手势了，会同人招手表示"再见"，会谢谢、握手等。10个月的宝宝还会伸出食指表示自己1岁啦，会竖起食指表示要1块饼干、1根香蕉。每一种动作都需要大人做示范，宝宝不可能自己制造一种别人能懂的动作。身体语言包括表情，是声音之外的语言，在与人沟通时很有用，一辈子都用得着。宝宝学会了就能察言观色，了解别人的想法。此外10～11个月有些宝宝能称呼一个亲人，会用一个音表示一句话，进入单词句时期。如果加上身体语言，就能与人沟通了。

Q 这个月可以带宝宝做哪些益智游戏

宝宝在本月似乎比较懂事，手也比以前灵巧，可以开展哪些游戏来促进他的智能发展呢？

A 做拉绳取环的游戏。把绳放在宝宝面前，把彩环放在远端，看宝宝是否能拉绳取到彩环。有些宝宝会自己爬过去取，如果看到大人牵着绳就能轻松地拿到，以后宝宝就学会了。家长可以把游戏延伸，例如把玩具放在毛巾的远端，看宝宝

是否拉毛巾能拿到；又如把小玩具放在一本大杂志的远端，看宝宝是否能把书转一个角度就能拿到；把玩具放在被子的远端，看宝宝怎样拿到。

本月可以学认红色，拿几个红色的玩具让宝宝学认。学认颜色要特别耐心，因为宝宝要用 3 个月才能完全学会。可以让他一边慢慢玩，一边学认。开始宝宝只认给他说的那一个，不肯再接受第二个。因为宝宝以为红色如同名字只能指一种东西。将几个红色的东西放在一起，经过多次反复才能理解颜色是共性概念。用不同的方法练习，让他指出一个、让他捡出几个、让他弄成一堆等，最后让他从彩图中指出哪里有红色。必须经过多种方法，有耐心就能让宝宝学会。

Q 怎样让宝宝同其他孩子一起玩

这么大的宝宝和其他小朋友一起玩好不好？有些孩子很调皮的，怎样才能防止宝宝学到他们的坏习惯？

A 让他学会同小朋友打招呼，笑笑、招招手、碰碰头就可以；慢慢就让他看别人爬，让他也下地跟着别人爬；跟着学站，有榜样就会学得快。宝宝学走时也很喜欢看到别的小朋友一起走，1 岁前后的宝宝最好在亲子园参加活动，宝宝们的月龄接近，大家都有相同的玩具才不会争抢，有教师组织活动也比较安全。学走

前后的宝宝需要社会性的练习，这是在家里学不到的。同龄儿的游戏有不同的步骤，不是马上就能玩到一起的，按步骤逐渐接近，就能培养自我保护，有分寸地与人交往，培养高的情商就要从与人交往学起。以后通过交往和家长的不断帮助、讲故事，宝宝就会区分哪些是好的，哪些是坏的。帮助宝宝学习区分好和坏，逐渐让他自己区分后就不会去学那些坏习惯了。

ⓠ 怎样使宝宝学会克制

Ⓐ 究竟怎样才能避免宝宝形成任性的个性？什么时候该尊重他的意愿，什么时候要阻止他的行为，我还是比较彷徨。怎样做才对呢？

Ⓐ 应该尊重他的意愿，不过在做他不愿意的事之前，例如给他洗脸更衣之前，最好让他明白马上就要做的事，让他有个心理准备，不要突然袭击。例如用一个大点的娃娃先用小毛巾做洗脸的动作，让他自己动手给娃娃洗脸，然后给他毛巾让他自己洗脸。更衣、洗屁股也可以让他自己动手做一部分，这样既可以培养他独立操作的能力，也可以让他学会听话与大人配合。

ⓠ 怎样给宝宝选择适龄的玩具和游戏

Ⓐ 随着月龄的增长，我们想给宝宝准备一些有益于开发智力的玩具，做一些快乐的亲子游戏。应该怎样来选择这些玩具和游戏呢？

Ⓐ 可以选择图片或者简单的故事书，如《婴儿世界》《婴儿画报》等。一来可以看图学习认物，二来可以看图讲故事。这个月的宝宝能按大人的要求找出自己认识的图片，也能在一面听故事时，一面用手指图回答问题，让家长十分惊讶。

另外可以同宝宝一起照料娃娃，无论男孩女孩，都应学会像妈妈照料自己那样照料别人和照料娃娃。因此照料娃娃是学会关心别人的很重要的一课，对别人的关心是不分

性别的，属于情商范畴，无论男女从宝宝学起都很有必要。此外促进爬行和学走的玩具如皮球、惯性车等也仍有用；大勺子和碗可以玩沙玩水，也可以学习自己吃饭，是好的玩具。

Ⓠ 宝宝对新玩具玩腻了怎么办

宝宝对新的玩具很感兴趣，但一件新的玩具玩不了几天，就玩腻了。现在，我们都不知道买什么玩具了。还有什么适合这个月龄宝宝的玩具吗？

Ⓐ 给他一些小东西，例如大枣、小馒头等，让他从一个碗拿到另一个盘子里。如果家里有积木，可以把积木捡到盒子或者奶粉罐中。可以买一些皮筋，让他套在食指上或者套在棍子上。可以买到一种木制的套塔，塔心上下粗细一样的，让宝宝练习把圈套到塔心上。不要买塑料的套塔，这种套塔的塔心上小下大，如果宝宝任意拿一个圈套入后卡在当中下不去，宝宝就会很生气扔掉不玩了。此外让宝宝学习撕开糖果的塑料纸、饼干的纸包，以及各种各样的纸包，这样会使宝宝感到自己很能干。

■ 预防保健及其他

Ⓠ 断奶时可以接种疫苗吗

断奶对宝宝的预防接种有影响吗？处于断奶期的宝宝进行预防接种要注意什么？

Ⓐ 断奶只是停止母乳，如果在断奶之前已经按期添加辅食，并已经让宝宝学会吃配方奶，就不会有很大的问题。在断奶的最初几天里要用乳珍或牛初乳奶粉，但是这些抗体会使预防效果降低。不过妈妈尽量不要在预防注射期的前后断奶。

Ⓠ 有必要接种计划外的流感疫苗吗

妈妈觉得流感、轮状病毒变异太快，所以宝宝到现在只打了本市计划内的疫苗。但碰到宝宝感冒的时候，妈妈也有点后悔。有必要接种感冒疫苗吗？

在感冒流行的季节前，可以给 6～30 个月的宝宝注射流感疫苗，虽然它只能预防特定几种病毒，但是起码对当年流行的病毒有预防作用，可以保护小的宝宝免受伤害。感冒可以说是万病之源，感冒后宝宝的免疫力下降，很容易继发感染，容易发生气管炎、肺炎、中耳炎、扁桃腺炎等，这些继发感染会引起风湿性心脏病和肾炎等慢性病。感冒与麻疹不同，不可能有终身免疫。因为病原种类多，病毒容易变异，越小的婴儿最好尽量避免患感冒，以免有后遗症对身体产生伤害。

11 ~ 12 个月

■ 生理指标

出生后 330 天	男 孩	女 孩
体重	均值 10.17 千克±1.04 千克	均值 9.5 千克±1.03 千克
身高	均值 76.9 厘米±2.6 厘米	均值 75.2 厘米±2.6 厘米
头围	均值 46.45 厘米±1.4 厘米	均值 45.45 厘米±1.2 厘米
胸围	均值 45.9 厘米±2.0 厘米	均值 44.6 厘米±1.8 厘米
前囟	0~1 厘米×1 厘米	0~1 厘米×1 厘米
牙数	2~8 颗（下门齿 2~4 颗，上门齿 0~4 颗）	2~8 颗（下门齿 2~4 颗，上门齿 0~4 颗）

■ 发育状况

1. 从能站稳到独走几步。由于站立平衡还未巩固，所以还很容易摔跤。宝宝需要快速追赶玩具时仍然用爬行的方式，家长要在耐心鼓励宝宝站稳之后才能让他学走，以减少摔跤。可用多种方式让他练习走稳，如上下楼梯、退后走、上滑梯、走路拐弯、走马路边等。

2. 认知能力大飞跃。能记住身体部位、用品和食品的名称，理解大的，认识红色，能背数 1~3 或者 1~5。

3. 手眼协调进步。能捏取小东西放入瓶中，拿硬币投入存钱罐，会拿蜡笔乱涂，会拿勺子吃几口饭。

4. 会学动物叫，能称呼 2~5 个大人，用动作表演儿歌，用单音说话。

在给宝宝断奶时，宝宝一方面要适应配方奶，另一方面要适应与母亲疏远的情绪变化，所以家人要给宝宝较多的安慰。

爸爸妈妈的描述

★随着宝宝的长大，他的各种意识也开始越来越全面。宝宝很爱玩游戏。简单的摇铃玩具已经不能满足他的需求了。

现在把宝宝的游戏分为两种，一种是陪着他玩各种玩具，包括他感兴趣的各种物品，比如：手机、遥控器等。一边玩，一边告诉他这是什么。第二种是陪宝宝玩，如躲猫猫、做运动等。有时，还会教他跳跳舞（其实也就是转转他的小手）。宝宝往往会很开心，能高兴地笑出声音来。

宝宝最喜欢的，还是带他外出。看看外面的事物，什么都觉得好奇。

★这时期宝宝的视觉有了更好的发展，凡是能看到的东西都要伸手去抓，能机灵地观察四周人们的活动，会用手拿我们所握的物体。天气好，我们就带他到外面玩，让他看看美丽的景色，给他看各种颜色

的东西。也让他看远近不同的东西以刺激宝宝视力的发育。

★宝宝有时候很大方，手上有好吃的或者好玩的会懂得与人分享。但有时候也挺任性，得不到想要的东西就会咿咿呀呀地叫，直到给他别的玩具，分散他的注意力为止。有时实在斗不过他，让他如愿以偿才会罢休。

★这个月，宝宝迷上了玩球、掏盒子和爬高。他喜欢拿一只球先扔掉再去爬着追，可以自己玩上一个小时；最喜欢把球扔到沙发下面，然后拿苍蝇拍把它够出来，还会像玩高尔夫一样用棍子把球拨来拨去。宝宝还喜欢掏盒子，把象棋、麻将、扑克牌等一个一个拿出来，然后再放回去。

■ 喂养方法

Ⓠ 每天应该吃多少配方奶

妈妈觉得1岁半以前奶粉中的营养还是比较重要的，于是买了一些奶粉放着。但爸爸认为宝宝1岁以后就应该逐步进入正常饮食，每天的奶粉量在400毫升左右就够了。宝宝究竟应吃多少配方奶呢？

Ⓐ 在1岁后可以逐渐转换成以食物为主，每天奶量维持在600毫升（两岁后400毫升），蔬菜和肉类由泥糊状逐渐变成碎菜和绞碎的肉类，宝宝可以吃小馄饨、小包子等带馅的食物，自己啃咬新鲜的水果，逐渐进入正常饮食。买奶粉要特别注意过期的问题，一次买太多，如果到时未吃完就会过期。需要计算一下每个月的消耗量，按着宝宝的实际需要购买才好。

Ⓠ 哪种钙剂对宝宝更有效

因为宝宝曾经缺钙，所以每天都坚持让宝宝外出晒太阳、吃维生素AD胶囊，在饮食上也会多注意什么可以补钙。医生开的碳酸钙D3咀嚼片也给宝宝吃，这和市场上卖的乳酸钙冲剂有什么不同呢？哪种补钙方式对宝宝更好？

A 应该用医生开的碳酸钙 D3 片，碳酸钙的吸收率达 40%，乳酸钙只有 13%，同时加上维生素 D 就可以促进食物中的钙在肠道的吸收。注意看清楚维生素 AD 胶囊的含量，维生素 A 与维生素 D 的比值是 3∶1 的就适合给宝宝吃，如果是 10∶1 就不行，以免维生素 A 过多妨碍宝宝骨骼的发展。

Q 怎样才能增加宝宝的食量

宝宝食量比较少，对吃的兴趣不大，妈妈怕宝宝营养不良，总是千方百计地让宝宝能定时定量地吃。而爸爸觉得应该顺其自然，少吃一点或吃不了就别吃了，宝宝还是会慢慢长大的。怎样才能让宝宝的食量增加呢？

A 去掉一切含糖的饮料和含糖的点心蛋糕，也不吃糖果。定时吃饭，定时收碗，餐间只能吃准备好的食物，不再另加，使宝宝习惯定时定量进食。此外，应当增加宝宝的大运动量，最好是室外的运动。如果活动太少，食量就不会增加。

Q 怎样让宝宝断母乳

妈妈想给宝宝断奶了，期间宝宝看不到妈妈就喝配方奶，可过了两天后看到妈妈，就有点想吃奶了。曾经用辣椒试过，可过后宝宝还是找妈妈。应该怎样让宝宝断奶呢？

A 最好妈妈在娘家住 5~7 天，让爸爸照料宝宝几天。如果不行，妈妈就睡在另一个房间，不要抱宝宝。因为宝宝闻到妈妈的气味就要吃奶，妈妈一抱起宝宝自己就会分泌乳汁，两人都有需要，就很难彻底断奶。最好妈妈多离开几天，临走时，把床单换过，把妈妈的衣服拿走，让爸爸和照料人照看，让宝宝学会吃配方奶。妈妈有 3 天完全不泌乳就不会再分泌乳汁了，宝宝闻不到妈妈的气味就不会找奶吃。等到妈妈完全停止分泌乳汁再回家，宝宝想吃也没有了，就会完全断奶了。

Q 怎样才能让宝宝增加体重呢

每次带着宝宝出去，人家评价最多的就是：怎么那么瘦啊？其实宝宝现在很能吃，吃得也很好很合理，睡眠也不错，可是为什么就是胖不起来呢？怎样让宝宝增加体重呢？

A 给宝宝增加奶量，宝宝身高超标，但体重太少，起码应当超过 9 千克。宝宝应当每天有配方奶 600 毫升，因为 6 个月后妈妈的母乳就会不足，如果单靠这点母乳就会缺乏优质蛋白质。南方宝宝经常吃粥。粥的水分很多，热量不足，占的体积很大，很容易吃饱，但是总的热量不够。最好让宝宝吃一些干的东西，如面包、包子、饺子等。吃烤脆的面包片和馒头条能锻炼宝宝的咀嚼能力，是 1 岁前后最重要的练习，可使宝宝学会咀嚼和吞咽固体食物，让宝宝得到足够的热量，并且促进牙齿萌出，帮助宝宝发音。把膳食调理好才能健康成长。如果宝宝热量不足，处在半饥饿状态，就会抵抗力不足，容易生病。

Q 宝宝吃饭弄得一片狼藉怎么办

宝宝吃什么东西都爱自己动手，无论是水果还是饭，结果是弄得满桌子都是，而且塞的满嘴巴都是。如果我们喂他吃就不吃。

A 让他自己动手，并且早日上桌子同大人一起吃饭，宝宝会很快干净起来的。宝宝喜欢自己动手，表明他很自信，认为"我能行"。大人喂他吃就等于说"你不行"，会直接打击他的自信心和内驱力，逐渐把他的自信心挫伤了。千万不要剥夺他练习自理能力的机会，否则他就会感到"我就是不行"，不得不依赖大人，成为没有自信、内驱力不足，衣来伸手、饭来张口的无用之人。这比弄脏了饭桌损失更大。独生子女由于受到的帮助过多，长大了仍然依靠父母，就是因为失去了自信。家长应当鼓励宝宝尽早自己动手，独立自理。经过练习，1~2 个月后宝宝就会干净些。

■ 日常护理

Q 看电视对宝宝的眼睛有伤害吗

宝宝很喜欢看电视，特别是广告和动画片。一次能看多长时间？对眼晴有没有伤害？近视眼会不会遗传？

A 1 岁的宝宝每次看电视最好不超过 3 分钟。宝宝只喜欢看一小段，看完后眼睛就会离开屏幕，大人就要马上抱他离开。

父母有轻度近视眼不一定遗传，患高度近视（600°以上）就有遗传的问题了。如果经常看近的东西，时间延长，睫状肌和眼外肌经常处于高度紧张状态，睫状肌痉挛会引起一时性的视力减退，称为功能性近视。但是眼外肌长期机械性压迫巩膜，使眼球壁延长，拉长眼轴，就成真正的近视眼。

Q 为什么宝宝患肺炎后会呼吸急促

宝宝前段时间得了肺炎，已经痊愈了。但有时晚上睡觉前还会出现呼吸有点急的情况，这是怎么回事？

A 因为患肺炎后，肺内还存在或多或少的斑痕，在不同的卧位对呼吸会有不同的影响。多让宝宝学站、学走，也应让宝宝经常练习爬行，在运动时，肺活量增加，能促进肺内炎症瘢痕的吸收和康复。让宝宝多吃富含胡萝卜素的食物，如南瓜、胡萝卜、红薯以及深颜色的蔬菜等。胡萝卜素不会中毒，在肝内随时可以转变成维生素 A，能增加呼吸道的抵抗力。

Q 为什么宝宝张嘴呼吸

怎样才能让宝宝由用嘴呼吸改为用鼻子呼吸？

A 如果宝宝经常张嘴呼吸，应到耳鼻喉科看看。有些孩子患咽部腺样体增殖，呼吸时就必须张嘴，应请医生检查后再做处理。应当尽量避免感冒，呼吸道通畅时就不必张嘴呼吸。如果腺样体增殖太大，有可能需要手术处理。

Q 怎样克服宝宝的恐惧心理

宝宝自己从床上爬下来的时候不小心掉下来了，尔后有好长一段时间克服不了心理障碍。怎么办？

A 1 岁左右的宝宝最好睡自己的小床，睡时必须扣好床栏，这样宝宝起床后必须有大人帮助他穿好衣服，由大人打开床栏，才可以自己下地。小床较矮，大人稍微帮助他几次，让他恢复安全感，以后就能再次自己爬下来了。不可以再让宝宝同大人睡在大床上，否则随时会摔下来的。

Q 宝宝拒绝理发怎么办

宝宝坚决拒绝剪掉他的秀发。夏天将至，怎么才能让他清凉过夏呢？

A 在宝宝睡着时理发，一次向右侧睡时快理左边，另一次向左侧睡时，快理右边。不必要求理得很好，能保持凉快就成。

Q 怎样防止宝宝碰伤眼睛

宝宝在玩的时候不小心把蒲扇的柄碰到眼睛了，小眼睛红了几天，还好没酿成大祸，想想都后怕。怎样防止这种危险发生？

A 不让太小的宝宝动用棍子。曾见过一个女孩，拿着冰糖葫芦跑去追妈妈，不慎摔跤，棍子伤到眼球，然后马上到医院把眼球摘除，以避免交叉感染引起双目失明。这个漂亮的女孩带着假眼球，还要置换3次才能成功，听了都觉得害怕。所以，不要让宝宝玩小棍子、牙签之类的东西，尤其是在身体移动时，大人要把棍子等物拿开，以避免出现意外。

Q 全职妈妈怎样做才能使宝宝不娇气

听说全职妈妈在家照顾宝宝，宝宝会特别娇气。妈妈在家已照顾宝宝1年了，爸爸担心，如果妈妈继续照顾宝宝到2岁，宝宝会不会太娇气了？

A 让妈妈同宝宝一起入亲子园上课，每周1~2小时，逐渐增加到3~4小时。如果宝宝能适应，到1岁半后逐渐改为半天在亲子园活动。两岁后可以改成全天，如能适应，两岁半后就可以上全天的幼儿园。在宝宝上半天课期间，妈妈可以做一些能拿到家做的工作，这样妈妈不会离开职场太久，容易再参加工作。而且宝宝经过渐进的过程，较容易离开母亲，不会发生入幼儿园难的问题。及早让宝宝进入群体，宝宝就会受到同伴们的影响，逐渐学会与同龄人共处，不能样样都受到特别照顾，就不会太娇气。

Q 怎样避免宝宝尿湿裤子

宝宝现在白天基本不用尿不湿了，但是有几次还是很不乖，把屎都拉在裤子上了，这时候爸爸就要打宝宝，而妈妈不让打。应该怎么办呢?

A 宝宝到 3 岁也会偶然失误尿湿裤子的，我们只表扬宝宝成功识把，不批评偶然的失误，因为这个年龄不可能每次都成功。宝宝会小心地控制自己，因为他懂得讨好大人，偶然失误经常是玩得太开心了，或者大人忘记按时把了。最好让宝宝知道便盆的位置，会自己扶着过去坐到便盆上，还要自己拉下裤子。所以今后不要用老办法把持，鼓励宝宝主动找便盆，让他学会脱下裤子自己坐盆。许多新的功课需要宝宝努力学习，也需要大人想办法表扬和指导才能完成，靠打就会损伤宝宝学习的积极性，不可对宝宝粗暴。

Q 宝宝特别害怕男人怎么办

宝宝不怕老太太，也不怕阿姨，特别害怕男人。男人走近就会马上大声啼哭，弄得修理工都不敢进来了。怎样让宝宝不哭呢?

A 首先爸爸要经常参与宝宝的护理工作，让宝宝喜欢同爸爸亲近。爸爸的好朋友或者爷爷、姥爷等经常来，而且带一些朋友到家里下棋、聊天、打牌，让宝宝见惯了男性的客人，就不至于害怕了。妈妈带宝宝到公园玩时，也要带宝宝看到男人们的活动，如锻炼身体、打球等，不要总是把宝宝关在家里，要让宝宝的视野开阔。看多了自然就不会害怕了。

Q 宝宝晚上特别依恋妈妈怎么办

每到晚上，宝宝看不见妈妈就一直哭。有什么好办法让宝宝不再依恋妈妈呢?

A 平时让家里人轮流陪着宝宝入睡，睡前给宝宝讲故事，让宝宝安心入睡。朗读故事爸爸要经常参加，奶奶、爷爷、阿姨、姥姥、姥爷等都可以参加，开始进入时可以同妈妈做对白，如同演戏那样一人说一句，逐渐让宝宝习惯，只要宝宝感到有亲人在旁就会安心。依恋是这个年龄宝宝的特点，宝宝依恋妈妈或者爸爸直到两岁，逐渐过渡到依恋照料人和教师；长大了再依恋异性对象。不可以用不让宝宝见到妈妈的办法阻止宝宝的依恋。在宝宝20个月前后，在白天可以让妈妈说过"拜拜"后短时间离开（躲在门背后，听到宝宝要哭时就赶快出来），我们称这个为"拜拜游戏"。如同藏猫猫那样躲一会儿就出来，每次时间逐渐延长，让妈妈可以洗个澡、去外面买点东西，目的是让宝宝建立安全分离。这是建立在信任基础上的。如果妈妈不说"再见"，偷偷走掉，宝宝会很伤心，以后就会依恋更加严重，变成"分离焦虑"，那就更加难办了。

■ 动作训练

Q 怎样才能让宝宝学会自己走

A 宝宝站稳以后学走，就会快了。家长可以同宝宝共同拿着一支铅笔的两头一

起走，走到半路家长轻轻放手，当然仍陪着他走，宝宝看到家长在身边，以为有人牵着，会放心大胆地走。不过1岁的宝宝只能自己走几步，经常会摔跤，要练习2~3个月才能独自走稳。

Q 宝宝不肯自己走怎么办

很希望宝宝能放开大人的手，自己走路，可是不管怎么哄，他都不爱搭理，照样不愿放手。怎么办？

A 宝宝需要有大人陪着，因为自己不能保证不摔跤，多陪他走，让他练得稳当些，能保证不摔跤时，就能自己走了。宝宝能自己走2~3步时，很需要鼓励。家长可以拿一个小玩具，让他自己走过来拿，每次的距离增加一些，逐渐他就能自己走一小段路了。

Q 宝宝应该先学爬还是先学走

宝宝现在已经很想学走路了，扶着他可以迈几步了，可向前爬还有点困难。应该引导他先走还是先爬？对今后的成长有影响吗？

A 应该先学爬。在6~7个月就应该学爬，使他的下肢有力，上下肢动作协调。宝宝学爬能锻炼平衡器官维持身体平衡，不容易摔跤，学会追赶玩具，听声音爬向目的地，用视觉和听觉指导身体动作，叫做感觉统合。这个训练好了，以后上学时才能坐得稳，能集中注意力。未学爬先学走的宝宝平衡能力不足，经常坐不住；视、听觉不能集中，就会上课不专心，爱做小动作，影响学习。现在学爬也来得及。

Q 宝宝应该在哪儿练走路

宝宝只会在柔软的床上练走步，妈妈认为既舒服又安全；宝宝在地上只会坐着，姥姥认为应该在地上学走路。谁说得对？

A 要让宝宝在地垫上练习走路。宝宝先学扶站，后让他扶着家具自己迈步，熟练后，要花时间练习站稳，才可以学走。在地上才有可能学会站稳，况且宝宝以后也要在户外地上让大人牵着双手学走。千万不能在床上练习，在大床上很容易摔下来，宝宝会因此害怕学走。

Q 宝宝站不稳经常摔跤怎么办

有时候一不留神，宝宝自己站不稳，常常摔倒。怎么办呢？

A 这个月的重点是学站稳。首先不再用学步车，让宝宝双手扶着家具学走。在他扶着站立时，把皮球或小车放到宝宝身边，他会一手扶着家具，蹲下一手捡玩具，然后自己站起来。以后再把大球滚到宝宝身边，他一手拿不稳，要双手去拿，然后宝宝会用身体靠着家具站起来。再把玩具弄到离宝宝略微远一点儿的地方，让他必须自己站起来，而且四周无靠，多练习几次宝宝就能自己站起。最后爸爸可以同宝宝玩"不倒翁"游戏。爸爸张开双手在宝宝的前后，开始先告诉他，让他心里有准备，再推他的身体，如果他不倒，就称赞他是"不倒翁"，让他高兴。等他玩熟了就可趁宝宝不备，轻轻推他一下，如果他要倒，爸爸的手去扶着。玩几次后宝宝就会有所防备，自己站稳了。爸爸再同宝宝玩左右推的游戏，一面玩，一面说"我是不倒翁"，看宝宝是否站稳。等宝宝完全站稳后不到 1 个月就会自己走了，经过很多次锻炼站稳的宝宝会走后就会较少摔跤。

■ 潜能开发

Q 什么游戏最适合潜能开发

什么时候给宝宝学习认物的图片书合适呢？对于现在这个阶段的宝宝，什么游戏是最适合的呢？

A 从 9~10 个月起就可以给宝宝用认物图片和有图的故事书讲故事了，从现在开始还不算晚。可以用图卡教宝宝认物，用图书给宝宝讲故事，也可以加上一些形象玩具以增加他的兴趣。让宝宝捡你要的图卡，模仿动物的叫声、学习指图回答问题。可以让宝宝认识自己的身体部位和动物的身体部位，也可以买蜡笔让他学习乱涂。把家里的大小空瓶子、空盒子拿来让他配上瓶盖和盒盖。大人一面唱歌一面做动作，宝宝也能跟着做。带他到户外学走时，让他拉着会叫的拖拉玩具，他就会同别的小朋友一起比着，看谁的玩具叫得最响，这样他就会很愿意学走，而且走得快一点，让玩具发出响亮的声音。

Q 怎样才能使宝宝变得大方、懂事呢

宝宝会吃醋，会和妈妈"抢外婆"。不知应该注意哪些方面，才能让他成为一个大方、懂事的好孩子？

A 经常让宝宝分食物。如果家里有水果，就让他递给每人一个；有糖果饼干也

让他分，给每人分一个。当大家向他道谢时他会感受快乐，以后凡是有好东西都让他来分。如果奶奶暂时不在，就让宝宝把给奶奶的一份放在冰箱内给奶奶留着，这样就会使他时常想着别人，待人大方。如果宝宝正在同外婆在一起玩，妈妈有事要找外婆，就可以简单一点，说完就走，不妨碍宝宝原来的游戏。如果妈妈要同外婆亲近，可以在宝宝睡着时，就不会引起宝宝的不愉快了。

ℚ 怎样给宝宝变换游戏花样

爸爸总想和宝宝玩新游戏，让宝宝可以多方面发展，每天的活动不会重复、枯燥。但除了和宝宝玩足球、捉迷藏、一起翻书认卡片，就想不到其他游戏了。可以给宝宝变换哪些游戏呢？

应该练习一些动手操作的游戏，例如让宝宝练习拿铲子玩沙土（大米）或者用大勺子舀大枣、小馒头等，这样就会方便以后自己用勺吃饭。宝宝们都很喜欢玩小瓶子和小盒子，学会打开、拧上和配盖，也可以学习搭积木、套上套塔、投放小珠子入瓶、投放硬币入存钱盒等。爸爸参加宝宝用蜡笔涂鸦就会更加有趣。手巧的宝宝会打开糖果的包裹和小包装的饼干。家长可以参阅中国妇女出版社出版的《中国儿童游戏方程》，其中每个月都编排了各种促进宝宝发展的游戏，可以照着做。如果爸爸能够不断创新，就会使宝宝更有创造性。

ℚ 怎样增强宝宝的动手能力

宝宝在奶奶的精心"栽培"下学会了伸出一个指头表示"1"的概念；能够用手准确地抓握玩具，并从一只手倒到另一只手等。但宝宝还没有学会把自己手里的东西交给别人，也不会把各种几何形状的木块放进模具里。怎样训练才好？

宝宝在10个月起就会用食指表示"1"，在7个月就会倒手，8个月就会听声音拿玩具。如果让他交给别人他会舍不得，所以要准备另一个更好看的玩具作为交换才能让他交给别人。1岁时能听懂大人说圆形，会从形板里拿起圆形的片块，多做几次就会自己放回圆形的穴位中；1岁后会认出正方形，会拿出和放入正方形的片块；1岁半前后才会认识并拿出和放入三角形的片块。家长要按照宝宝的能力范围要求他做力所能及的事。如果他做到了就要表扬，让宝宝有成就感，以后他就会很愿意练习动手的游戏。

Q 怎样教宝宝分辨哪些东西能玩、哪些不能玩

宝宝的活动能力增强，活动范围也跟着扩大。一不留神，他就会把遥控器的电池取下来放在嘴里，或者动手去摆弄插头什么的。这时该怎样向他示意什么可以玩什么不能玩呢？

A 防范在先，宝宝自己不可能分辨。例如要把插头用硬纸包好，用不干胶固定，大人只开开关，不动插头；有电池的玩具和用具事先用不干胶捆牢。千万不可让宝宝啃到电池（受汞毒害）。现在不可能让宝宝完全自己分辨什么东西能玩什么不能玩。凡是有危险的东西尽量不让宝宝看见，否则发生意外就会来不及了。

Q 现在可以给宝宝玩哪些玩具

A 玩套塔或者套碗，买上下一般粗的木制套塔，只要宝宝能把圈套进棍子就算对，不可能让宝宝按着大小顺序套上。另外可以让宝宝放珠子入瓶，珠子直径2厘米，瓶口直径2.5厘米，让宝宝逐个放进去。比较难的就是放硬币入存钱盒，可以用硬纸自制圆片代替硬币，放入有窄缝的存钱盒内。宝宝还可以玩大钥匙和大锁，让宝宝把钥匙插入锁洞，自己打开大锁。可以开始用大蜡笔乱画，也可以搭积木了。这些都能锻炼手眼协调。1岁前后的宝宝需要拖拉玩具学走。

■ 预防保健及其他

Q 计划外的疫苗有必要注射吗

现在有很多计划外的疫苗，我一律都没给宝宝用。因为我觉得，疫苗本身就是菌，我相信宝宝自身的抵抗力。这种想法对不对？

A 每年在12月和来年的1月份要求满6个月以上的宝宝注射流脑疫苗，因为流脑会在3~4月份流行，在流行前1个月注射，抗体产生就会有较好的抵抗能力保

护宝宝不受感染。每年在 5 月份满 1 周岁的宝宝注射乙脑疫苗，因为乙脑在 7~9 月流行。1 岁后最重要的是三联疫苗加强针和麻风腮 MMR 的注射，如果进入亲子园活动，最好事先注射水痘疫苗，这两种疫苗有可能是交费的，目前已经有国产的麻风腮 MMR 可供家长选择。由于有些疫苗目前国内未能生产，所以需要自费。等到国内生产能力提高后，就不会有这些自费疫苗了。儿童的免疫注射是需要的，过去所有人都种牛痘，后来天花基本消灭后大家就不必再种牛痘了。自从 1964 年用麻疹疫苗后，过去认为"过鬼门关"的婴幼儿麻疹已经明显减少，发病也不太重。因此在必要时需要听从医生的意见，选用最必要的疫苗预防疾病。

Q 宝宝的预防接种是怎么安排的

听说 6 个月后母乳里的抗体就减少了，可是，怎么预防接种的通知也减少了呢？宝宝的预防接种是怎么安排的？

A 宝宝满 6 个月要注射一次乙肝疫苗。过了 6 个月如果进入秋季，在 8~9 月份可以到保健科口服一次轮状病毒的疫苗，不可以用热水送服，服用前后 2 小时内不吃母乳，以免减少疫苗的效果。宝宝到了 8 个月应当注射单项麻疹疫苗，到 1 岁半加强时才能用麻风腮 MMR 疫苗。过了 1 岁的宝宝，在 9 月份才可注射流感疫苗。此外到 12 月，6 个月和 1 岁半的宝宝注射流脑疫苗；到 5 月，1 岁和 2 岁的宝宝注射乙脑疫苗。由于每种疫苗的保护期不同，需要按照规定做加强的注射，使宝宝在保护期中受到免疫抗体的保护。

Q 宝宝 1 岁还未出牙是怎么回事

宝宝到了 1 周岁还未见牙齿萌出，怎么办？

A 应当到口腔医院检查，多数都会做颌骨拍片，如果因为某些原因牙齿萌出困难，牙齿埋藏在颌骨内，可以通过治疗帮助萌出。只有少数是因为先天缺牙，是牙胚发育的早期异常，属于遗传性疾病，好在其发生率很低。出牙迟还应当做全面的检查，如检查是否是营养不良、甲状腺功能不足以及有没有佝偻病等，以便进行积极的治疗，才能帮助牙齿早日萌出。

第二章

1~2岁养育指导

1 岁到 1 岁半的宝宝主要是学走。宝宝从颤颤悠悠地开始走几步到完全走稳，几乎要用半年的时间。从保持直立平衡开始到每一个动作都要保证平衡才能避免摔跤。

　　1 岁半的宝宝已经走稳，可以开始学跑学跳，运动量加大。由于宝宝注意力不再停留在害怕摔跤上，所以就有精力开始学习语言了。

　　宝宝在饮食上要慢慢适应各种固体食物，奶类从主食变为副食，因为肠道的消化吸收能力逐渐加强。由于宝宝会走了，接触面有所增加，认知范围增大，所涉及的问题也逐渐增多。以下共分 8 个方面对 1~2 岁宝宝的养育等问题进行指导。

1岁~1岁半

■ 生理指标

12 个月	男 孩	女 孩
体重	均值 10.49 千克±1.15 千克	均值 9.44 千克±1.12 千克
身长	均值 78.3 厘米±2.9 厘米	均值 75.8 厘米±2.9 厘米
头围	均值 46.8 厘米±1.3 厘米	均值 45.5 厘米±1.3 厘米
15 个月	男 孩	女 孩
体重	均值 11.04 千克±1.23 千克	均值 9.44 千克±1.12 千克
身长	均值 81.4 厘米±3.2 厘米	均值 78.9 厘米±3.1 厘米
头围	均值 47.3 厘米±1.3 厘米	均值 46.2 厘米±1.4 厘米

■ 发育状况

1. 通常在宝宝 6 个月之后，囟门开始逐渐缩小，大部分宝宝的囟门在 18 个月左右就闭合了。

也有的宝宝超过 18 个月了囟门还迟迟不能闭合，这可能是妈妈孕期钙营养不足，出生时颅骨钙化欠佳，囟门过大，有 3 厘米~4 厘米左右，所以囟门闭合时间可能要比正常时间晚一些。

宝宝缺钙也可能引起囟门迟闭，此时，一定要带他去医院检查，一旦有问题可以及时治疗。

2. 大部分宝宝满周岁后就可以独立行走了。此后，他将会开始学习以下更高级的行动技巧：14 个月大的宝宝能够独自站立，会蹲下再站起来，甚至还可能尝试倒退着走路；宝宝 15 个月时已经走得很稳了；到 16 个月的时候，他开始对上下楼梯产生兴趣，并运用几个月的时间学会独立爬楼梯；到 18 个月时，宝宝应该可以走得相当好了。他可能喜欢在家具上爬上爬下，也许还会爬楼梯。不过，下楼梯仍然需要别人扶，大约还需要几个月的时间，他才能独立下楼梯。

专家提示

宝宝到 1 岁半之前都会自己走路，行动能力大大增强，此时你要注意宝宝的安全，防止意外的发生。

■ 饮食营养

Q 1 岁后营养需求有何不同

此时期的宝宝正在出牙，又容易发生贫血，宝宝的活动量增加，体重和身高都在迅速增长，尤其是语言发展快，思维和对社会的认知发展也快，大脑需要适当的营养供应才能保证其正常的生长发育。

A 1 岁宝宝刚断奶时，配方奶每天需供应 500 毫升~600 毫升，到 2 岁时可以减到 400 毫升，在减量时可以用豆浆或豆腐脑代替一部分。由于奶类是宝宝生存的必需食物，不宜大量减少。奶类可供应出牙和长身高所必需的钙，如果减少太多，就会使出牙和长身高延迟。

由于淀粉类食物会增加磷的比例，使钙难以吸收，而且加入蔬菜的膳食纤维也会妨碍钙的吸收，因此 1~2 岁的宝宝应每天补充钙 400 毫克，2~3 岁的宝宝应每天补钙 600 毫克。由于宝宝的奶量减少，膳食中钙的含量较低，所以可以用含钙高的食物如虾皮、鱼虾等剁碎调入肉馅中，以增加钙的摄入量。

Q 什么膳食能促进宝宝出牙

A 多数宝宝在 1 岁时有 6~8 颗门牙，1 岁半时有 12~14 颗，除了 8 颗门牙还有

4 颗前磨牙，有些宝宝会萌出两颗尖牙；2 岁时会有 16 颗牙，即 4 颗尖牙都会萌出，到 2 岁半时再萌出 4 颗后磨牙，所有 20 颗乳牙全部出齐。含钙和优质蛋白的膳食能促进牙齿按时萌出，宝宝的乳牙在胎里就已经形成，从出生后母乳喂养，母乳的钙和磷的比例与血清相同，为 5：2，最容易吸收，如果遵照纯母乳喂养，没有过早添加菜水、果汁和淀粉，母乳充足，宝宝就不会缺钙。如果用配方奶喂养，配方奶中钙与磷的比例为 1.5：1（牛奶为 1.2：1），其吸收率比母乳略低一些，但是配方奶和牛奶含钙比人奶高，也能基本够用。问题是维生素 D 的供应经常不足，维生素 D 能促进钙的吸收，并促进血液中的钙进入牙齿和骨骼。早期让宝宝吃鱼肝油虽然可以补充维生素 D，但因宝宝肝脏排出胆盐较迟，不容易软化滴入的脂肪，所以宝宝口服的维生素 D 吸收率较差。最好在妊娠后期，孕妇每天吃钙片 1.5 克，维生素 D 1000 国际单位，就可以避免婴儿缺钙。宝宝出生后尽早到户外活动，保证每天在户外两小时，让阳光中的紫外线把宝宝皮下的 7-脱氢胆固醇转变成维生素 D，这些自身合成的营养素能帮助奶类中的钙被吸收利用，以促进牙齿和骨骼的生长。如果天气好，宝宝可以在户外洗澡，就可以停服鱼肝油，以免维生素 A 过高。

宝宝开始咀嚼时就可以选择含钙量高的食物，例如在烤馒头或烤面包条上抹上芝麻酱就可以增加钙的摄入，用虾皮剁在肉馅里，用萝卜缨做菜馅等都可以提高钙的摄入。

Q 怎样才能避免宝宝患缺铁性贫血

A 宝宝在 6 个月之后由于从母体储存在肝脏的铁已经用完，如果从食物补充不足就会患贫血。多数宝宝从 9 个月起到 2 岁会患缺铁性贫血，应当每 3~6 个月检查一次血色素，以便及时治疗。铁是合成血色素必需的物质，缺铁时红细胞数目减少、颜色淡，带氧能力降低，对全身及大脑供氧不足，脑神经元的活动及神经细胞的增殖数量下降，会引起智力低下、注意力不足。全身的肌肉所含的血红蛋白因缺铁而下降，会使宝宝肌肉无力，活动发展迟缓。缺铁时许多需铁的酶活性不足，如脂肪酸去饱和酶活性降低，亚麻酸不能合成 DHA（二十二碳六烯酸），神经细胞膜及髓鞘形成的速度下降，信息传递慢，宝宝认知、记忆能力下降。亚油酸不能合成 AA（花生四烯酸），身体细胞膜合成原料不足，宝宝会长湿疹。铁也存在于细胞色素和酵素里，参与多种新陈代谢，调节器官的生理活动，因此及时补充铁就十分重要。在宝宝的食谱里安排含铁的食物，尤其是肝、动物血、腰子、心、蘑菇、菌类等容易吸收的含铁食物，可避免宝宝患贫血。

如果宝宝血色素较低，可在上午与红果（山楂）同时服用增补剂，让红果中的维生素 C 促进铁的吸收。

要慎用含铁的强化食物，如含铁饼干、含铁果汁、糖果等。要计算含铁量，不可吃得太多，以防中毒。

Q 宝宝这几个月体重增长很少怎么办

A 注意宝宝的体重，有不少宝宝在断奶后会连续几个月体重不增。原因是突然减少奶量，使宝宝赖以生存的食物突然消失。应当保证每天有奶类 500 毫升～600 毫升，1 岁半后改为 400 毫升～500 毫升。因为宝宝消化吸收淀粉类食物要有一个适应的过程，如果突然减少奶类供应，宝宝就难以增加体重。另外有一些宝宝能对淀粉食物适应较快，家长会夸宝宝"吃饭乖"，宝宝吃淀粉类过多就会成为小胖子。如果宝宝超重，就应当首先减少淀粉类食物的供应，奶量、肉类、蔬菜水果都不减少，让宝宝在正常体重范围之内，才能维持健康。

Q 满 1 周岁宝宝的食谱应怎样安排

早餐	配方奶 200 毫升，南瓜泥 50 克
10 点	煮红果 30 克，加白糖 10 克，酸奶 100 毫升，必要时吃含铁增补剂一片
午餐	米饭（大米 20 克），肝泥 30 克，碎苋菜 50 克
15 点	豆腐脑 200 克，拌麻酱 10 克，鱼肝油 3 滴，钙剂 400 毫克
晚餐	挂面 50 克，甩鸡蛋 1 个（50 克），肉末 20 克加干酱 2 克，碎白菜 30 克
睡前	配方奶 200 毫升

Q 为什么要让宝宝与大人同桌吃饭

A 到 1 岁前后，宝宝已经能自己坐稳，而且能自己拿东西吃，可以上桌子同大人在一起吃饭。因为单独喂宝宝吃饭时，别人都没有吃饭，没有引起食欲的外界条件，所以宝宝经常不会好好吃。但是大人吃饭时，他看见了就会流口水、抢筷子，甚至啼哭着要吃。让宝宝上桌子就能满足他的心愿，让他坐在妈妈身边，给他准备一张宝宝专用桌椅。给他一个勺子，许可他尝尝大人的饭菜（这时大人应将就宝宝，尽量做得淡一些），鼓励他自己把勺子中的食物放到嘴里。妈妈一面自己吃，一面喂他几勺，也可以让他自己拿着奶瓶或者拿着杯子同妈妈一起"干杯"，在有兴趣的场合，宝宝的食欲会增加，能自己逐渐学会用勺子吃东西。有些家长认为让宝宝同桌吃饭会把饭菜弄脏，满桌子、满身、满地都是，难以收拾。但是这几乎是人生必经的过程，让宝宝早一天学会，就早一天干净。早上桌吃饭的宝宝经常在15个月就能自己独立吃饭，1岁半就能吃得很干净；由大人喂的宝宝，有些到3岁还不会自己吃饭，仍弄得到处狼藉。而且宝宝会经常埋怨，大人吃好的，不让自己吃，有被冷落的情绪。要求2岁的宝宝完全自己吃饭，不必大人喂；2岁半能帮助妈妈摆桌子，帮助收拾餐桌。

Q 怎样给宝宝断母乳

A 断奶之前要做几件事，准备好才可以给宝宝断掉母乳。

（1）先让宝宝学会吃配方奶，因为乳类是宝宝最容易吸收的食物，而且含有宝宝必需的营养素。如果断掉母乳，宝宝又不习惯吃配方奶，就会有一段时间体重不能按时增长，直接影响健康。许多吃惯母乳的宝宝不肯接受奶瓶，可以用杯子、短奶嘴的瓶子、小茶壶之类的工具让宝宝能吃到配方奶。在1岁到1岁半每天达600毫升才能保证健康。

（2）让爸爸学会夜间照料宝宝，因为妈妈应有5~7天回避宝宝的时间，以免宝宝见到妈妈要吃母乳。如果爸爸能照料宝宝，就会使宝宝减少失落感，较快适应。

（3）有固定的照料人，在爸爸上班时间能照料宝宝的熟人，不要临时再找生人来照料宝宝，以免宝宝怕生，增加断奶的难度。

（4）妈妈离开时要把自己的床单衣服等用品收拾好。宝宝的嗅觉很灵敏，闻到妈妈的气味就会找奶吃，如果找不着就会哭闹。

（5）等一切都准备好后，妈妈可以回娘家或者去别处离开几天，让爸爸辛苦几天。开头宝宝也会哭闹，如果爸爸能给宝宝安慰就会很快好转。因为 1 岁宝宝夜间不用喂奶，实在不行可以喂少量配方奶作为安慰。有 2~3 天没有吸吮，母乳就会回奶。妈妈可以用较紧的乳罩帮助，以免乳房下垂。另外，妈妈要少饮水、不喝汤和饮料，可以吃一些有味道及略微咸一些的食物，等到完全回奶就可以回家了。

Q 用微波炉热奶应注意什么

A 有些爸爸妈妈喜欢用微波炉热饭，也喜欢用微波炉给宝宝热奶。在微波炉里热奶要用碗或其他容器，不可以把奶瓶直接放进微波炉内加热，然后拿出来直接给宝宝吃。因微波炉加热的方式是通过辐射，中心热外周凉。家长拿出奶瓶时，如果奶瓶的温度很合适，就会直接给宝宝吃。宝宝吸吮到瓶子中央温度最高部位的牛奶时，很容易烫伤。爸爸妈妈往往觉察不到，继续让宝宝吃就会让宝宝的食道受伤。食道烫伤很难治疗，伤口愈合后会成为瘢痕，没有弹性，让宝宝难以咽下变成食团的固体食物，直接影响宝宝的生长发育。如果用微波炉热奶，要换一个容器，从炉子内取出后，用勺子搅匀，把奶滴到手背上测试温度，合适了才让宝宝喝，这样就可以避免宝宝食道被烫伤。

Q 给宝宝吃菠菜补铁好吗

A 菠菜中含铁丰富，但是菠菜中还含有大量草酸，草酸会把大量的阳离子结合成不溶解物从大便排出，使宝宝的大便成为黑绿色，不但排走铁，还会把钙和锌也同时排出。不但贫血未治好，还会缺钙和缺锌。有些妈妈喜欢给宝宝喝菜水败火，就用菠菜煮水给宝宝喝，但菠菜水中的草酸最多，喝菠菜水也同样有害。

我国的孕妇约有 27% 患贫血，2 岁以内的宝宝约有 34% 患贫血，因为中国人的膳食以菜和粮食为主。蔬菜中有大量草酸、粮食中有植酸，这两种酸都会把胃肠道内的阳离子铁、锌、钙结合成不溶解物从大便中排出。蔬菜中含草酸最高的有菠菜、茭白、苋菜等。

铁在食物中大多数以三价铁的形式存在，不容易被吸收。如果同时吃维生素 C，就能使三价铁还原成二价铁，增加吸收率达 4 倍之多。因此让宝宝吃蛋黄时用含有维生素 C 的果汁调开就能提高吸收率。菠菜虽然含有维生素 C，经过煮开，作用就受损了。

补充铁的食物中最好的是动物的脏腑类和动物血，脏腑中含血液丰富，血液中的血红素为一个卟啉基和一个球蛋白组成，在卟啉基内包裹着一个铁原子。进入肠道内整个卟啉基直接被吸收，不受蔬菜的草酸和粮食中的植酸干扰，所以吸收率可高达 27%～30%，是最有效的食补方法，菠菜绝对不可能替代。

Q 为什么宝宝总是缺钙

A 所谓的缺钙就是佝偻病的早期。婴儿期患佝偻病，主要是在孕妇怀孕后期没有补足所需要的钙，胎儿骨质钙化不足所致。在 1 岁前宝宝以奶为主食，奶中含钙量高，易于吸收。吃辅食后，有部分食物未被消化，原样排出，就算含钙很高也未被消化吸收。如果在辅食中有含有磷酸盐、草酸盐和植酸盐的食物就会把钙结合成不溶解物随大便排出。爱喝凉茶的宝宝，在凉茶里有鞣酸，也会把铁、锌、钙结合成不溶解物从大便排出。

要为宝宝选择供给优质钙的食物，如乳类中的钙含量丰富、容易吸收。鱼类的钙也算优质钙，尤其是用醋炖烂的酥鱼，用酸性溶解的钙最容易被吸收。此外维生素 D 能促进宝宝肠道吸收钙，也能帮助血液中的钙进入骨骼，所以能预防佝偻病。应保证宝宝每天有 2 小时的户外活动，让太阳晒到皮下的 7-脱氢胆固醇就能自己合成维生素 D，也有促进肠道吸收钙和使血液中的钙进入骨骼的功能，这样可以预防佝偻病。

■ 生活照料

Q 怎样哄宝宝入睡

A 要从睡前做起，给宝宝规定一系列准备工作，作为睡前的系列条件反射。如 8 点半要吃奶，喝一点水代替漱口，然后坐盆排尿。如果夏天可以每天洗澡，冬天不必洗澡时也要洗屁股和洗脚，脱下衣服穿上睡衣，就在小床上睡下。可以播放摇篮曲做背景音乐，家长坐下来给宝宝朗读故事，让宝宝一面看着图一面听故事，有时家长可以提问看宝宝是否听懂。宝宝会讲一个字的话就可以用声音回答问题。大人声音逐渐降低，宝宝就会自己入睡，不用大人哄和拍，更不必抱起来。这样就能养成宝宝按时入睡，而且睡自己小床的习惯。

如果大人抱着哄宝宝入睡，等宝宝进入浅睡期放在床上，宝宝就会马上醒过来，大声啼哭，以至把睡意都驱散了。每晚都会如此就会成为条件反射，到时就哭，十分难办。

宝宝的睡眠基本上有4种状态，开始是瞌睡，懒洋洋不愿意说话和玩耍。然后就到浅睡期，即刚刚入睡，有时会动动身体、伸展手脚或者翻身；这时眼皮仍在活动、呼吸仍不规律，还会哼哼几声。等到睡着了，就进入深睡期，眼皮不动、呼吸规律、意识消失。这时周围声音大一些，或者有人进出房间宝宝都会完全不知不觉。宝宝睡醒也要经过浅睡期然后再到觉醒期。所以如果宝宝只是翻个身或者哼哼几声，有时是他觉得太热，把被子蹬开，或者翻身到凉快一点的位置再入睡，没有必要叫醒他。千万不要在夜间把宝宝叫起来把尿，夜里用尿不湿可以很放心。更不要给宝宝吃奶，不干扰他就能睡到天亮。如果有一次把他弄醒，第二天到时宝宝就会再醒来，以后天天到时就醒，孩子、大人都会睡不好觉。由于生长激素会在熟睡时分泌，习惯整夜睡眠的宝宝身高一般会增长较快。晚上睡不好的宝宝，生长激素分泌的时间不足，个子就会偏矮。

Ⓠ 宝宝夜里经常哭闹怎么办

Ⓐ 要找出宝宝哭闹的原因，例如吃得过饱肚子不舒服，或者未吃饱感到饥饿，有尿需要起来排泄，或床铺不舒服，太热或太冷，有蚊子或虫子叮咬等。尽量不要让宝宝在睡前玩得太兴奋。有些宝宝要用安慰奶嘴，睡醒时找不到就会哭，或者已经习惯了开灯睡觉，醒来时一片黑暗也会哭闹。还有些宝宝患蛲虫症，夜间睡着时，蛲虫在肛门周围产卵，弄得肛门痒痒难受也会哭，这种情况经过驱虫并用药膏涂在肛门上就可解决。家长要仔细检查原因，可逐个解决。有些宝宝很难找原因，而且每天晚上定时哭闹，成了固定的条件反射。中医治疗小儿夜啼症有丰富的经验，可以分为心热、脾寒、惊恐等不同症候，用不同的方剂治疗效果很好。

此外，让宝宝白天的生活丰富多彩，增加一些身体运动，白天活动多了，晚上疲劳需要休息，夜间就能睡得好了。不可以用哄、抱着睡等不解决问题的办法，以免大人和宝宝都很难受。

Q 宝宝前囟还未闭合要紧吗

A 头颅当中两块顶骨和额骨交界处还未闭合的菱形间隙称为前囟，两块顶骨与枕骨交界的三角形空隙称为后囟。后囟在宝宝出生 1~2 个月内就会闭合，前囟大多数宝宝在 1 岁半就能闭合。在未闭合前看到跳动是因为头皮下面有血管通过，是正常现象。有些家长害怕会伤及头颅，不敢用手摸，也不敢给宝宝洗头。虽然前囟还未闭合，但是轻轻触摸和洗头都不会使头颅受伤，因为有很结实的骨膜保护着。1 岁时宝宝的前囟应当逐渐缩小，大约 1 厘米×1 厘米。个别宝宝的前囟仍然很大，达到 2 厘米×2 厘米，甚至更大些，这是因为在佝偻病患病期内，骨骼钙化不足，使颅骨还未靠拢，留下的空隙仍未闭合或延迟闭合。因此有必要加强维生素 D 和钙剂的供应，多带宝宝到户外活动，让太阳晒到皮下，自己合成维生素 D，帮助骨质钙化，就能促进前囟早日关闭。

Q 夏天怎样防蚊子

A 夏天如果有蚊子最好准备蚊帐，不要用药物或者蚊香之类的东西。凡是能让蚊子死亡的药物都会有毒性，夏天共有 3~4 个月，低度毒性的药物每天少量进入宝宝的身体就会有积累。凡是药物都必须经肝脏解毒然后经肾脏排出。小宝宝肝脏的酶系统未发育完善，解毒功能不足，对肝脏会有损伤，带有毒物的血液进入肾脏就会伤肾。所以家长和宝宝最好都用蚊帐，这样既经济又实惠。

宝宝如果被蚊子咬了就会很痒，自己抓挠容易使皮肤受伤感染。身体的肿包可以用风油精消退，颜面上的肿包要特别小心，不要让宝宝自己把风油精揉入眼中，涂药后要把宝宝的手管住，可握着他的手同他做游戏，过 2~3 分钟药物挥发后就不要紧了。

Q 怎样准备方便的满裆裤

A 1 岁半的宝宝就应当穿满裆裤。因为宝宝已经懂事，会走的宝宝就知道需要在厕所排泄，所以不必穿容易坐盆的开裆裤。因为开裆裤既不文明，又不卫生，容易让宝宝们互相传染蛲虫病。由于蛲虫专门在肛门周围产卵，一个患儿坐过的滑梯或板凳，就会被虫卵污染了，另一个宝宝用手摸滑梯或板凳，一会儿又用手摸玩具，虫卵就会污染手和玩具。如果某个宝宝把玩具放在嘴里就会被感染；不洁的手拿食物也会把虫卵吃入，如果宝宝仍然吃手就更容易反复被感染。所以在亲子园里要求所有宝宝都带纸尿裤才许可入园上课，1岁半后的宝宝自然就应穿满裆裤了。

怎样给宝宝准备方便用的裤子呢？过去许多宝宝都穿松紧带的裤子，但是宝宝的腰身较粗，活动时裤子会与上身分开，肚子和腰身全都露出来。因此最好让宝宝穿连体的衣服，或者有背带的裤子。最好用方便的拉锁或容易打开合拢的黏扣以方便宝宝自己操作。宝宝这时活动多，会爬、会走、又会上高。方便用的裤子或者连身衣服会很合用。不过宝宝长得太快，可能背带裤子能跟得上身长的增长，用的时间会长些。

Ⓠ 给宝宝用手指牙刷好吗

Ⓐ 可以，这是一种很方便的宝宝牙刷。宝宝吃饭后，让他先漱口，然后让他躺在妈妈的腿上，张开嘴巴，妈妈把指套牙刷带上，在宝宝的乳牙上顺着牙缝上下刷净。1岁后宝宝大多数有上下8颗门牙，少数开始萌出前磨牙。妈妈每天给宝宝清洁牙齿1~2次，宝宝会感觉很舒服，以后会很愿意自己学习刷牙。最好在晚上睡前刷牙，可以去掉附着在牙表面和缝隙里的残留食物，这样可以避免龋齿的发生。如果买不到这种牙刷，可以用自己煮过的纱布给宝宝刷牙，用过后要把纱布洗净晾干，蒸过或煮过再用。

用过的指套牙刷要用肥皂洗净，晾干后再用。

Ⓠ "奶瓶齿" 是怎么回事

Ⓐ 这种病俗称"奶瓶齿"，就是与奶瓶接触的几个牙齿同时患龋齿。原因是宝宝经常含着奶瓶入睡，有甜味的奶液发酵变酸，腐蚀刚萌出的乳牙，就是上下各4颗门牙。这些门牙出现龋洞，可以看到有小黑点。如果有这种情况就应该到口腔医院接受治疗，赶快把龋洞修补上。宝宝的乳牙牙釉质很薄，如果不赶快修

补，不但患齿会继续被侵蚀，口腔内的细菌也很容易扩散，会使刚萌出的其他乳牙也成为龋齿。

预防方法就是不让宝宝含着奶瓶入睡，无论奶瓶有奶，还是有含糖的果汁都会引起奶瓶齿。也不可以含着妈妈的奶头入睡，因为凡是含有糖的食物都会成为龋齿的诱因。如果能在睡前刷牙就更好了，可以清除附着在牙齿上的食物残渣，这样就会有很好的预防作用。

Q 1岁后应去掉安慰奶嘴吗

A 最好趁早去掉安慰奶嘴，例如利用上亲子园时，在人多、热闹、玩具很多的情况下，宝宝就会用双手拿东西玩，心里想着怎样玩，就会忘记了安慰奶嘴。回到家也要让宝宝终日忙碌，多给他一些动手动脑的玩具，或者带他到户外学走，看新鲜的事物。在他睡前马上给他朗读故事，让他动手动口回答问题。只要宝宝有事可做，不是终日无聊，戒掉安慰奶嘴就十分容易了。

安慰奶嘴在宝宝乳牙萌出期间最为有害，因为会使门牙前突、咬合不正。使上颌上拱，影响容貌，也影响发音。宝宝含着奶嘴就会很少发音、很少开口，使语言落后。而且安慰奶嘴经常会掉下来，如果未经洗净消毒又再放入口中，就很不卫生，会使宝宝患各种肠道传染病或寄生虫疾病。所以家长要坚决让宝宝戒掉安慰奶嘴。

Q 怎样预防宝宝发生危险

A 有许多因素会让宝宝跌落出事，其中最要防范的地方是：阳台、楼梯、床、门和庭院等。

（1）阳台。阳台跌落事故很容易导致孩童死亡，因此要将阳台设置为孩子单独玩耍的禁地，最好在阳台门口加上围栏，使孩子无法单独通过。此外，绝对不可在阳台上堆放可以垫脚的东西。

阳台的栏杆缝隙不要过大，防止宝宝用力冲的时候，瘦小的身体会因惯性穿过栏杆而掉下去。如果住在一层，有个小庭院，则院子的栅栏要足够高、缝隙要足够窄（小于8厘米）；不要摆放任何可供宝宝登高的东西（箱子或者梯子之类的）；不要摆放像榔头、铁铲之类容易造成危险的东西。不要种有毒、有刺的植物。

现在家中阳台一般都是加了窗户封闭的，或是外飘窗的设计，当家人（父母、老人、保姆等）抱着宝宝在阳台上向外观望的时候，也要关上窗户，不要因为有大人抱着就可以探身到窗外去，一来是要提防宝宝突然从怀中挣脱而坠落，另外也要给宝宝一个概念，外窗不能轻易打开。

（2）楼梯。现在家庭中楼梯越来越多，一不注意，宝宝就摸爬到楼梯上，极易造成滚落下来。因此，最好在楼梯处装上安全栏杆，防止宝宝独自攀爬。

家中如设置玄关，父母要特别注意爱爬的宝宝，有时孩子会从那一格小小的楼梯上摔下而撞到头部，最好用围栏挡住，让孩子无法进入，或是安置缓冲软垫。

● 在楼梯的两头安上安全门。楼梯两边应该设有护栏，否则孩子可能会掉下来。

● 不要在楼梯上和楼梯附近放置物品。保证门厅、楼梯和走廊照明良好。

● 电源开关位置要方便合适，楼梯照明充足，以免宝宝因照明不良而滚落。

● 楼梯上的地毯，一定要固定好，防止滑动。如果地毯损坏应及时用强力胶布修补好上面的裂口或是孔洞。如果没有地毯，应确保台阶边缘弧度合适。

● 楼梯台阶上要贴止滑条，楼梯口则铺设止滑脚踏垫。

● 栏杆结实，间隙小。栏杆支柱之间的距离，不可大于 8 厘米，以防宝宝的头被夹在中间。

（3）床。要为孩子选择的床最好是那种设计简单的，床周没有突出或凹陷的部位。最安全的是装高达 60 厘米围栏的婴儿床，并且护栏方便安装，有锁扣。在需要的时候可以为孩子安装一个防护栏，在旁边遮挡一下。

要确保床是稳固的，没有倒塌的危险，孩子们总是喜欢在床上跳上跳下，为此，父母应该定期检查床的接合处是否牢固，特别是有金属外框的床，螺丝钉很容易松脱。

床架的高度应可以调节，宝宝刚出生的时候可调高以方便妈妈照顾，当宝宝学会翻身以后要适当调低，以方便孩子上下，而且万一宝宝不小心从床上滚落，也不会受到严重伤害。假如宝宝活泼好动，尤其喜欢在床上做运动，还可以在床边和床脚放一个柔软的垫子，当然这只是预防措施，更重要的是告诉他要小心，不要跌落。床栏的高度十分重要，栏高60厘米，相当于宝宝肩部的高度。能站起来的宝宝睡醒了往往会自己站起来，如果床栏太矮，可能会翻过床栏而掉下。床栏之间的栏杆间隔应能让宝宝的四肢自由伸出，不让宝宝的头从间隔通过，因此栏杆间隔不可超过8厘米。

应把床放在安全的地方，不要把儿童床摆放在靠近窗台、暖气或壁灯的地方，床上也不要安装遮光或不透气的床帷。为了防止孩子从床与墙壁之间跌落，夹在里面，最好床头顶着墙，如果床是顺墙摆放，床沿与墙壁之间最好不留缝隙。

最好有支撑蚊帐的设备，夏天最好用蚊帐，不用药物杀灭蚊子。

（4）门窗。手指被门夹住是婴幼儿常见意外之一，在开关门时须先确认孩子的方位，为保险起见也可安装安全挡门器。

确定家里的每个门，不论从外面或里面，均有办法打开。最好不安装那种会自动弹回而锁住的门，以免出现大人已在外面，却留下宝宝在里面的情况。要特别留意从厨房到餐室或任何地方的自由摆转式的门——它们的存在对宝宝来说是一种危险。

若有门会因突然的气流而自己关闭的话，那就利用楔子挡住门板以保持开放状态。取掉重的金属挡门装置，等到宝宝较大而且不再对这种东西发生兴趣的时候，再拿出来使用。

如果家中装有玻璃门和落地玻璃窗，应选用安全玻璃或者钢化玻璃。并且在玻璃上贴上透明安全膜和安全夹，有颜色的花纹纸，让孩子注意到玻璃的存在。

门帘和百叶窗的绳索要收高、打结，让宝宝够不着。一旦他拿着这些绳索玩耍，很容易缠绕在里面，甚至缠住脖子，十分危险。窗口要加装窗栏，窗子平时应拴好，以免宝宝爬出去。

（5）庭院。要随时检查草坪与游戏区域、户外的井盖、洒水设施等，确保这些场所没有危险。通往马路的门都要锁好。把室外所有的电插座用安全罩盖好，电线要架高到儿童无法触及的地方。树枝应定期修剪，高度超过孩子；不要让孩子接近带刺的花草，不在长青苔的地方玩耍。

不要让宝宝单独靠近户外游泳池或水池，一定要有大人看护。若家中有游泳池，要确定泳池周围有安全的围挡并装有防范儿童的安全锁。不管在什么情况下，都不能只让婴幼儿独自戏水。在公共游泳场所玩耍时，提醒年龄较大的小孩不要在宝宝附近做疯狂的拍水游戏。游泳池的水温在 27℃ 左右为宜。

储水盆中不要留下水，应倒掉里面的水或是干脆把它翻过来。接水桶等工具，一定要加上盖子。孩子在 5 厘米深的水中就能溺死。

不要种植有毒有刺植物。发现毒菇或毒菌要拔掉。消灭庭院中昆虫的巢穴。注意孩子企图吃草、树叶、泥土、蠕虫等杂物的动作。还要提防孩子拣起粪便玩或吃掉。

铲子等工具要锁起来，铲草坪时不要让宝宝在一旁玩。孩子在车附近玩的时候，不要修车。注意不要把铁钉、铁片之类的物品留在地上，防止宝宝踩到。锁好所有的杀虫剂、植物喷雾剂和洗车剂。

晾衣绳要挂得高一些，小心让宝宝够到。也不要乱放绳子。

应定期检查秋千、滑梯等游戏物品是否牢固，保证没有松脱的螺栓等物，修补任何生锈之处，以免宝宝玩耍时发生意外。

垃圾箱要固定，而且不要让宝宝够到，以免他乱翻垃圾。

■ 智力开发

专家提示

在 1 岁时，由于宝宝正在学走，身体还未能保持直立平衡，所以经常摔倒。宝宝在此期间全身心都会放在练习保持平衡上，还没有精力去学习语言。不过宝宝在学走时，会听到一些有关活动的词汇，如站起来、扶住栏杆、慢慢走、把手伸过来……此时只要宝宝能听懂就可以，不必特意让他学说。如果他喜欢听儿歌就可以让他学说最后一个字的押韵词，使他能够参与。

Ⓠ 为什么宝宝不愿意使用肢体语言

Ⓐ 有个别的宝宝从来都不用姿势来表达自己的意思，也很少用同样的姿势同别人打招呼，当别人向他招手时，他把脸埋在妈妈怀中不去看别人。虽然他不响应别人的招呼，但他是懂得的，明知别人向自己打招呼，只是害怕回答。

这是一种特别怕羞的宝宝，他被保护太多，不敢自己出头露面去应付别人，总是要大人保护。在怕生的时期大人保护太多，怕他啼哭，尽量不让他见到生人，只让他躲在家里；照料人过于仔细，不必让他作出表示，就把他所需要的都送到眼前，所以他不需要说话，也不需要做任何表情，这样就会导致宝宝不愿意表达。

这种照料方式不可取，完全包办代替，把宝宝正常的表达都取代了。宝宝会逐渐长大成人，需要同别人有正常的交往，父母和照料人不可能包办一辈子。在宝宝未能开口之前一定要经过用身体语言的阶段，通过面部表情、身体和手的动作去表达意思。这些方法在会说话后还用得着，学会察言观色是很重要的，有时不必说话，一个眼神、一点动作，就能表达意思。因此，如果宝宝害羞，就要让他多出来，多与同龄人交往，带他参加亲子园的活动，让他慢慢向别人学习，多做身体语言、多听别人讲话，才能使语言有所进步。

Ⓠ 1 岁的宝宝能分得出人的性别和年龄吗

Ⓐ 1 岁过 1~2 个月的宝宝，如果已经能叫 4 个大人，就能具备这种分清男女性别和分清年龄的能力，这是从家里学来的。因为爸爸与妈妈不同，从声音、头发、打扮、高矮等就能分清，爷爷和奶奶也有这些不同，所以宝宝能区分性别。爸爸和爷爷不同，额头和脸上的皱纹、步态、声音等年轻和年老也很容易区别。只是有些 40 岁上下的妇女，如果宝宝称呼她"奶奶"人家不爱听，但是又不能称呼为"阿姨"，就会让宝宝为难。这时妈妈要告诉宝宝称呼"大妈"或者"伯母"就成。宝宝如果能正确称呼大人，让客人高兴，妈妈也感到很有面子，这就给了宝宝鼓励，让宝宝很喜欢称呼生人。

但是有些宝宝不见得具备这种能力，这时妈妈可以在老远看见时就事先让宝宝学会叫他"大伯"或叫他"爷爷"。有些怕生的宝宝就是不敢开口，妈妈不必勉强，千万不要在生人面前逼着宝宝叫人，也不必特别为宝宝求情，不叫就算了，免得大家为难。不必批评宝宝，只要在他愿意开口时表扬几句，只表扬、不批评，宝宝慢慢就会乐意称呼别人。如果宝宝受过一次批评，以后让宝宝叫人就会更加难了。

Q 有必要让宝宝学习儿歌的押韵词吗

A 在1岁后宝宝只能说1个字的话，但是很喜欢听别人背诵儿歌。这时就可以鼓励他参加，大人背诵两个字，空出来一个押韵的词让宝宝填补上，使宝宝有参与感。例如大人说"小白"——让宝宝说"兔"，再说"白又"——让宝宝加上"白"，"两只耳朵竖起"——让宝宝说"来"，"爱吃萝卜爱吃"——"菜"，"蹦蹦跳跳真可"——"爱"。

多念几次宝宝就能记住，这时宝宝就可以参加到小朋友们背诵儿歌的队伍中凑热闹，会感到很自豪。在参与的过程中不知不觉就会跟着别人说一句两句，享受集体活动的快乐。只要宝宝能说1个押韵词大人就应鼓励，会说第三个就可以同别人一起背诵，使宝宝感到快乐。

Q 怎样教宝宝学说表示动作的词

A 例如，大人领着宝宝上楼梯，一面上一面说"上"，同时可以跟着数数"1、2、3……"虽然宝宝开始不懂得什么意思，天天跟着说，宝宝逐渐就能在上楼梯时学会说"上"，并且跟着说数的顺序，逐渐成了习惯，宝宝就学会了数数。以后下楼梯就说"下"，同时也跟着数数。

学会了向前走也可以练习后退着走，此时宝宝会跟着说"前"和"后"，也可以一起数数。以后宝宝学跑步时就会说"跑"，学习跳跃时就会说"跳"。如果要宝宝跨过地上的毛巾，宝宝就会说"跨"。总之宝宝会说一个字的话，他会做什么就让他说能做的动作，这样就会学得很快，因为他能懂得自己做的事，懂得如何说出来。

　　学走的宝宝能离开自己的小床，看到的东西就会增多。 家长可以随时告诉他一些常见的东西的名称，宝宝会很快记住。 虽然宝宝不会说，但是他能听得懂。 这个时期他会逐渐记住许多词汇，可作为以后说话的基础。

Q 让 1 岁的宝宝看认物的书有用吗

　　A 有用，不过要注意选择图画逼真，是用实物的图像或照片制作的，而不是卡通的图像。如果买卡通的，经常与实物不符，会给宝宝留下第一个错误的印象，不合实际，将来看到真的就不能认识，失去认物的作用。之所以用图书来学习认物，是因为有许多东西在家里没有，需要通过看这些小书的图才能学会。例如在家里不可能看到老虎、狮子、犀牛、河马、大象、长颈鹿等大动物，如果宝宝能看到认物的小书就能认识它们，等宝宝长大些就可以亲自到动物园观看。已经从书中看过的，一眼就能认出它们，会让宝宝好像见到熟人那样很高兴。

　　在认物的书中有树木、花卉、昆虫和不同的气象和天体，宝宝可以认识常见的各种树木，如柳树、杨树、松树、柏树、槐树和热带才有的棕榈树等。宝宝可以认识常见的花卉，如菊花、桃花、梅花、玫瑰、百合、牵牛花等。宝宝可以认识一些常见的昆虫，如蜜蜂、蝴蝶、蜻蜓、蚂蚁、苍蝇和蚊子。还可以看到晴天、阴天、刮风和下雨，看到月亮和星星，冬天可以看到下雪和结冰。比如住在南方的宝宝看不到下雪和结冰，就可以在书上看到。所以让 1 岁宝宝看这些认物的图画书很有用，宝宝很喜欢看图，并记住图上的东西。这种书等到宝宝学认字时还可以用来认字，是很有用的，值得家长购买。

为什么呀？

Q 宝宝能懂时间吗

A 很多宝宝在手腕上都画有一块手表，还常常看上一眼。其实宝宝是懂时间的。宝宝会看家里的钟，早晨起床时看到两条针竖直；中午吃饭时看到两条针都挤在钟的顶部；午睡起床时，一条针在顶部另一条针在靠窗户一边横着；到晚上睡觉时，一条针也在顶部另一条针在靠门的一则横着，同午睡起床时相反。

如果宝宝在亲子园日托，宝宝会记住妈妈来接时钟的状态，每天看到时钟的针走到妈妈快要来接时，就会急着让人拿自己的衣服和帽子准备回家。可见 1 岁宝宝能懂时间。

Q 何时教宝宝认识颜色呢

A 有些宝宝 10 个月就懂得红色，不过 1 岁开始学也不晚。可先找 2~3 个红色的玩具放在一起，告诉宝宝这是红色的。如果大人的手指指着红色的积木，下次再问宝宝，他一定会指着积木回答，不会指旁边那两件。然后大人可再放另外的 2~3 件红色的玩具，任指一件，等到再问时，宝宝也会指原先大人指的一件回答。

原来宝宝过去认物总是一件一个名称，他不会理解放在一起的都算红色。多做几次后，大人可以放两堆玩具，一堆完全是红色的，另一堆一个红的也没有，可以是其他不同的颜色。这回宝宝发现红色的一堆颜色一致，另一堆不是。于是大人可以在红色的堆里随便指，都说是红色，另一堆都不是。可以让宝宝指，是红色大人就点头，不是红色就摇头。两人交换角色，看宝宝是否能在大人点红色时点头，不是红色时摇头。再观察宝宝何时才能做对。然后再让宝宝自己找出红色的东西，如果都找对了，才算宝宝真正学会认红色。

家长千万不能着急，因为要让宝宝重新认识一个集合的概念需要大概 2~3 个月。如果宝宝错了，千万不能批评，只能对宝宝说对的进行表扬，让宝宝自己总结经验。如果宝宝学会了认第一种颜色，能接受一个集合的概念，以后再学就会很容易。如果太着急，教得太快，宝宝就会把两三种颜色混起来分不清楚，那还不如慢慢认真学会第一种，再学第二种来得踏实。如果1岁开始学认红色，1岁3个月可以学认黑色，1岁5个月学认白色，到1岁半就学会3种了，这已经很不错了。

怎样教宝宝认识形状呢

不难，比认识颜色容易。可以用一种三形板的玩具，如果买不到可以自己用硬纸自制。剪1块20厘米×7厘米的硬纸板，在当中画三个形状：边长4厘米的正方形、直径4厘米的圆形、边长4厘米的正三角形，每个相隔1厘米。把画出来的形状剪开成为穴位，再另外用硬纸剪出这三个形片放入穴内就成。

玩时先让宝宝认识圆形，从洞里抠出圆片玩一会儿，再放入穴内。大概玩几次宝宝就会认识。第二次把方的形片抠出，让宝宝认识正方形，让他把每个角对正穴位的四个角然后按入穴内。让他自己熟悉1~2周，大人可以随时让他拿出圆片或方片，然后自己放入。等熟练后再学认三角形，估计在1岁半时，宝宝就能认识这三种形状。可以让宝宝在家里找哪些东西是圆的、哪些东西是方的、哪些东西是三角形的。妈妈可以给宝宝做不同形状的小馒头，让宝宝加深印象。

怎样让宝宝认识交通工具

宝宝最先认识家里有的交通工具，例如有些家庭有汽车，宝宝就会认识。如果爸爸骑车上班，宝宝也会认识。妈妈有时带宝宝上街，或者回姥姥家会坐公共汽车。如果奶奶家较远可以坐地铁。靠海边或江边的城市会有渡船或者大轮船。远方的亲人来，妈妈可带宝宝到火车站看火车，或乘车到机场看飞机。在遇到这些交通工具时都可教宝宝认识。

宝宝也可以通过认物的图书来认识交通工具，在图书里会看到一些奇奇怪怪的车子或其他东西，如大吊车、铲土机、压路机、搅拌车、救护车、救火车、直升飞机、军舰、快艇等各种各样的建筑工具和其他车辆等。男孩子最喜欢各种车辆，学起来特别快。

Q 怎样让宝宝愿意帮助大人拿东西呢

A 要让宝宝有成就感，经常夸夸他，他就会很乐意给妈妈找东西。如果他找不着，就要详细地描述一下，让他能听明白。例如在爸爸的书桌最下面的抽屉里，如果他真能拿来就要称赞他能干，如果不能就再说详细一点，不是靠窗口的抽屉，让他从另一侧去找。1岁宝宝仍不能分左右，最好用靠着近处的东西帮助他认清方向。用完一定让他放回原处，以后再找就容易了。要经常请他帮忙，并且夸他，例如说他很能干、会找东西、会放回原处等。让他认识自己的优点，这样他做事就会主动。

反之，如果大人帮助宝宝过多，又不让他帮助别人做事，宝宝就会认为别人帮助自己是应该的，自己没有必要帮别人做事。这样的宝宝长大后就只会让别人为自己服务，自己不会主动帮助别人，这样的教育就失败了，宝宝以后会成为自私的、不受欢迎的人。

问题在于要让宝宝养成观察的习惯，眼睛要看到东西平时存放的位置。家里放置东西要有一定的规律，才能好找。而且要让大家都用完放回原处，养成习惯，以后用起来才方便。观察力随时注意就能养成，平时大家都会把用途相同的放在一起，读书写字用的会放在书桌上或抽屉里、衣服会放在卧室、吃的会放在厨房、清洁用品会放在卫生间，有了大致的了解就有了寻找的方向。平时也要让宝宝观察别人从哪里拿到用品，到需要时就可以找到了。

■ 动作训练

专家提示

宝宝最主要的大运动就是学走，不但要会走平坦的路，还要学会上楼梯和下楼梯、走上下斜坡。宝宝会向前走，也会在大人的诱导下向后走。宝宝要锻炼如何保持身体平衡才不会摔跤，因此能做各种运动的同时，要特别注意体位改变后如何保持身体平衡。

Ⓠ 宝宝容易摔跤怎么办

Ⓐ 宝宝之所以容易摔跤，就是因为他自己站不稳，不能保持直立时的身体平衡，所以要从练习站稳开始。家长可以同宝宝做"不倒翁"游戏。开始大人张开双手在前后做保护，一面喊"站稳"一面用手从前向后推，如果宝宝未站好，大人的手要做好保护。多做几次宝宝就会注意，再从前向后推动时宝宝就能站好。下次大人再喊"站稳"，一面用手从后面向前方推动，如果宝宝未站稳，大人用手可以保护。多做几次，宝宝就会懂得注意从后面来的推力，能自己站稳。以后大人在左右保护，一面喊"站稳"一面从右侧推来，如果宝宝不能站稳大人可做保护。多做几次后可以从左侧推宝宝，看看宝宝是否能自己站住。练过几次后，宝宝就能学会自己用力站着，无论左、右、前、后来的推力，宝宝都能顶住。这时让宝宝学走就不会经常摔跤了。

Ⓠ 宝宝很喜欢上楼梯，大人可以放手吗

Ⓐ 住楼房的家庭，如果不用电梯，就要每天上下几次楼梯，宝宝的练习机会则很多，如果他能自己扶着扶手上去，大人可以不必牵着，在旁边保护即可。要注意观察，开始宝宝会用单脚迈上一级，另一只脚迈上来双脚站稳后再向上迈步。等到熟练后才交替脚上。大人可一面帮他数数，一面鼓励他自己努力上到平台；大家休息一会儿，然后再上。大人可以站在比宝宝高一级处，必要时伸手拉他上来。

在宝宝练习上楼梯时，可以让宝宝玩小滑梯。宝宝自己扶着扶手上，到了平台，大人帮助他坐下，双手扶栏，但要注意看前面的小朋友离开之后才可以从上面滑下来。到了地面宝宝站起，要赶快离开，以免妨碍别人滑下。如果有许多人要玩，就要在滑梯的楼梯前排队，依次上楼梯，到了平台也要排队，等前

面的人离开后滑下。玩滑梯只需要会上楼梯，不要求会下楼梯，所以很适合刚学会上楼梯的宝宝玩。在玩的过程中还要学会轮流和等待，这些游戏规则以后都会经常用得着。

Ｑ 宝宝不敢下楼梯怎么办

Ａ 可先从最下面一级楼梯起，妈妈可以站在地面双手牵着宝宝，让他迈一步下来，然后称赞他很勇敢，逐渐让他愿意练习。妈妈抱他下来到离地面两级时，把宝宝放在楼梯上让他扶栏站好，自己下到地面，双手扶着他，让他先下一级，双脚站稳后，再迈下来。如果他愿意练习，就可以从第三级再练习。每次增加一级，逐渐让他学会。妈妈一定比宝宝先下来，可以从下面扶着宝宝下楼。不可以

在旁边牵着手让宝宝先下，因为宝宝下楼时，头会向下看，重心向前。万一掉下来，如果妈妈仍在上面就无法挽救，妈妈在下方就很容易把宝宝抱住，不至于出事。每次宝宝成功下来都要表扬一下，让宝宝感到高兴，就能有勇气学会。

有些宝宝会用爬的方法，四肢并用爬着下楼。开始还可以，但是最后要转过身来，所以最好妈妈先下，在下面接着就会让宝宝感到安全，容易学会。

Ｑ 为什么宝宝不敢学跑

Ａ 宝宝已经会走稳，又会上下楼梯，唯独就不敢学跑。因为宝宝往前跑时，头在前面，脚跟不上，又停不下来，很容易摔跤，往往摔过一次跤宝宝就不敢再跑了。有些宝宝会选择一个扶着点，赶快跑到那里双手扶着能够停止，就可以跑一个短的距离。最好家长同宝宝一起练习，如果宝宝想停止就可以扶着家长停止。家长可以让宝宝在跑步需要停止前，做准备工作。"准备，抬头、慢跑、伸直、停止"按着这几个步骤，让宝宝把头抬起来，让身体的重心在脚的垂直线上，就不会向前方摔跤。经常同宝宝一起练习，让宝宝学会自己起跑，自己停止，宝宝

就能敢于跑步了。

Q 怎样让宝宝学会跳跃

A 先让宝宝站在楼梯的最下一级，妈妈
双手拉着让宝宝跳下，这是最容易学会的
一种跳法。第二种方法是爸爸妈妈同宝宝
一起散步时，各自牵着宝宝的手，喊口令
"1、2、3、跳"，让宝宝向前方跃出，这也
是宝宝最喜欢的跳法。注意一定要喊口令，
使三人同步，如果三人的动作不一致，就
很容易使宝宝的手腕受伤。等到宝宝学会自己用力，就可以由一个大人牵着跳，
或者让宝宝自己扶物跳，最后自己就会跳了。

Q 宝宝不会同别人玩球怎么办

A 妈妈可同宝宝对着坐在地上，两人把腿分开，妈妈把球滚到宝宝面前，宝宝
再把球滚回妈妈那边。两人都要小心，不把球滚到外面。也可以用一条浴巾把球
放在浴巾内，两人拿着浴巾两个角慢慢活动，让球在里面滚动。较为熟练时可以
把球弹起再用浴巾接住，可以站着玩，也可以坐着玩，只要球不掉出来就可以。
两个人互相配合就能玩得很久，这个方法以后宝宝也可以与小朋友一起玩，在玩
的过程中能学会与人配合。

专家提示

　　宝宝的手能拿稳东西，也能准确地把环套在食指上，已经有了一定的手
眼协调能力。　过了1岁随着练习机会增多，就会更加准确，如把硬币投入存
钱盒、把小珠子放入小口瓶内等。　宝宝目测能力进步，能分出大小，就会把
小的东西放进大的容器内，学会玩一些难度略高的套叠玩具、穿插玩具和积
木。　适时提供这些玩具就能促进宝宝动手能力的进步。

Q 为什么宝宝总是往地上扔东西

A 1岁前的宝宝就开始扔玩具，如果大人把他关在小床上，他就更加爱扔东西。一来，他想吸引人来同他玩。二来，他听到扔的东西能发出声音会觉得很神气，感到自己有能力，能把东西弄响。并且他会发现扔硬的玩具才有声音，扔软的布娃娃就没有声音。新的发现又会引起探究的兴趣，宝宝会尝试扔各种不同材质的东西，发出不同的声音，所以一连好几个月兴趣不减，这让家长很头痛。

最简单的方法就是让宝宝在地上玩，随便他扔，也随便他捡。妈妈可以拿个空的奶粉罐，把他的玩具使劲扔到罐内发出"咚"的声音，这会引起宝宝注意。如果宝宝想要，妈妈可以把罐子递给他，让他也从地上捡玩具扔到罐内发出声音。这时宝宝会更有兴趣捡东西。等他捡了许多，妈妈就鼓励他，表扬他能干，逐渐宝宝就会从扔变成捡，帮助妈妈收拾，把地面捡干净。

其中最重要的就是表扬，让宝宝懂得帮妈妈做事就是好孩子。在一片表扬声中宝宝就会去掉扔东西的毛病，并学会收拾。

Q 宝宝为什么喜欢玩大锁

A 宝宝最喜欢探洞洞，有条长的钥匙最能让宝宝开心了。宝宝会把钥匙探进去，并左右转动，突然能把锁打开，就会让宝宝十分惊讶。所以宝宝会来回试探，把锁关上，又用钥匙打开，这比买来的玩具还让宝宝高兴。

市面上也有专门为宝宝制造的大锁和大的钥匙，让宝宝当玩具用，但是它不如真的老式大锁结实，塑料制品很容易损坏。

Q 1岁的宝宝能玩什么玩具

A 暂时用家里有的东西就行，买来的玩具未必能使宝宝感到有兴趣。例如把药瓶子锁口的环套在妈妈的食指上，一会儿再套在宝宝的食指上，或者套在筷子上，这会让宝宝坐下来玩半天。逐渐可以把套塔的圈拿出来，套在套塔的棍子上，让宝宝玩。虽然开始宝宝分不清大小，拿起来乱套，等到1岁半宝宝能分清大小时，就能按照大小顺序把塔套好。市面有大个的塑料套塔，不如木制的好用。木造的套塔塔芯是上下一样粗的，套入哪一个都可以。塑料的塔芯上小下大，宝宝随便拿环套入，小的到上面就被卡住了，其他的就不能再套入，会惹宝宝生气。所以给小宝宝玩买木制的更加有用。

家里有些空的瓶子和盒子，都可以洗干净作为宝宝的好玩具。宝宝会自己将瓶盖打开又盖上。放几个大小不同的瓶子盒子，就能让宝宝安静地玩许多天。使宝宝既练手，又能专心看着做，逐渐学会专注。

大口瓶能装东西，让宝宝把糖果、大枣等家里有的东西倒出来，再放回去，练习手的精细瞄准动作。同时让宝宝能坐得住，专心看着操作。

怎样教宝宝学会分步骤穿珠子

要把穿珠子的过程分三步进行。第一步，让宝宝把绳子放进珠洞，让妈妈从珠子的另一头拉出。要鼓励宝宝插得深一些，让妈妈容易拉出。每次做得好就要表扬，让宝宝有成功的喜悦，他就愿意再玩。第二步，交换角色，由妈妈穿入珠洞，让宝宝在洞口的另一头把绳子拉出，宝宝拉出绳子、穿上一个珠子就给宝宝鼓掌称赞一下，让宝宝有成就感。第三步，由宝宝自己完成两个动作，独立穿上一颗珠子。

这种分步骤的学习方法十分有用，凡是遇到一件难事，不容易完成，就将它分为几个步骤，分开完成。军事上称为各个击破，孩子的学习、生活中经常遇到一些困难，如果大人能帮助宝宝把困难分成几个步骤，每个难点逐个克服，就一定能学得很好。

怎样让宝宝养成收拾玩具的习惯

要用宝宝能理解的语言，用玩的办法让宝宝练习收拾玩具。例如宝宝开始搭积木，肯定会把积木散落一地。等宝宝用完了，就要提醒宝宝：这些积木小弟弟该回家了，它们累了，走不动，我们带它们回家吧！妈妈和宝宝一起把积木捡到盒子里放好，放到原来摆放的玩具架上。在练习穿珠子时，也会有许多珠子散落在地上，用完后，就告诉宝宝：要把这些珠子妹妹送回大口瓶——它们的家里，不然它们的爸爸妈妈会着急的。宝宝用完了套碗，就一定马上套好放回原来摆放的地方。告诉宝宝：如果不马上套上，就会有一个走失，就算警察叔叔来也找不到！

因为宝宝已经进入玩这些复杂玩具的年龄，如果不马上进行教育，没有马上收拾的习惯，许多细小琐碎的零件就会混在一起，让妈妈难以分辨。有些好玩具就因为收拾不妥，用过一次就丢失1~2件，不能配套，以后就玩不成了。因此在

小汽车回家睡觉了……

打开一件玩具之前，必须把眼前的所有玩具收拾好。新玩具用后必须马上收拾配套，放回原处。有了良好的习惯以后就好办了，否则妈妈一个人收拾，又累又费劲。最糟的是宝宝养成不良习惯，样样都让别人收拾，自己从不动手，就会丢三落四，不但容易遗失东西，还会让周围的人讨厌。家长不必帮助过多，一定让宝宝自己动手，如果不肯收拾，妈妈就把玩具收起来不让宝宝再玩。从开始就立下规矩，才能养成宝宝用完归位的好习惯。

■ 社会交往

专家提示

会走的宝宝最好让他有机会接触同龄人，让他们彼此打招呼、呼喊或碰碰头表示亲热。如果把宝宝关在家里就会失去这种机会，宝宝必须在有同龄人的群体中才能进行社会性练习并获得经验。尤其是独生子女最好进入亲子园，同许多同龄人交往，才能学会适应群体，适应宝宝们的小社会。

Q 宝宝最初的交往是怎样的

A 所有的孩子都一样，喜欢看到同龄的小伙伴，愿意远远地看着，虽然不是在一起走，但是互相看着就会高兴。还不会说话时，最多就是互相点点头、笑笑，但是见不着就会很失望，连走都没有意思了。这就是宝宝开始的同龄交往，多数1岁过后的宝宝都是这样的。

Q 宝宝们一起玩总抢玩具怎么办

A 家长要知道宝宝们的年龄特点，不能过于迫切让他们互相交往，这样就会适得其反。在1~2岁期间，宝宝们最好互相远远地看着，各玩各的，大家各自玩自己的玩具就可以了。如果凑在一起就很容易争抢，尤其是出现了一点新鲜的玩具，就会争抢得更凶。所以在亲子园里如果8~9个宝宝在一起，教师发给每个人的玩具完全一样就不会引起争斗，如果有一个人的与众不同就会引起争抢，这种状况称为平衡游戏。但是在家庭中不可能自己家的宝宝与邻居孩子的玩具完全相同，所以需要保持一个距离，让他们仍然远远地看着各玩各的就可以。如果妈妈很想让宝宝同邻居孩子交朋友，就要事先购买两份玩具，让邻居小朋友来时同自己的宝宝玩一样的玩具，这样就不会引起争斗。不过各自的妈妈也要看管自己的宝宝，不让他们离得太近，以免互相碰撞引起啼哭。所以不必要求2岁半以前的宝宝在一起玩，这个年龄还做不到，要等到2岁半后才能互相在一起愉快地玩。

Q 1岁的宝宝怎样与人交往呢

A 宝宝最擅长做手势，看到熟的孩子来就会高兴地笑、招手、叫，或者互相做个怪脸。如果走得近还可以互相碰碰头，甚至亲一亲，来个飞吻。他们会互相学习，对方怎样做，自己也赶快照样做，所以经常见面的宝宝能互相促进。如果妈妈知道对方的名字，就可以教宝宝说，宝宝能记得住对方的小名，以后就可以互相叫小名，临走时会主动招手表示"再见"。

　　亲子园是宝宝们经常能互相见面的地方，几乎每周能见1~2次，班上就这几个人，很容易彼此认识。家长们也会很快就混熟了，宝宝月龄接近，经常会遇到相同的问题，就会互相交流，彼此促进。这就比在街心公园固定一些，因为在那里遇到的孩子的年龄往往与宝宝差别大，家长们难以互相交流。

千万不要把宝宝关在家里，有些妈妈怕宝宝认生，害怕他看到生人啼哭，就把宝宝关在家里。越不见生人宝宝就会越害怕，宝宝会更害怕陌生环境、怕见生人，有时连爸爸出差回来都害怕。这样的宝宝完全不能适应新环境，这样的孩子到了3岁，一旦入幼儿园就会十分困难。应当慢慢让宝宝学会适应家庭以外的环境，认识一些生人、认识一些同龄孩子，以发展社会适应性和交往能力。

Q 怎样使宝宝学会等待和遵守秩序呢

A 宝宝已经会走，就可以上滑梯玩了。在街心公园和亲子园都会有滑梯，孩子们都很喜欢玩，大家都要玩，就应按着来的先后顺序排队上楼梯，不可以抢先，这就需要等待。到了平台要等前面的人滑下，而且要等前面的人已经离开滑梯自己才能滑下。有些宝宝滑下来了，找不到鞋就会起来迟一些。如果上面的人开始滑下，很容易撞上还未离开的人，就会引起争吵甚至打架。因为从上面滑下来速度快，有冲力会把还未离开的人撞得很痛，就会引起矛盾。因此在未上滑梯之前家长一定要给宝宝讲清楚玩滑梯的规则：排队上楼梯，到平台要等候，要按上来的次序滑下。有些宝宝看见前面的人正在等候，就急着抢先滑下，所以在平台上有时会出现争吵。1岁宝宝不可以用大孩子用的滑梯，只能用平台的高度不超过1.5米的滑梯。因为到了平台有时需要大人帮助坐下来，用双手扶住滑板两侧的扶栏，才可以滑下。万一在平台上出现争执，大人可以把宝宝抱下来，以免在上面互相推搡而掉下。1岁宝宝还不会说话，有理也说不清，如果在亲子园玩，孩子的年龄相仿，问题不大。在街心公园大小孩子一起玩，如果滑梯太高，家长又够不着，宝宝就会受欺负。

在公园里宝宝最喜欢家长抱着坐飞机，坐飞机前需要买票，家长和孩子都要排队才能买到，排队期间要等待。买到票后要等到上一轮坐飞机的人下来，按着号码排队上飞机，也需要等待。因此宝宝出去玩，在外面有许多排队的机会。例如坐公共汽车要排队上车，吃饭也要按次序入座，如果上厕所的人多也需要排队。所以排队轮流是很普遍的，排队时就要耐心等待才能有次序，如果大家都不排队、争先恐后，就会乱成一团，反而更慢。

排队轮流和等待，都是一般的礼仪，是文明的社会现象。争斗、以强凌弱是不文明的表现。从小就要让宝宝学会文明礼让，不要抢先，要按着次序做事，轮流和等待是十分必要的。

■ 常见疾病防治与预防保健

专家提示

1 岁后，宝宝会走，就会经常出去，接触的人多了，接触的地方也多了，很容易感染疾病。宝宝的抵抗力不足，需要较多锻炼才能抵抗疾病。

ⓠ 得了急疹怎么办

ⓐ 本病由病毒传染，多见于 6 个月到 3 岁的宝宝，全年都可发病，以春季为多。

感染后，潜伏 1~2 周，体温骤然升高到 39℃ 以上，很少有感冒症状，常有呕吐、恶心、腹泻、食欲低下等症状。宝宝精神好，高热 3~4 天突然下降，全身皮肤出现向心性斑丘疹，以胸腹为多，肘膝以下极少见皮疹。出疹时并无不适，1~2天疹子全部消退，无色素沉着和脱屑。

在高热时可以给宝宝用酒精擦浴，冰水敷头等方法，防止高热抽风。可以按照病毒性感冒那样口服一些清热的中药，热退出疹就已经明确诊断，不必再到处就医了。

ⓠ 在季节转换时怎样预防感冒

ⓐ （1）感冒的原因

许多人都认为感冒是着凉引起的，其实着凉只是诱因，真正的原因是病毒感染，之后才有细菌继发感染。这些病菌平常就在人的呼吸道内，由于呼吸道黏膜的保护，身体有一定的抵抗能力，这些病菌未能致病。当孩子着凉、过劳、消化不良、受惊恐后，抵抗力下降，疾病便乘虚而入。季节转凉后，门窗经常关闭，室内空气污浊，细菌和病毒密度增高，孩子出外时间相对减少，就会增加感染的机会。预防感冒主要是加强身体和呼吸道对寒冷的耐受力，同时也要注意室内通风，减少致病菌的密度，防止病毒和细菌侵入呼吸道。

（2）感冒的治疗

由于感冒以病毒感染为主，所以可常用中药治疗，近来有制作精良的中成药，可以减少宝宝吃苦药的困难。例如有多种感冒冲剂及儿童用的口服液都能让宝宝乐意接受，要遵照医嘱服用。如果体温升高、咳嗽加重，就有必要查白细胞或者透视，如果发现细菌感染或入侵肺部就有必要遵照医嘱用抗生素治疗。家长一定要带宝宝就医，不要把大人用的药给宝宝吃，以免过量或者出现副作用。

（3）感冒的预防方法

①根据气候变化增减衣服。在春秋两季都是早晚凉、中午热，要注意在宝宝大运动时减少衣服，运动停止后添上。在有太阳晒着时要减少衣服，到阴凉地方要增加。一天之内要按照温度变化适当加减衣服，不让宝宝在过堂风处活动或睡眠，尽量减少宝宝着凉的机会。

②生活规律，保证睡眠充足，定时定量吃饭，不可过饱，以免消化不良。多吃蔬菜水果，维生素 C 丰富可以有助于抵抗疾病。

③坚持锻炼身体，平时不必穿得过多，以免出汗受风着凉容易感冒。经常到户外活动，每天可多次，每次时间短些，尽量在阳光下活动。从夏天起就要用凉水洗手洗脸，秋冬天洗澡水温也不宜过高。使皮肤适应寒冷，逐渐能适应气温的变化。

④疾病流行季节，要少到人多的地方，防止互相传染疾病。

可以通过增强抵抗力的办法来预防感冒。

Q 宝宝患气管炎和支气管炎怎么办

A 气管炎由病毒或细菌感染，常继发于上呼吸道感染，如果感冒时咳嗽很重，感染就已经深入到气管和支气管了。

着凉后急性的会有发热、咳嗽、头痛、胸痛，或有呕吐、腹泻、腹痛等症状。经抗感染治疗 2~3 天可退烧，消化道症状逐渐消失，咳嗽延续 7~10 天才好转。慢性的在感冒后咳嗽加重，加深。时轻时重，迁延数月，有时突然发热，发展成肺炎，尤其是佝偻病和营养不良的宝宝更容易发展成肺炎。

有过敏性体质的宝宝对病毒或细菌可能产生过敏反应，出现喘息样支气管炎，支气管平滑肌痉挛、水肿，宝宝能吸气，在呼气时有喘鸣音，不能平卧、烦躁不安，呼吸时端肩、鼻扇、口周和指甲发紫、出冷汗。发作时可用气雾剂缓解气管痉挛，然后服用或静脉点滴抗生素及止喘的药物。

治疗支气管炎时应同时照顾到病毒和细菌感染，可在抗菌治疗的基础上配合中药，效果会很好。例如用先锋霉素、氧氟沙星等控制感染，配合儿童清肺、川贝枇杷等中药控制咳嗽。如果宝宝久咳不愈，在已经彻底消炎的基础上，需请中医辨证施治。

本病重在预防，防止支气管炎最主要是预防感冒，或者彻底治疗感冒。让感冒的宝宝卧床休息，认真休养；吃软食或流食，不强迫宝宝进食，待消化系统恢复后自然愿意吃东西。不让宝宝吃冷饮，以免引起胃肠道痉挛而腹痛、腹泻。缩短感冒的病程就不会迁延而致气管炎和支气管炎。

Q 宝宝有"牵拉肘" 怎么办

A 牵拉肘是桡骨小头半脱位，肘关节是由肱骨下端、桡骨小头和尺骨鹰嘴组成。在肘关节部位的桡骨与尺骨之间，由一条环状韧带包绕，形成一个骨纤维环，因此前臂就能转动，使手掌可以手心向上或向下。学步儿的桡骨仍在发育中，桡骨头与颈的直径几乎相等，而环状韧带松弛，当关节在伸直位受到牵拉时，桡骨小头很容易被环状韧带卡住，不能恢复原位，就成为"牵拉肘"。

经过医生复位后数天内，千万不可再牵拉患肢，以免造成习惯性"牵拉肘"。帮助宝宝学步时，最好支撑他的身体，不要单独牵拉宝宝的手腕或前臂。尤其是不可提着宝宝的前臂做单足跳跃。在宝宝跨越阶梯或跌倒时，更应拉住宝宝肘部以上的部位。

Q 为什么宝宝夜间用手挠肛门部位

A 如果出现这种情况，家长可以打开手电检查宝宝的肛门周围，这时会发觉有很小的白色的线虫爬出来产卵，引起宝宝肛门痒痒难受，这就是蛲虫病。

原因是宝宝吃入了虫卵，在肠道内发育成成虫，成虫交配后，雄虫死亡被排出体外。雌虫在夜间暖和时到肛门周围产卵，会刺激周围的皮肤，引起瘙痒。

蛲虫的寿命不过 20~30 天，如果不重复感染，蛲虫病就能自愈。但是如果宝宝因为痒痒而抓挠，虫卵就会污染手指，如果宝宝吸吮手指或用污染的手拿食物，就会再次感染。如果宝宝穿开裆裤入睡，尤其是同大人睡在大床上，家长也会被感染。

因此要让宝宝穿满裆裤睡觉，换下来的衣服床单最好用开水煮过，消灭虫卵。不让宝宝同大人一起睡在大床上，避免交叉感染。教育宝宝不吃手指，饭前便后洗手，勤剪指甲。可给宝宝服用驱蛲虫的药物驱虫，用蛲虫软膏涂在肛门周围可以杀虫卵并止痒。

Ⓠ 宝宝用手挠耳、 哭闹是怎么回事

Ⓐ 家长可以轻拉宝宝的耳郭，看看是否哭闹加重并摇头躲开，或用手自卫，如果有就应马上到医院检查。如果发现宝宝的外耳道有分泌物，可用消毒棉球擦掉，马上就诊，这时可能已经是急性化脓性中耳炎。

这种情况常发生在呼吸道感染之后或有传染病后，也可能是奶水或洗澡水流入耳内造成。开始宝宝会哭闹不安，因为疼痛剧烈，还没有液体流出。宝宝往往会哭闹，用手挠耳，不让大人牵拉耳郭。一旦脓液流出疼痛会减轻，啼哭便可减少。

诊断后要用足量抗生素，耳道排脓停止后，还应巩固几天，以便治疗彻底。清除外耳道的分泌物，可滴入消炎药，每日 4~6 次。滴药时让宝宝侧卧，让患耳朝上，一手扶住宝宝的头部，另一手将药滴入。也可以被将宝宝裹好，让宝宝侧卧在妈妈腿上给他滴药。滴药后，让宝宝在原体位等候 1 分钟，然后用消毒棉球放入耳内，以防药液流出。不可用含有庆大霉素和卡那霉素的药物，以防影响听力。

要注意预防。给宝宝喂奶不要躺着喂，应抱起来，喂完后马上竖抱打嗝，然后面向右侧睡，上半身略提高，这样既可预防吐奶，又可防止乳汁流入耳内。洗头洗澡时要用手指压住宝宝耳郭，不让水流入耳内。如不小心，有水进入，应当马上用棉球吸出。

有些宝宝常用手搓耳，用头在妈妈怀里蹭，妈妈用手按摩外耳时特别安静，

有时耳道内有水，这种不是中耳炎，是外耳湿疹，是过敏性的皮肤病。如同湿疹一样，皮肤脱屑、变红，有丘疹、水泡、糜烂、结痂等，范围可在耳道内、外耳、耳后皮肤。宝宝感到瘙痒、烦躁，又有泪液和水流入，不易被发现。如果添加辅食时吃了鱼虾，就更容易发作，应及时就诊，局部涂药，并内服脱敏药。要注意与中耳炎区别。

ⓠ 哪些情况不能打预防针

Ⓐ 有以下情况者不可以进行预防注射：

（1）在第一次疫苗接种后出现虚脱、休克、无热痉挛、脑炎或脑病、严重的过敏反应等，就不应当进行第二次或加强剂量的预防接种，以免发生致命的反应。

（2）患神经系统疾病的婴幼儿，例如发作性癫痫、进行性脑病，不应给予全细胞的百白破疫苗。如有稳定性的神经系统疾病，如脑瘫、先天愚型就可以接种疫苗。

（3）患免疫缺陷病、艾滋病或由于药物治疗（激素）造成免疫抑制者，这种情况就不能接种活的疫苗。

ⓠ 已经打过 B 型嗜血流感疫苗， 秋季还要注射流感疫苗吗

Ⓐ 每年秋天在 9~10 月份都会号召 6 个月至 3 岁的宝宝注射流感疫苗，能够保护宝宝平安度过流感的季节。宝宝每次注射 0.25 毫升，共注射两次，间隔 1 个月。

有些家长以为自己的宝宝已经接种三次 B 型嗜血流感杆菌疫苗（简称 Hib），就不必再打流感疫苗了。实际上两者完全不同，B 型嗜血流感杆菌疫苗所用的是一种杆菌，能预防由此杆菌引起的脑膜炎、肺炎等疾病。流感疫苗是由病毒制成，能预防秋冬季的流感，如果宝宝经常外出，或者参加亲子园的活动，最好进行流感疫苗注射。

ⓠ 何时应当做口腔科检查

Ⓐ 在宝宝已经萌出 8~12 颗乳牙时，就应当到口腔科做第一次检查了，因为宝宝容易患龋齿，宝宝龋病的特点与恒牙相比，乳牙龋坏有其特异性。

（1）乳牙患龋率高，患病早。乳牙在萌出后不久即可患龋，常见于出生后 6 个月的婴儿，上乳切牙未完全萌出而已经龋坏。6~7 岁患龋率达高峰，为 86.6%，个别地区甚至达到 97.2%。

（2）乳牙龋齿多发，龋齿范围广泛。在同一个口腔内的多数乳牙常同时患龋，也常在一个牙的多个位置同时患龋，尤其是上颌门牙及下颌磨牙最常见。因乳牙龋病有多发、易发等特点，在乳牙中左右同名牙同时患龋的现象十分突出。

（3）龋蚀发展速度快，牙齿易龋病，腐蚀能够很快崩坏，在短期内就能转变为牙髓炎症，甚至根尖炎症。牙体组织也很快变成残冠和残根。

（4）自觉症状不明显。乳牙龋蚀发展的速度虽然非常快，但其症状反不如恒牙明显，一般不会出现剧烈的疼痛，因此，家长不易早期发现，经常在病变发展成牙髓病变或根尖病变，即牙根部牙龈出现脓包时才就诊。

早期发现龋齿，就可以马上矫治，防止龋病损害牙冠，也可以阻断龋蚀向牙髓及根尖发展，并可以保护恒齿的完整。

1 岁半～2 岁

■ 生理指标

18 个月	男 孩	女 孩
体重	均值 11.65 千克±1.31 千克	均值 11.01 千克±1.18 千克
身长	均值 84.0 厘米±3.2 厘米	均值 82.9 厘米±3.1 厘米
头围	均值 47.8 厘米±1.3 厘米	均值 46.7 厘米±1.3 厘米

21 个月	男 孩	女 孩
体重	均值 12.39 千克±1.39 千克	均值 11.77 千克±1.30 千克
身长	均值 87.3 厘米±3.5 厘米	均值 86.0 厘米±3.3 厘米
头围	均值 48.3 厘米±1.3 厘米	均值 47.2 厘米±1.4 厘米

■ 发育状况

1. 到了 2 岁时，宝宝的脑重约为 1000 克，约占成人脑重的 70%。大脑的绝大部分沟回均已更为明显，神经细胞约 140 亿个，并且不再增加；脑细胞之间的联系日益复杂化，后天的教育与训练可以帮助刺激大脑相应区域不断增长，能力方面的个体差异开始表现出来。

2. 在这个阶段，大部分宝宝可能会跑了。宝宝在跑的时候，一般会把两个胳膊高高抬起，向前倾斜着跑来保持平衡，一旦刹不住摔倒了，还可以用胳膊支撑起头和身体，避免摔伤。宝宝能自动放慢脚步平衡地停下来，才算学会了跑。到 2 岁宝宝就可以连续平稳地跑 5 米～6 米了。

3. 18 个月时，宝宝对爬楼梯感兴趣，现在宝宝在没有大人牵着手的情况下，能借助栏杆上几阶楼梯了。如果楼梯的台阶比较高，还会用手帮助自己。但宝宝可能还不会下楼梯。由于在上下楼梯时可能会出现一些意外，所以家长要特别小心。

专家提示

在宝宝上台阶的时候，你要站在宝宝后面，让宝宝先上楼。万一出了危险，比如踏空了，你一手就能护住他；下的时候要站在宝宝前面，让宝宝后下楼。

宝宝要自己爬楼梯时，放手让他自己去爬吧，千万不要怕麻烦而武断地让宝宝放弃这个锻炼的机会。

■ 饮食营养

专家提示

宝宝的胃肠道逐渐能接受一般的食物，但是由于宝宝的乳牙萌出很少，只有前面几颗门牙，还没有足够的咀嚼能力，所以食物要求做得细、烂、软，才能让宝宝接受。

Q 宝宝不吃蔬菜、水果，常流鼻血怎么办

A 这种状况主要是宝宝身体中缺乏维生素 C，维生素 C 可促进结缔组织中胶原蛋白的合成，具有细胞之间的黏合作用，有利于伤口和溃疡的愈合，降低毛细血管的通透性。

维生素 C 缺乏会使皮下、黏膜、骨膜下、关节腔、肌肉、牙龈出血。又因成骨作用受抑制，使腕、膝、踝等关节骨干与骨骺分离而易于骨折，常表现为局部肿痛、不愿被人抱起，常与佝偻病同时存在，皮肤常见淤点、牙龈出血或流鼻

血。如测定宝宝血液中维生素 C 每百毫升低于 0.4 毫克（正常 0.5 毫克~1.4 毫克），就应马上补充。

维生素 C 有还原作用，可将转铁蛋白中的三价铁还原成二价铁，促进肠道的吸收。在用铁剂治疗贫血时，同时服用维生素 C 会有更好的疗效。在治疗大细胞贫血时，维生素 C 能将叶酸还原成具有生理活性的四氢叶酸参与造血过程。维生素 C 是强氧化剂，能增强身体抗病能力；维生素 C 能抑制亚硝酸胺在体内合成，有一定的抗癌作用。维生素 C 容易被热破坏，也容易被氧化，故不宜存放。由于维生素 C 性质不稳定，在光照、加热、碱性物质存在下容易被氧化，因此要注意保持水果蔬菜的新鲜、冷藏，避免长时间暴露于空气中。蔬菜要先洗后切，不宜切开后泡入水中。烹调时要急火快炒，尽量减少损失。

如果宝宝经过维生素 C 治疗未见好转，就应做血液全面检查，不宜耽误。

Q 妈妈上班后如何安排宝宝的膳食

A 妈妈上班后，要想保持母乳喂养，又要让宝宝适应新的食物，就要作出适当的安排。如果由长辈或者保姆料理，就要特别注意奶瓶的消毒问题，让宝宝学会吃配方奶，并做好辅食的制作。

（1）坚持喂母乳。妈妈上班后，到了喂奶时间就要将奶挤出用消毒的瓶子装好，存放在冰箱里，如保持在 4℃ 且在 4 小时之内可以不必消毒让宝宝直接食用。超过这个限度就可以带回家混合在辅食中，经过加热消毒让宝宝吃掉。这样就可以让妈妈继续有奶，以备万一宝宝生病时能从母乳中得到抗体，帮助宝宝康复。

（2）奶瓶问题。许多纯母乳喂养的宝宝会拒绝奶瓶，因为宝宝习惯母乳喂养时把乳头含得很深，用同样方法含着橡皮奶头就会碰到咽喉部位而引起恶心。宝宝又不习惯用勺子喂奶，他习惯连续吸吮。所以可用带有短奶嘴的饮水瓶或有短嘴的小茶壶，甚至用细长的纸杯子也可以。每次只放 20 毫升~40 毫升配方奶，杯子放在上下唇之间不拿开。宝宝喝进去一口，要吞咽几次，或者会有部分从口角流出，等吞咽干净后，再把奶倒进口内。用另一个杯子装上配好的温热的奶，等到快要喝完就赶紧添上。用杯子喝奶有许多优点，一来容易清洗，不会像奶瓶奶嘴那样容易藏污垢，宝宝不太容易患肠炎；二来早一天甩掉奶瓶，可减少奶嘴对上腭和门牙的影响。长时间用奶嘴会使上腭上拱，门牙向前向外突出，影响咬合功能和容貌。宝宝在练习时可用有弹性的一次性的杯子，习惯之后可用有两个手柄的杯子，用双手捧杯喝奶，大人帮助用手扶杯底，到宝宝完全拿稳杯子才放手。

（3）1/2咸味。1岁后宝宝的肾功能较以前有所增强，可以尝一点有咸味的食物，但是还不能直接吃大人的菜肴，要比大人吃的淡一半左右。要专门给宝宝准备食物，让宝宝先把奶喝完才能吃有一点咸味的辅食。宝宝的食量不可能恒定，有时连续几天吃得较多，有几天又吃得少些。经常吃猪肝、芝麻酱、豆腐等含铁食物后，肠道的铁蛋白载铁饱和后，宝宝就会喜欢吃另外的东西以增补另一种元素，这是一种生理现象。

Q 宝宝不会咀嚼食物怎么办

A 父母都可以参与进来，同宝宝一面玩一面练习咀嚼。可把面包或馒头切条，用慢火烤脆，大人同宝宝每人拿一条，一面吃一面夸张地咀嚼，告诉他"很香、很脆、很好吃，越嚼越甜"等。大人做示范会让宝宝有兴趣模仿，可以在吃点心时间，也可以在正餐之后，一面喝奶一面咀嚼这些脆的、有香味的好东西。宝宝会分享大家的快乐，愿意参与，这样就能逐渐学会吃需要咀嚼的食物。

Q 宝宝不爱吃菜怎么办

A 2岁前后的宝宝经常不爱吃菜，让家长很着急。2岁前的宝宝还未萌出后磨牙，咀嚼能力不足。多数家庭炒菜都把菜切成条状，炒得较脆。由于宝宝磨牙能力不足，不能咬碎这些长条的青菜，就会下咽困难，所以宝宝不愿意吃菜。最好的办法就是给宝宝做大馅的饺子和包子，用粉碎机或者刀把蔬菜切碎，包在饺子和包子里。此外，可将蔬菜切碎，做成菜粥、蔬菜炒粉或炒面。将红红绿绿的碎蔬菜和在面粉里做薄饼，或者和在鸡蛋里做摊饼，也可以和在米粉里蒸糕，如南方的萝卜糕、芋头糕等。蔬菜要做得细、软、碎、烂，才能让1~2岁的宝宝乐意接受。

Q 怎样锻炼宝宝自己吃饭

A 1岁半的宝宝很想"自己来"，有自我服务的积极性，可趁机让宝宝锻炼自己吃饭。饭前一定让宝宝认真洗手，用肥皂或洗手液认真把手指、指甲、手掌、手背都洗干净。许可宝宝用手拿东西吃，鼓励他用勺子自己吃。每次放在小碗的饭菜少些，如果他能自己吃完，就贴个小红星表示鼓励，逐渐宝宝就能自己吃完一半、大半，直到全部。在饭桌上可以给宝宝介绍哪些菜味道好，哪些菜有营养，只可鼓励和表扬，不做任何批评，使餐桌上的气氛快乐而平静。国外 15 个月的宝宝就能完全自己吃饭，不用大人喂。

不要嫌宝宝吃饭时一片狼藉，放手让他练习，就会进步很快。如果家长放手让宝宝慢慢吃，1 岁半的宝宝也能自己吃完一顿饭。

Ｑ 宝宝挑食怎么办

Ａ 宝宝在吃奶时并不懂得挑食，他之所以对某种食物喜欢或者不喜欢，一般是受大人的影响。例如当宝宝表现出对某种食物喜欢时，大人就会帮助他往盘子里夹，或者专门给他准备，过于迁就，有时反而让宝宝吃腻了，就不再爱吃了。有时宝宝遇到一种新的食物，味道很特殊，如果大人说这是很有营养的好东西，大人吃得津津有味，宝宝就会跟着爱吃。如果大人表示不好吃，宝宝就会不敢尝试，很快躲开它。遇到宝宝不爱吃的东西，家长要有耐心，要一面劝导一面改变花样。例如天天煮鸡蛋，让宝宝吃腻了，就可以改为蒸鸡蛋羹或者炒鸡蛋；如果在菜里不吃胡萝卜，就可以包在馅里。有些妈妈自己不爱吃猪肝，就不给宝宝做肝泥和炒肝，使宝宝贫血难以治愈。可以给宝宝吃买来的肝粉或罐装的肝泥，让宝宝自己吃，不过大人的榜样作用很重要。如果大人挑食，宝宝也会跟着挑食，就会使宝宝的营养不均衡，身体受损。

Ｑ 给宝宝吃脱脂奶好吗

Ａ 不可以这样做，脂肪对宝宝的发育很重要。脂类是人体组织细胞的重要组成成分。磷脂、糖脂、胆固醇和蛋白质是细胞膜的重要组成成分，可调节细胞摄入和排出营养素的量。胆固醇是合成类固醇激素的重要物质，调节人体的生理功能。胆固醇在体内可转化为胆汁酸、维生素 D 等。脂类是神经组织的组成成分，脑磷脂是神经髓鞘形成的必需物质，DHA（二十二碳 6 烯酸）可构成树突和轴突的外膜。

含油脂的食物是必需脂肪酸的来源，必需脂肪酸是婴儿生长发育的重要物质基础，尤其是对中枢神经系统的发育以及维持细胞膜的完整。

（1）供给量

婴儿的月龄越小，由脂肪供给的热能占总热能的比例越大，6个月内的婴儿脂肪占总热能的45%，7~12个月的宝宝脂肪占总热能的30%~40%，1~3岁的宝宝为25%~30%。应提供足够的必需脂肪酸，婴儿占总热能的3%，1~3岁的宝宝为1%~2%，不能低于0.5%。

（2）食物来源

要保证必需脂肪酸的量就要合理搭配必需脂肪酸与不饱和脂肪酸的来源，不能只摄入植物油脂而不摄入动物油脂，动物油脂对生长发育快的小婴儿更为重要，故不可以只给宝宝吃脱脂奶。

来源于动物性食物的脂肪，鸡肉、鸭肉、兔肉、鱼肉的脂肪相对少些，不饱和脂肪酸的含量高于猪肉、牛肉和羊肉。瘦肉和内脏含脂肪少，不饱和脂肪酸较多。植物性食物中，植物油、芝麻酱、花生酱、核桃仁等含有丰富的不饱和脂肪酸。给婴儿添加食物时，应加入适量的脂肪类食物，保证一定量的奶类，以保证婴儿的正常生长发育。

当脂肪摄入不足时，宝宝消瘦、面无光泽，会因脂溶性维生素A缺乏而引起相应的疾病，如视力差、夜盲、弱视及缺乏维生素D而致佝偻病等。当然，也不能让宝宝进食过多的脂肪。长期进食高脂肪的宝宝会肥胖、维生素缺乏、智力发育差、运动能力落后等。在冬季身体需要较多的热量保暖，或者宝宝运动量大、热量消耗多时，可以让宝宝吃一些高脂肪的食物。

■ 生活照料

专家提示

1岁半的宝宝已经能走，就应当学习在生活上的自理。例如学习自己吃饭、自己如厕、自己穿衣。虽然这些宝宝还不能完全独立操作，但是应当让他自己做一部分，逐渐减少大人的帮助，使宝宝慢慢学会自己操作。

Q 如何给宝宝做口腔护理

A 从宝宝开始长出乳牙后，家长就要注意对乳牙的保护，培养宝宝建立良好的口腔卫生习惯，保护牙周、牙龈并预防龋齿。在每次饭后，总会有食物残渣留在牙齿的周围形成软垢，这些软垢在口腔唾液中的糖蛋白与口腔细菌的作用下，会在牙表面形成牙菌斑，一些有害细菌会在牙菌斑内不断沉积和繁殖，其中的细菌一方面与食物残渣中的糖发生分解发酵，产生酸性物质，破坏牙组织，导致龋齿发生；另一方面细菌还会产生毒素，破坏牙齿周围的组织，引起牙龈炎和牙周病。如果这些软垢不及时清除，唾液中的矿物质会逐渐沉积在上面钙化成牙石，进一步刺激牙龈发炎，造成牙龈组织损伤出血和松动。因此，消除软垢、控制牙菌斑形成十分重要。

应非常注意口腔护理。在乳牙萌出后，妈妈在给宝宝清洁口腔时，可让宝宝仰卧，妈妈站在宝宝的头侧，用消毒的湿纱布缠在食指上，轻轻地替宝宝擦洗牙面。有条件时，可用指套式婴儿专用牙刷，将其套在食指上，顶端有柔软的刷毛，使用起来十分方便。这种刷牙的方式让宝宝感到很舒服，如果宝宝从小就认为刷牙是一件愉快的事，将有助于他养成刷牙的习惯。

Q 宝宝爱吮手指怎么办

A 宝宝出生后就有吸吮反射，如果大人用手指轻触宝宝的面颊，他会转头张嘴寻找，以后就会找到自己的拳头或手吸吮。当宝宝的需求未满足时，就会吸吮手指求得暂时安慰。宝宝会抓东西后，会把抓到的东西马上放入口中探索能不能吃，这又是一种求生存的觅食反射。多数的宝宝在 7~8 个月后就会分清什么能吃，什么不能吃，逐渐减少吃手指和舔吃玩具的行为。个别宝宝还会吃手指，只要不太频繁，家长就不必担心。最好让宝宝手里有玩具，或安排紧凑的活动，不让宝宝感到无聊，这样宝宝就会逐渐减少吸吮手指了。

要提醒家长注意的是，有两种情况会让宝宝已经停止吸吮手指后，再出现吸吮手指的行为。其一，是在宝宝感到不安时，如突然入托，宝宝不能适应陌生的环境。其二，宝宝在家得不到很好的照顾，例如单亲家庭，母亲忙于生活或情绪不佳，宝宝的需求得不到满足时，就会再次吸吮手指。

吮吸手指常会引起小儿上前牙前突，导致前牙出现空隙，形成所谓的"龅牙"。即产生不良的习惯，形成开颌——前牙不能咬合。使得面型、牙弓长度及高度、宽度都明显变化，还会影响发音及正常的牙齿切割功能。在2岁前，短时间吸吮手指，可以看做是正常的。建议家长注意观察并诱导孩子去除此习惯，如逐渐减少，孩子可能会停止这种不良习惯。如果这个习惯在早期结束，对咬合的影响是暂时的，如果持续或加强，则会出现牙列和颌骨的改变。

Ⓠ 怎样使宝宝主动如厕

Ⓐ 识把的宝宝会走后就会自己找便盆排泄，1岁半前后，宝宝就会跟着大人进厕所，蹬上小板凳，坐在安上小圈的坐便器上。开始时需要一些帮助，以后就能自己如厕了。冬天穿的衣服太多，有时需要大人帮助，最好为宝宝准备容易穿脱的裤子，例如用粘扣或者有拉锁的裤子。1岁半后宝宝要穿满裆裤，一来使宝宝得到衣服的保护，比较卫生；二来可以避免感染蛲虫。习惯用纸尿裤的宝宝也要在1岁左右练习坐便盆，1岁半跟着大人如厕。如果听其自然，就会有很多2~3岁的宝宝仍然离不开纸尿裤。如果宝宝的膀胱括约肌习惯于打开，就会随时排尿，所以1岁前后及早锻炼，从坐盆开始，很有必要。

Ⓠ 宝宝睡觉时打呼噜要紧吗

Ⓐ 宝宝患有慢性鼻炎、鼻窦炎、腺样体或扁桃体肥大时，由于肥大的腺体占据了鼻咽部和咽喉部，在睡觉时便会打呼噜。而且在张开口呼吸时，由于空气不能通过鼻腔，没有经过鼻腔的加湿及过滤，直接进入气管，会使这些宝宝特别容易患呼吸道感染。由于长时间呼吸不畅，身体会慢性缺氧，因此影响全身发育。如果宝宝在睡觉时打呼噜，应当到医院检查，最好到耳鼻喉科看有无上述的情况，争取早日矫治。

Ⓠ 怎样使宝宝乐意帮大人干活

Ⓐ 接近1岁半的宝宝特别愿意给大人服务。爸爸回家时宝宝会送拖鞋，让爸爸换鞋。妈妈或者奶奶在厨房择菜，宝宝会给大人送来板凳，让大人坐下。宝宝同

妈妈去买菜，宝宝会帮助妈妈把好吃的提回家。大人应当十分欣赏宝宝的服务，亲切地感谢宝宝，这样他就会越干越好。

Ⓠ 怎样使宝宝把用完的东西放回原处

Ⓐ 宝宝会帮助大人找东西，例如妈妈要用剪刀，宝宝会很快从抽屉里找到拿来。妈妈用完后一定再请宝宝把剪刀放回原处，这样下次就容易找到，这就叫做用完归位。平时宝宝的玩具也要养成用完归位的习惯，让宝宝拿东西时，让他看清楚东西放的位置，拿回来一定放回原处，才便于下次取用。良好的习惯应从这些小事开始，如果宝宝能坚持用完归位，家里就不会凌乱，样样东西都有固定的位置，就会显得井井有条。

Ⓠ 如何让宝宝懂得自律和自强

Ⓐ 宝宝从大人经常的教导和故事书中了解到什么是好，什么是坏，宝宝就会要做个好孩子，帮助人的事经常做，对别人不礼貌，或者有伤害的事就坚决不做。家长经常注意表扬宝宝的良好表现，就能让宝宝对自己不断有更高的要求。宝宝会尽量做自己的事，自己吃饭、自己穿衣、自己如厕、自己收拾玩具，尽量不让大人帮忙。在外面懂得待人有礼貌、不抢玩具、不打架、帮助比自己小的宝宝。在大人忙于家务时，会赶快过去，看看自己能做些什么，尽自己的力量帮忙，做个善解人意的好宝宝。

■ 智力开发

专家提示

　　1岁半的宝宝会走后，就会把注意力放在语言上。但是宝宝在开口后只是说一些自己编的话，谁也不知道他想说什么。如果大人听不懂，宝宝还会着急。家长一方面要更正宝宝的发音，让他记住一些词汇，另一方面要鼓励宝宝继续用身体语言，使宝宝能同大人交流，这样可以减少许多误会。

Q 宝宝为什么到 1 岁半还不开口说话

A 宝宝在 1 岁时刚刚会走几步，还未走稳，要集中注意来维持身体平衡，否则就会摔跤，所以还不能分心来学说话。大概在 18~20 个月当中的某一天宝宝会突然开口，特别爱说话，过去宝宝总是动手来表示意思，开口后家里开始有宝宝的声音，但是不知道他要说什么，要经过家长逐个字更正，让宝宝学会如何用语言表达，过一段时间才能讲出别人能听得懂的话。

Q 怎样帮助宝宝学说话

A 在宝宝 18~20 个月时突然有一天会开口，以前宝宝经常动手或用身体语言来表达，会忽然变得叽里咕噜，家里总有宝宝的声音，但是大人弄不明白宝宝在说什么。宝宝用自己乱编的语言说话，不是我们用的语言。大人的任务就是把他发出的声音变成大家都听得懂的语言。这时，一面让宝宝仍用身体语言交流，一面鼓励宝宝用大家都懂的声音来表达。所以宝宝开口后仍然有大量工作要做，大人不要将就，更不要重复宝宝错误的声音。如果大人学宝宝说话，宝宝就会受到鼓励，以为这是对的，就会坚持下去，不利于正确语言的学习。

宝宝开口不久就要让他学习背诵儿歌的押韵词，以后再让宝宝学会背诵儿歌的句子，慢慢学会一句、两句以及整首儿歌。在我们的随访中发现，会在 20 个月前背诵整首儿歌的宝宝，入小学后两三门功课都能达 95~100 分，24 个月前会背诵的都能达 90 分，36 个月才会背诵的就只能得 70~80 分或者更低。背诵儿歌需要按顺序记忆，小学 1~3 年级的功课大都需要按顺序记忆，早一点学会，等于早一点发展左脑的语言中枢。会背诵儿歌的宝宝也会按顺序背数，无论点数和拿取都比不会背诵者数得多，所以算术成绩也很好，能背诵儿歌的宝宝也同样会背诵英语单词，所以也容易学习英语。在背诵的基础上，宝宝很容易学会说 3 个字的话，从单词句很快变成三字句，说出来的话就比较容易让人听懂了。

Q 怎样使宝宝会说长一点的句子

A 宝宝学会说话，最先会说一些名词，有些名词是一个字，多数是两个字。后来加上形容词，就变成 3 个字或更多字。如小白兔、红苹果、长板凳等。1 岁后的宝宝能分清大小，认识红色或其他一两种颜色，喜欢圆形，懂得白天和晚上，也知道在门的内外，所以能恰当地用一些形容词。在会背诵儿歌前后，还能懂得代名词。会说"我的""你的""他的"，所以在 2 岁前后宝宝能说出完整的句子。如宝宝穿了新衣服，别人说"真漂亮"时，宝宝会说"妈妈买的"，或者"妈妈给我买的""兜上有熊猫"等。2 岁宝宝最多能说 16 个字的话，但有些宝宝还停留在称呼大人的水平。不过家长也不必担心，只要宝宝能听懂大人的话就可以了。一般男孩子比女孩子说话迟一些，因为男孩的语言运动中枢发育比女孩略迟，但一旦开口，很快就能赶上。

Q 怎样同宝宝对话

A 对话也是很重要的练习，家长在每天下班后都要留 20 分钟给宝宝，同他说话，让他回答问题，也鼓励他提出问题。这时宝宝说的话很简单，可能只说一两个不太连贯的字，如同打电报那样，家长应该把句子连接完成，再让宝宝多说几遍。天天练习，就能使宝宝说的话完整，会说出一个好的句子。

2 岁的宝宝应当学会自我介绍，能说出自己的名字、性别、年龄、家长姓名，逐渐记住家里的住址、电话，这些都应算是安全教育。因为万一宝宝走失，能做自我介绍的宝宝就有可能更快得到帮助。不过也要让宝宝有防范意识，只能告诉信得过的人，不能让坏人知道自己家庭的住址和电话，否则会被坏人利用。

2 岁的宝宝能理解许多事，但是能说出来的有限，练习的机会越多，语言能力就越好。与同龄人接触能提高语言能力，但是家长的作用最为重要。注意与宝宝说话的家长，就能培养出会讲话的宝宝。

Q 如何让宝宝认识汉字和数字

A 在每天晚上给宝宝朗读故事时，宝宝会看着书上的图和文字，看多了就会认识其中的几个重要汉字，如书名、主角的名字或样子特别的汉字。家长可指着某几个汉字看宝宝是否认识，把宝宝能读出来的汉字写在字卡上，离开图和固定的位置，看宝宝是否能记住。这样宝宝慢慢就会有一沓认识的字卡，每天晚饭后让宝宝复习一遍，等到晚上听故事时再复习一遍，然后再找几个宝宝喜欢认识的汉字，增加新的字卡。已经很熟的字卡可以用橡皮圈捆起来留到周末再复习，平日复习还未巩固的生字，用这样的方法就可知道宝宝已经认识几个汉字。要注意，每天只增加1~2个，像玩一样，不让宝宝感觉厌烦，如果让宝宝认字太多，宝宝就会拒绝认字。凡是已学会的，到周末一定要复习，如果太长时间没复习，就很容易忘记。认识的字很多时，就可以分两三批来复习，只有经常复习才能让宝宝记住。

1岁半后，宝宝也会注意到数字，例如看大挂历时，宝宝最容易记住数字1和8。1好像铅笔，也像食指，宝宝知道伸出食指表示1，所以特别容易学会。宝宝会注意到8，它好像两个葫芦，宝宝喜欢它的形状，所以容易学会。

在宝宝自己拿笔乱涂时，如果大人注意，就会在宝宝乱涂中发现一些竖直的小道道。如果大人惊讶地说"宝宝会写1啦"，宝宝这时注意到自己无意中写出来的小道道，他会故意多写几次，这样宝宝就会写1了。有时宝宝会无意中画出个小弯像个2或者3，大人稍为帮助一下就会更像。这样宝宝就会跟着学，很快就能学会写另一个数字。不过这种偶然的写字就像游戏一样，只能在宝宝高兴时进行，不要强迫宝宝。如果一定要让宝宝写，他就会不耐烦了。让宝宝在游戏的状态下，高高兴兴地玩，顺便学到一点就可以了。

Q 怎样让宝宝背诵儿歌、 学用代词

A 宝宝开口不久，如果以前能背诵儿歌的押韵词，很快就能学会背诵整首儿歌。会背儿歌的宝宝就能参加到宝宝们背诵的行列中，成为他们中的一员，会使宝宝十分自豪。背诵儿歌是古今中外儿童必经的阶段，表示宝宝能按照顺序记忆，这是一切学习的基础。我们在跟踪随访的过程中发现，早学会背儿歌的宝宝在上小学时学习成绩突出，所以不能等到入幼儿园才开始学习背诵儿歌，应该提早让宝宝学会。

在宝宝学习背诵儿歌的同时，要让他懂得"我、你、他"的意义。如果宝宝穿了漂亮的衣服，或者拿了一个好看的玩具，大人可故意问："这是小岗的吧?"宝宝会马上反对说："我的。"如果不会说"我的"就会说自己的名字，或者用手拍胸脯表示东西是自己的。在家宝宝知道小的拖鞋是自己的（我的），中间大小的是妈妈的（你的），最大的是爸爸的（他的），公用的是大家的。让宝宝知道东

西的所属，学会用代名词。

Q 怎样通过背诵儿歌学会背数

A 1 岁半过后，大人可以教宝宝背诵有数字的儿歌，如：

一、二、三，爬上山，

四、五、六，翻跟斗，

七、八、九，拍皮球，

伸开手，十个手指头。

宝宝念第一句时，伸出 3 个手指；念第二句，伸出 6 个手指；第三句伸出 9 个手指；最后一句双手摊开，就有 10 个手指。这样宝宝就会模糊地懂得 3、6、9 和 10。自己做动作能加深印象，有利于学习背数。

Q 怎样通过游戏让宝宝认识高、矮

A 宝宝们喜欢比高矮，两个宝宝可以背靠背，头上放一本书，书在谁的头上翘起来谁就是高个子。

宝宝可以给玩具按高矮排队，最高的排第一，中间的排第二，最矮的排第三，让他开始懂得数的排序。

宝宝可以用小碗量米、量水，用小桶量沙土，学会用玩具做量具来做比较。

Q 怎样使宝宝认识空间方位

A 会走的宝宝很喜欢替妈妈拿东西，会从上面的抽屉里拿到剪刀，从下面的抽

屉里拿到袜子；在宝宝同爸爸一起搭积木时，懂得放在前面还是放在后面，如果下面不稳就会塌下来；在拼图时，宝宝自然会把动物的头放在上面或者前面，把脚放在下面或者后面，把房顶和有天空的片块放在上面，把房门口和土地的片块放在下面。2岁之前，宝宝就会拼上切分两块的拼图了。通过日常的活动和游戏，宝宝能分清上下、前后、里外等不同的空间方位。

Q 宝宝怎样用自己的方法学数数

A 宝宝到2岁时，就会自己背诵数数，可以数到40，跳蹦蹦床数数是宝宝们最喜欢的游戏，自己一面跳一面数。但是点着数手指，或者点着数积木就只能数到5~10。如果让宝宝给大人拿东西，最多只能拿3个，拿到4个就数不过来了。不过宝宝能看出来如果从他拿的3个中取走1个，知道剩下2个，再拿走1个就知道还有1个，还给他1个就知道有2个。就是宝宝懂得3以内的数。比3再大的就会数不过来，不过宝宝有一种自己的比较方法，例如比较谁手里的花生多，他会用1对1的方法排起来比，每次每个人只拿1粒花生排好，总是1对1，看谁排到最后多出来，谁拿的花生就多。所以宝宝能做比3大的比较。

这就是1~2岁宝宝们对数的认识，如果家长有意引导，就会做出更多的游戏花样来，使宝宝在游戏中无意地学到数数。

Q 怎样教宝宝认路回家

A 如果妈妈经常到菜市场买菜都带着宝宝走着去，1岁半的宝宝就会给妈妈带路，从菜场走回家。许多妈妈都愿意把宝宝放在手推车上，如同货物那样把宝宝推着走，这样会使宝宝失去主动认路的机会。到了菜市场就更是宝宝认识事物的好场所，宝宝会记得糖放在哪里，好吃的饼干在哪个架子上，宝宝会帮助妈妈去拿。让宝宝认识多种蔬菜和水果，能丰富宝宝的眼界。回家时让宝宝走在前面带路，会发现原来宝宝真是很能干的，能准确地找到需要拐弯的路口，也能找到正确的门口，甚至会按电梯按钮到自己的家。不过经常骑车带着宝宝，或者妈妈自己开车带宝宝去菜市场，就不如带着宝宝走着去容易让宝宝认路。因为坐在车上，视野不如自己走那样清晰。走着去时妈妈可以一面走一面让宝宝记住一些标志，方便宝宝认路。

Q 宝宝能认识颜色吗

A 2 岁的宝宝能认识 3~6 种颜色。宝宝要用 3 个月才真正学会认红色，因为宝宝以为一个名字是指一件东西，宝宝只肯认第一次大人告诉他的某一个东西是红色的，其他的他并不接受，要经过多次练习。尤其是让宝宝看一堆全是红色的，另一堆全是其他杂色的，让他逐渐理解红色是一个共性概念。在他还未弄懂之前，不要教他认其他的颜色，等到他能指出，或者从许多杂色的玩具中把所有的红色东西全都挑出来，没有遗漏才算学会。不一定要求宝宝说出颜色的名称，因为 2 岁的宝宝语言的表达经常词不达意。宝宝学会认识黑色大概需用 2 个月。

Q 怎样让宝宝认识黑色、 白色和正方形

A 如果宝宝能够熟练地拣出红色的玩具，在大人问时能指出多种红色的东西，确实已经认识红色，就可以让宝宝学认黑色。因为黑色的东西很多，而且有宝宝喜欢的电视遥控器、录音机等东西。宝宝能理解共性概念，学起来就不会太费劲，1~2 个月就能学会。与此同时，宝宝已经会认识圆形，再用同样方法认识正方形就会比较容易。

再认识白色，用 1 个月就可以了。因此学得快的宝宝在 1 岁半时认识红、黑、白 3 种颜色；1 岁半后学会认识黄和白的区别，在菜场认识绿色的蔬菜，在户外学会区分绿色和蓝色，所以部分 2 岁的宝宝能认识 6 种颜色，至少也能认识 3 种颜色。

1 岁宝宝能认识圆形。用三形板练习在 1 岁半前能认识方形和三角形；用六形板在 2 岁前能再认识半圆、长方和椭圆形。在认识图形时，宝宝会注意到物体的轮廓，因此能按照轮廓找到相匹配的穴位，就很容易做镶嵌图形的游戏。注意到物体的轮廓对以后的画画也会很有帮助。

Q 怎样让宝宝认识自己的身体部位

A 宝宝能认识自己的4~6个身体部位，自己能知道它们的功能。如捂住眼睛，什么都不能看见；捂住鼻子就闻不到花香；捂住耳朵就什么都听不见；捂住嘴巴就不能吃东西了，宝宝也知道嘴巴也能说话，捂住了就说不出来了。以后宝宝也知道脚能走路，手能做事。宝宝对自己的身体部位有所了解，就会逐渐懂得要好好保护每一个身体部位。

Q 怎样让宝宝认识物名并按用途分类

A 宝宝对认识的东西了解一个最简单的功能就可以，例如皮球是用来玩的，苹果是用来吃的，衣服是用来穿的，肥皂是洗手用的。宝宝在认识其名称后，就要了解它的主要功能，就可以按照自己的理解把东西分成吃的、穿的、用的、玩的等，使宝宝的认识上一个台阶。

Q 怎样让宝宝认识动物的特点

A 宝宝很喜欢记认一些动物，他常常会注意到动物外形上的特点，例如：小白兔的耳朵很长，大象的鼻子很长，长颈鹿的脖子很长等。又如宝宝也会注意到动物的尾巴，他会看出兔子的尾巴短，猫和猴子的尾巴长；猪的尾巴爱绕圈，狐狸和大灰狼都有毛茸茸的大尾巴。鹿的头上有像树枝那样的角，乌龟的背上有很大的壳，遇到危险时可以全身缩在里面。

大人可以经常给宝宝用图书讲故事，让他加深印象，增长知识。

■ 动作训练

Q 让宝宝成天在外面玩好吗

A 有些家长不让宝宝到外面玩，害怕宝宝到外面不卫生，同不认识的孩子玩会学坏、会骂人，因此把宝宝关在家里。其实，宝宝正在生长旺盛时期，需要较多的运动才能促进骨骼、关节、肌肉的发育。经常运动能提高灵活性和应变的能力，促进全身的新陈代谢。由于运动是在神经系统的统一指挥下，所以运动也能促进大脑和神经系统的协调性和灵活性。运动能增加营养物质的消耗，促使胃肠的蠕动，增加消化液分泌，提高消化吸收能力，使宝宝食欲增加，身体强壮。在锻炼时身体需氧增加，肺活量增大，血液循环加快，使心血管系统功能加强，会提高对外界的适应性和抵抗疾病的能力。

在户外运动会使宝宝享受群体快乐，学会与同龄人相处。不要怕宝宝变野了就把他关在家里，应让宝宝到孩子们当中去玩，家长给以适当的保护就可以了。

Q 怎样让宝宝走平衡木

A 2岁宝宝可以先练习走马路牙子，或者在家里画出两条线，在线内练习来回走，学会走直线。熟练后可以让宝宝自己走砖排，或者走一条放在地上的木板。完全能走后才由大人牵着在平衡木上练习。平衡木宽20厘米、高15厘米、长为2米。可以在家里找到适合的木板放在纸箱上，或者把结实的纸箱子排成条让宝宝练习。走平衡木是让宝宝习惯于在空中能维持身体平衡，使宝宝敢于上高。有些2岁的宝宝很喜欢自己走平衡木，就可以让他进一步学习走出花样，例如把双手向两侧展平或者双手提着篮子走，或者放一本书在头上，看走完一程是否能不掉

下来，也可以双手拿着铃铛，看铃铛是否作响。如果宝宝能保持身体平衡，走得很稳就会做得到。

Q 怎样同宝宝玩球

A 宝宝首先要学会从肩部向外抛球，如果不把手抬到肩部，只从手原来的位置向前抛球，就不能抛得远。其次要让宝宝学会接球，开始时只让宝宝接住从地面滚过来的球，然后抛给妈妈。妈妈再让宝宝接住反跳的球，经过地面的缓冲，宝宝容易接住。最后再让宝宝接住从0.5米处抛来的球。妈妈可小心地把球抛到宝宝准备好的位置，就是在宝宝的肩下和膝上之间，让宝宝接住。如果能接得很好，妈妈就可以后退，逐渐拉大距离。

注意开始时一定不可以太难，要让宝宝接得到，有了成功的喜悦才能让宝宝有兴趣玩下去。皮球不可以太硬，以免使手指碰伤。如果爸爸能参加就更好，可以站成三角形，让宝宝学会向不同的方向抛球，也可接到不同方向抛来的球，使宝宝的适应性提高。玩球能使身体各个关节协同动作，灵活多变，又有趣味，是一种很好的健身运动。

专家提示

宝宝能拿稳一些东西，就可以开始做动手的游戏了。 可以让宝宝练习一些技巧性的活动，如穿珠子、图片镶嵌等。 可以同宝宝用铲子玩沙土，这样就能使他逐渐熟练地拿好勺子，对自己吃饭有帮助。 宝宝还可以拿笔乱涂，逐渐就能有目的地画点和线，为以后画写打基础。

Q 如何让宝宝练习画写

A 宝宝学会正确握笔之前，就能开始画画，会用手掌蘸水在地上按出许多手印，也会用脚在地上走出许多脚印。最精彩的是用食指蘸颜色画出瓶子里的糖果和树枝上的花瓣。家长可以同宝宝联合作画，要求宝宝用食指在大人用铅笔圈上的地方按出花瓣。在家里可以用卫生间的一面瓷砖墙让宝宝画画，可以用刷子、抹布或者旧的毛笔蘸一些淡的水彩或者墨让宝宝抡开胳臂大胆地画。在户外，家长可以同宝宝一起用小石头或者小树枝在沙土地上画画。

如果在室内，要给宝宝找高度合适的桌子和椅子，可在桌子上铺上几层旧报纸，然后把大张的白纸放好，用不干胶固定。让宝宝用左手扶着纸，右手用3个手指拿稳大蜡笔或者油画棒，大人握着宝宝的小手教他画点和线。大人松手后，宝宝经常会使劲地画，把纸扎出许多洞洞，或者左手离开了桌面，纸张都掉在地上，直接画在桌子上。需要经过多次练习。宝宝一旦发现纸上有痕迹，就会很兴奋。这时，可以进一步要求宝宝在烧饼上点芝麻（在大人画好的大圈内画点），不要让芝麻点落在烧饼外面，使宝宝学会有目的地画点。

另外，宝宝很喜欢同妈妈比赛，一起画头发，看谁画的头发长，也喜欢随意画一些弯线缠绕成团。此时期称为涂鸦期。此阶段可让宝宝练习手腕的动作协调并培养画画的兴趣。大人要经常欣赏宝宝的涂鸦杰作，可以在里面找到可表扬的地方。例如，有一次，一位奶奶看到宝宝画了一条道道，高兴地说："宝宝会写1啦！"宝宝就高兴地多写几个，果然从此就学会写1。另一位22个月的宝宝，随意画了一条斜线，自己说"滑梯"，大人当场为他鼓掌；过几天又随意连续画几道斜线，说"刮风"，得到再次表扬后，又画了几团弯曲的小卷，说"奶奶的头发"。看来这位宝宝开始会解释自己的涂鸦，向着有目的去画的方向前进了。

Q 怎样教宝宝用勺子舀大枣

A 可准备大小两个碗，在大碗里放 5 个大枣，让宝宝用勺子将大碗里的枣舀到小碗中。如果宝宝用勺子不太灵便，许可宝宝用手帮助。妈妈也可以在旁边用勺子舀枣，让宝宝看着妈妈怎样做，等到宝宝已经熟练一些后，就可以两人比赛，看谁先把大枣舀到小碗，又再把小碗里的大枣舀回大碗里。宝宝到 2 岁就一定要自己吃饭了，如果用勺子很方便就会容易自己操作，如果不方便，自己吃饭就会感到困难，因此练习用勺子是很必要的。

■ 社会交往

专家提示

会走的宝宝很需要有社会性的交往，不能把宝宝总是关在家里。最好让宝宝多认识同龄人，在同龄人当中互相学习。如果在社区里有亲子园，最好让宝宝参加。亲子园的活动是母亲同宝宝一起参加的，不会使宝宝有分离焦虑感。宝宝经常见到同龄的宝宝，就会彼此打招呼，彼此用身体语言交往。在老师的帮助下大家一起做游戏和学习。经常参加亲子园活动的宝宝会逐渐不怕生、敢于同别人用身体语言交流，敢于在众人面前说话和表演节目，性格也会比较开朗，便于以后进入幼儿园。

Q 为什么要让宝宝学会照料布娃娃

A 首先让宝宝爱护布娃娃，不要随便把它扔在地上，要把娃娃当做自己的小弟弟或者小妹妹去照料。如果一时不小心把娃娃掉在地上，也要马上抱起来哄哄，看哪里摔痛了，给他揉揉，表示关爱。要让宝宝学会喂他吃饭，给他盖被等。有些家长认为玩娃娃是女孩子的事，男孩子玩娃娃就会变得女性化，失去阳刚之气。但是照料娃娃是让孩子学会像妈妈照顾自己那样去照料别人，培养爱心，学会关怀别人，这种人性化的教育无论男孩女孩都同样需要。在人际交往中，首先要学会关心别人，站在别人的角度来为人着想，有了这种心态，人与人之间才能有真正的关心并建立长期的交往。否则难以建立团结互助的人际关系。

Q 怎样使宝宝乐意为他人服务

A 刚会走稳的宝宝，特别乐意为大人服务，如爸爸刚进门，宝宝就会把拖鞋拿来，让爸爸感到欣慰；宝宝跟着妈妈上菜市场，也会帮着妈妈把好吃的菜提回家。宝宝这些乐于助人的好事都会得到大人的称赞，得到夸奖的宝宝会更加乐意为大人服务。这些事虽小，但是可以培养宝宝善于助人、会替人着想、有预见性的优点。例如妈妈在炒菜时，宝宝会找个盘子来盛，经常帮厨的宝宝就能知道何时需要酱油、醋或其他调料；又如爸爸正在

修理车子，宝宝会主动找出钳子和改锥等要用的工具来，每次服务都能让宝宝增长见识和本领，使宝宝逐渐能成为大人的好助手，将来能与别人配合，主动为别人服务，养成甘当下手，谦虚、勤劳、机灵等好性格。

Q 在家里做游戏拉大圈有什么益处

A 茶余饭后，不妨在家做一些小的集体游戏，例如，全家人手拉手随着音乐节拍向一个方向走，到音乐的某一个段落停顿一会儿再向另一个方向走。如果家里有奶奶爷爷或者其他的亲朋好友，也可让他们加入，这样圈子就会大些，快乐的气氛也会好些。玩拉大圈游戏，能使圈里的人感觉到自己是圈内的成员，有归属感，增加团结的气氛。在家里经常玩拉大圈的宝宝，进了亲子园后比较容易跟随老师和小朋友一起玩，容易合群。从来未玩过拉大圈的宝宝，没有感受到拉大圈

的好处，往往会躲在一边，不敢进入群体，自己既没有兴趣，也会给人一种格格不入的孤僻的不良印象，因此在家里要做这种群体游戏，帮助宝宝易于进入群体。

Q 宝宝过于依恋妈妈怎么办

A 宝宝依恋妈妈是正常的现象，一般从 7 ~ 8 个月起到 1 岁半达到高潮，2 岁半后逐渐减轻。依恋情感的建立对宝宝的心理发育十分重要，与依恋对象产生感情，宝宝会感到温暖、安全、身心放松、有信赖感，这样宝宝才能放心大胆去适应环境、探索环境以及与他人建立亲密的关系，能对他人产生信任，宝宝的心理生理才能得到正常发展。如果宝宝没有固定的依恋对象，不能产生正常的依恋关系，宝宝就会变得孤独、缺乏温暖及安全感，宝宝会产生紧张、焦虑、恐惧等不良心理反应。宝宝就不能放心地探索周围环境，难以对周围的人产生信任，影响正常的生理心理发育，甚至会成为日后心理疾病的隐患。

在依恋期间，宝宝会整天缠着妈妈，无论入厨房、上卫生间都要跟着，弄得妈妈很不耐烦，免不了训斥几句。这样会使宝宝十分伤心，他会认为妈妈不爱自己了。应适当满足宝宝要求，需要时抱抱他，要进入卫生间就让他进来。但是不可以抱着不离手，有时可让他等待片刻，使他有一定的承受力。平时让宝宝多与爸爸亲近，也应习惯与周围人亲近，免得妈妈有事离开时宝宝过于焦虑。

Q 宝宝蛮不讲理怎么办

A 1 岁多的宝宝会认为我的玩具是我的，你的玩具我喜欢也是我的，于是伸手去拿别人的东西。当别人拿回去时就会大哭不止，好像受到欺负。家长认为宝宝太霸道，就会训斥几句，弄得宝宝十分委屈。原来这是 1 岁半前后宝宝的行为特点，宝宝以自我为中心，分不清物品的归属，认为自己喜欢的就是自己的。等到宝宝分清楚归属关系，就不会这样了。

这时家长可以转移宝宝的注意力，拿一件更好玩的玩具吸引宝宝，让他不再注意别人的玩具，然后赶快归还给别人。平时在家要不断地让宝宝知道物品的所属，如不能打开爸爸的抽屉，以免丢失文件。妈妈的柜子也不可随便乱翻。宝宝可以随便拿自己的东西，逐渐养成归属感。

千万不可严厉斥责，如果强迫宝宝交出玩具有困难，可以同玩具所有者的家长商量，可否交换玩具，或借用两天，大多数家长也不会反对，因为孩子对自己玩熟了的玩具也不会特别在意的。

■ 常见疾病防治与预防保健

专家提示

会走的宝宝经常自己到处去，接触的人多、摸过的东西也多，受到感染的机会就会大些。好在大一点的宝宝抵抗力比小的宝宝强些，家长要注意宝宝的动向，不让他到人多杂乱的场所，注意经常洗手，不在大街上随便吃东西，以免宝宝感染疾病。

Q 宝宝患风疹怎么办

A 风疹是由风疹病毒通过呼吸道传染的，冬末春初发病，多见于学龄前儿童。在感染此病毒后潜伏 10~21 天，然后出现中度发热，有感冒症状，发热 1~2 天出现斑丘疹，从面部到躯干及四肢，一天内出齐，手掌足底无疹。同时耳后、枕部、颈后淋巴结经常肿大，耳后淋巴结肿大可作为诊断依据。皮疹在 2~3 天可消退，退后无色素留在皮肤表面，也无脱屑，出疹后 5 天无传染性，也无并发症，所以对儿童的影响不大。

患此病应非常注意照料儿童的教师、生活照料人及家庭成员之间的传染问题。女性如果在妊娠早期感染此病毒，胎里的宝宝就会患白内障、先天性心脏病和先天性耳聋等疾病。现在鼓励儿童在 1 岁半应当复种麻疹弱毒疫苗时，接种麻、风、腮 MMR 三联疫苗，保护期为 11 年，到 12 岁再接种第二针，简称为 MMR 基免二针法。如果孕妇已知在怀孕 4 个月前感染了风疹，许多医生都主张终止妊娠，以免生出缺陷儿。

Q 宝宝抽风怎么办

A 由于宝宝的神经系统发育还未成熟，兴奋容易扩散，经常由骤然高热引起抽风。其次是神经系统本身的疾病，如脑膜炎、脑炎、脑外伤、颅内出血、肿瘤、癫痫，或者血液内电解质不平衡、高或低渗脱水、低血糖、药物和食物中毒等都会引起抽风。

发生抽风时，宝宝双眼固定、上翻，屏气、意识丧失、牙关紧闭、面色由白变青紫、头向后仰、四肢及面肌不停抽动，口吐白沫或有痰声，经历几秒到几分钟，有时反复发作，或者持续一段时间。也有些抽风十分短暂，眼斜视一方或在玩中突然不动，东西掉地，家长不一定发觉就过去了。

在宝宝抽风时，家长首先要冷静，让宝宝平躺下来，头偏一侧，以免痰液吸入气管发生窒息。用手指甲掐入人中穴（鼻唇沟上 1/3 处），如果合并高热，就要马上退热，待止抽后及时到医院就诊。如果过去有过高热抽风，就应在开始发热时服用退热药，以防因发热再次抽风。如果抽风不止，就应就近呼叫急救，立即在附近控制抽风，防止大脑缺氧，留下后患，抽风停止后再到医院检查处理。

每个妈妈一定要学会物理降温的办法，用冷水敷头，甚至可以用冰水，或者放冰水在热水袋内当枕头用。用酒精或白酒对水，用小毛巾给宝宝擦拭四肢。做擦浴时，要用毛巾盖着宝宝，以免蒸发太快而着凉。

Ⓠ 为什么要接种麻、 风、 腮联合疫苗

Ⓐ 麻风腮疫苗 MMR（Measles，Mumps，Rubeola）是由 3 种病毒疫苗株混合而成的三价减毒活疫苗。接种后可以同时预防麻疹、风疹和腮腺炎 3 种疾病。由于其安全性好，效果与单价疫苗一样，所以近来应用较多。目前我国有进口和国产两种，在北京已纳入计划免疫程序，当宝宝已经完成第一次麻疹疫苗注射后 10～14 个月内，应该复种麻疹疫苗时，就用 MMR 代替单纯的麻疹疫苗，可以同时预防 3 种疾病。如果宝宝对鸡蛋及新霉素过敏，就不能接种 MMR；如果宝宝在近期内接种过人丙种球蛋白或输过血，就应在 3 个月后再接种 MMR，以免接种失败。

接种 MMR 一次后，抗体有效保护期可达 11 年以上，宝宝在 1 岁半后，距离第一次接种麻疹疫苗 10～14 个月，就应接种 MMR 疫苗。

Ⓠ 宝宝被狗咬伤怎么办

Ⓐ 目前，狗已成为十分时尚的宠物，但狗可传播一种极其可怕的疾病——狂犬

病。有时猫也可传播这种疾病。危险的是有些疯狗还处于疾病潜伏期，还没有出现症状，可是涎液中已存在可致命的病毒，一旦被这种狗咬后不及时求医，则预后恶劣。因此，一旦宝宝被狗咬伤，应当按疯狗咬伤处理，切勿麻痹大意。应立即用20%的肥皂水或清水持续冲洗伤口，至少半小时；随之用70%的酒精涂擦伤口后包扎。现场无水源时，可临时用小便冲洗创口。这样可使病毒吸收减少到最低限度。同时，应向急救中心呼救，并到当地防疫站注射狂犬病疫苗，越早越好。狂犬病免疫血清是一种被动的抗体，进入体内可直接中和病毒。

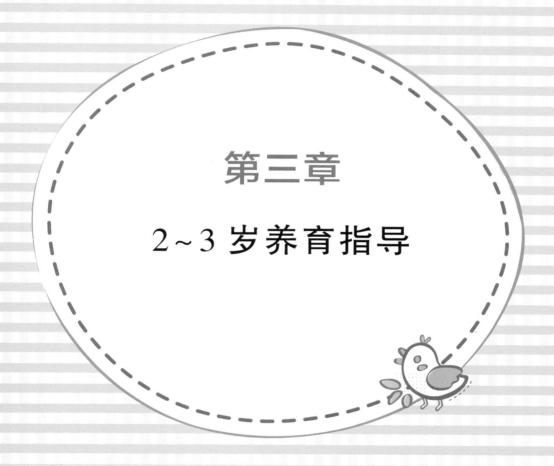

第三章

2~3岁养育指导

2 岁后的宝宝语言发展最快，经常会提出问题让家长回答。宝宝能记住大量的词汇，也能认识许多新事物，这段时间是人一生学习能力最佳的时期。家长不要冷落宝宝，要尽量回答宝宝的问题，以提高宝宝的语言和认知能力。

　　应要求宝宝主动使用礼貌语言，养成良好的语言习惯。宝宝的艺术天赋渐渐开始显露，家长应细心观察，抓住苗头给予表扬和巩固，做好专业训练的准备工作。

　　3 岁前的宝宝已比较成熟，能听话，也会表达自己的需要。对于事物的印象清晰，自己吃饭、如厕、穿衣服，这些都做到后，再学会安全分离，这样入幼儿园就不困难了。

2 岁~2 岁半

■ 生理指标

24 个月	男 孩	女 孩
体重	均值 13.19 千克±1.48 千克	均值 12.60 千克±1.48 千克
身长	均值 91.2 厘米±3.8 厘米	均值 89.9 厘米±3.8 厘米
头围	均值 48.7 厘米±1.4 厘米	均值 47.6 厘米±1.4 厘米

■ 发育状况

1. 2~3 岁的幼儿已进入口语表达飞速发展的时期，这个阶段幼儿的语言能力会产生一个质的飞跃。他们有了更多的生活经历和对万事万物的认识，逐渐能够把话说完整，而且比较有条理。

2. 2 岁以后，幼儿进入模仿和创造能力飞速发展的阶段。他开始惟妙惟肖地模仿家庭成员的一举一动，他能像爸爸一样站立、行走，能像妈妈一样说话、微笑，他会越来越巧妙地摆弄玩具，并能用形容词组词造句。

3. 到 2 岁半左右，幼儿已经能够跑得比较稳了，跑时动作较协调；能够双脚连续向前跳 3 米~4 米远，原地跳 10~20 次；喜欢玩更刺激的游戏，对脚踏的三轮车很感兴趣，很快学会而且骑得很快。要告诫幼儿不要在马路上骑车，以防发生车祸。

4. 到 2 岁半左右，在大人的鼓励下可以用 10 块积木搭高楼或电视塔，同时还能用 3 块方木搭成有孔的"桥"。

2 岁的幼儿最难带，最易出事。因为他们已具备相当的能力，又有自己的主意。为此，父母要经常检查幼儿的玩具是否安全，缝线是否开始变松，车轮是否松动；幼儿爱爬、爱藏的地方是否有钉和刺；楼梯口、窗台及阳台是否有安全措施等，以消除隐患，确保安全。

■ 饮食营养

2 岁时由于宝宝最后的 4 颗磨牙还未萌出，还不能咀嚼过于粗糙和过硬的食物，虽然能与大人一起吃饭，但是仍要为宝宝准备煮得较软、剁得较碎的食物。宝宝每天三餐，在上下午两餐之间要有一次吃点心时间，可以吃一些水果、半流体食物以增加热量。晚上睡前最好喝一次牛奶，这样不仅可以增加营养，而且能使宝宝较快入睡并睡得踏实。

Q 应当怎样安排宝宝的膳食

A 满 2 周岁宝宝食谱举例

早餐鲜牛奶 200 毫升、鸡蛋 1 个（50 克）、薄饼（面粉 20 克、大葱 5 克）

10 点 桃子 1 个（30 克）、饼干 10 克、鱼肝油 3 滴、钙剂 400 毫克

午餐 米饭（大米 50 克），炒腰花（腰子 30 克、青椒 50 克），豆腐（30 克）、生菜（40 克）做汤

3 点 牛奶 200 毫升、小点心 1 个

晚餐馄饨（面粉 50 克、肉末 30 克、虾米 5 克、大葱 20 克、油菜 50 克），甜橙 1 个（50 克）

本食谱中去掉了晚上睡前的一次牛奶，如果宝宝仍需要，可以把牛奶放在睡前，下午 3 点改为豆浆。本食谱可让宝宝每日摄入 1200 千卡热量，40 克蛋白质。早餐占热能的 25%，午餐占 35%，上下午点心各占 5%，晚餐占 30%。家长可本

着同类食物互相调整的原则，制定一周的食谱，使膳食品种多样化。

Q 怎样才能让宝宝爱吃蔬菜

A 蔬菜富含维生素、矿物质和膳食纤维，是食物中不可缺少的部分。由于宝宝的磨牙还未萌出，或者刚刚萌出但是咀嚼功能还未完善，让宝宝咀嚼家里炒的青菜是有困难的。因此比较方便的是用刀剁碎或将用粉碎机弄碎的蔬菜包在饺子或包子里，以方便宝宝食用。也可以将蔬菜切成宝宝能拿着吃的形状，让宝宝拿着吃；把蔬菜做成红绿串，如胡萝卜和莴笋或者白萝卜、山药等穿起来蒸熟，蘸调料吃；做成蔬菜碗，如把小南瓜、青椒、西红柿等当做小碗，把宝宝爱吃的食物装进去，让宝宝参加制作，引起兴趣。也可做成水果蔬菜沙拉，拌上沙拉油在吃点心时间同宝宝一起吃。

Q 什么营养素与宝宝的智力有关系

A 营养是智能的物质基础，如果营养物质缺乏，就会出现智能缺陷。营养在婴幼儿期非常重要。

（1）叶酸

叶酸是构成细胞核中核酸的原料，是所有细胞分裂必需的物质，婴幼儿大脑和身体的成长都特别需要，缺乏时脑细胞数量不足，会影响智力。身体的成长、新细胞的构建也都需要叶酸，细胞核的核苷酸中胸腺嘧啶就需要叶酸才能构成，它是遗传物质基因中不可缺的主要成分，所以它是很重要的益智食物。缺乏叶酸，会使造血细胞合成困难，因而易患营养性大细胞贫血。症状是宝宝少哭不笑、表情呆板、运动落后、没有认知欲望以致智力落后。应马上注射维生素 B_{12}，口服维生素 C 和叶酸，会很快见效。但是一定要马上供给辅食才能巩固疗效。叶酸在新鲜的蔬菜水果中都存在，但是储藏、加热就会损失。应鼓励宝宝多吃新鲜的蔬菜水果，最好生吃。

（2）蛋白质

蛋白质是机体生长的物质基础，无论体细胞、脑神经细胞、神经纤维和突触的形成都需要蛋白质。

蛋白质由不同的氨基酸组合而成，共有 20 种，其中牛磺酸能促进神经元的成熟分裂，增进突触形成，对智力和记忆力都有关系。

（3）不饱和脂肪酸

婴幼儿的大脑在发育过程中需要脂肪酸，如亚麻酸、亚油酸、花生四烯酸等。头一次榨的植物油和鱼油中含有非常好的不饱和脂肪酸，可以构成髓磷脂，成为核膜、细胞膜、溶酶体膜及神经髓鞘。幼儿与成人不同，需要高脂肪和高胆固醇的膳食，肉类和禽类的脂肪含饱和脂肪酸，会引起动脉硬化，最好用橄榄油、豆油、花生油、葵花子油、芝麻油、核桃油、玉米油等植物油，不用棕榈油和可可油，因为这两者是植物油中的饱和脂肪酸。动物油中最好的是鱼油、海产动物油，最好的含胆固醇食物为全脂奶、鸡蛋、奶制品、动物的肝脏和脑、鱼类及其他水产动物。

神经系统以髓磷脂为主要的构成物，髓磷脂是由不饱和脂肪酸、磷脂、糖脂、胆固醇和蛋白质组成，脑组织中含磷脂最多，为肝和肾的 2 倍，为心肌的 3 倍。胆固醇还是体内合成类固醇激素和婴幼儿皮下经太阳紫外线照射合成维生素 D 的原料，因此幼儿不能缺少。

（4）热能

葡萄糖是脑细胞生存和活动的能源，脑细胞分类和增殖都需要能源。在脑组织中葡萄糖和糖原储备极少，只够用几分钟，全靠血液中的葡萄糖供应。人体热能摄入充足，则精力充沛，思维敏捷，反之就会疲劳，反应迟缓。幼儿和成人在血糖不足时会马上引起脑功能障碍而导致昏迷。

酒精对脑功能有较大的影响，乙醇可形成乙醛，与多巴结合生成四氯异喹啉起假递质的作用。长期饮用 10% 酒精，细胞核及线粒体上的 RNA 合成减少，脑中蛋白质合成将降低。

过年过节时家里有人喝酒，宝宝也要尝尝，但父母最好不要让宝宝尝。因为宝宝肝脏的酶系统不发达，难以解毒，喝进去的酒变成乙醛后留下的毒害比成人大若干倍，能降低宝宝的专注力和记忆力，使宝宝学习费劲，也容易患多动症。

（5）维生素

B 族维生素对脑的发育较重要，B_1 是糖代谢中的辅酶，缺乏 B_1 时丙酮酸和乳酸不能进一步代谢，堆积在脑中，会使脑功能降低，出现神经衰弱症候群，如全身无力、烦躁、食欲减退、焦虑不安、记忆减退、思维迟钝，还会出现脚气病。

维生素 B_2 是核黄素,其缺乏时会降低铁的吸收和储存,核黄素降低时,铁也会不足,间接影响智力。

维生素 B_6 是脑内重要的抑制性神经递质 r-氨基丁酸生成的催化剂,缺乏维生素 B_6 时神经兴奋性升高,可诱发惊厥。

维生素 B_{12} 参与胆碱和磷脂的形成,直接影响脑的发育与功能。叶酸得到维生素 B_{12} 才能脱去甲基形成四氢叶酸,参与胸腺嘧啶核苷及 DNA 的合成,这是脑细胞增殖时不可缺少的步骤。

应从瘦肉、酵母中获得维生素 B_1,从肝脏、黄豆、鱼、乳类、蛋黄中获得维生素 B_6,从肉类、内脏、豆芽中获得维生素 B_{12}。叶酸和维生素 C 都存在于水果蔬菜中,易受热被破坏,故应尽量生吃。

胆碱被称为维生素样物质,对脑功能尤其是与记忆能力有关。胆碱可由丝氨酸形成,为乙酰胆碱的原料,乙酰胆碱与记忆力有关,早老性痴呆病人给予卵磷脂治疗,血浆中胆碱可升高 5 倍,能使学习能力有所提高。

(6) 矿物质

①铁。人体中的铁大多数合成血红蛋白,一部分合成肌红蛋白,少量合成含铁的酶,余下部分进入肝脏和脾,以铁蛋白和含铁血黄素形式储存。铁存于大脑边缘叶的酶系统内,大脑边缘叶为记忆区,缺铁会导致记忆力落后。智商与血清铁相关,定向注意力差是学习困难的主要原因。

②锌。脑锌的分布与蛋白质相似,脑灰质含锌多于白质,海马部位含锌最高,因为该部位神经元突触最丰富,为记忆的重要部位。缺锌时多种酶的活性下降,会影响 RNA 与蛋白质的合成、甲状腺素减少、延缓脑神经纤维髓鞘形成。急性缺锌时,丘脑下的强腓肽降低,会降低食欲。缺锌会使神经递质反应全面降低。

1~3 岁幼儿锌的推荐摄入量为 9 毫克/天~10 毫克/天。

③碘。碘是甲状腺的主要成分,甲状腺能活化 100 多种酶,促进蛋白质合成和生长发育。甲状腺素也与智力发育有关,1~3 岁幼儿的碘的推荐摄入量是 30 微克/天。

Q 食品添加剂有何危害

A 食物在加工过程中会添加一些添加剂,防止在生产、加工、运输、储藏过程中因微生物污染而变质，或为提高其质量或感官性状加入一些防腐剂、色素等。添加剂有些是天然物质，从动植物体内提取的，有些是化学合成的。国家有相应的用量规定，如果混有有害物质或用量过大都会对人体造成伤害。例如：防腐剂（酚类衍生物）会伤害人的神经系统，所以家庭应尽量让宝宝吃新鲜水果或者自制果汁，少买现成的果汁、现成的熟肉和罐头，以免在体内积累过量的防腐剂。人工色素，其中有些是来自食物，有些是化学合成品，如酒石黄等会沉积在神经的类脂质中难以排出，家长应尽量减少让宝宝吃有颜色的食物，如用人工色素做的饮料、果冻、奶油蛋糕等，因为色素积累过多会引起多动症。糖精会引起皮肤瘙痒和日光性皮炎；香料的有害物质会引起呼吸道哮喘及全身变态反应；咖啡、浓茶、可乐及巧克力中都有咖啡因，会引起兴奋性冲动，让宝宝有攻击性、爱打架；味精会促使锌从尿中排出，使宝宝缺锌，故做菜时不宜加入。最近在奶粉中由于加入三聚氰胺引起宝宝患肾结石事件，受害的人数很多。今后对食品的添加剂会有更加严格的管理，希望不再出现毒害婴幼儿的事件。

Ⓠ 宝宝厌食怎么办

Ⓐ 有些宝宝不爱吃饭，常常要家长追着喂，吃一顿饭要用 1 个小时，弄得大家筋疲力尽。可以尝试用以下办法解决这个问题。

（1）不吃零食

现在生活条件好，家里经常有各种糖果、点心、饼干、饮料、果冻等，应有尽有。孩子是家庭的中心，要吃什么、吃多少、什么时候吃，都是宝宝做主。孩子的胃里总有食物，血糖一直在高水平，没有饥饿感。另外，宝宝的胃肠道经常在工作状态，没有休息，各种酶的分泌能力就会下降。应当让宝宝定时吃饭，让消化道定时工作，定时休息，才能恢复功能。

（2）吃饭定时定位

规定一个适宜安静的地方，例如在餐桌上给宝宝一个固定的位置，让宝宝产生进食的条件反射。千万不要将就，为了让宝宝吃一口饭，就答应许多条件，甚至追着他到处跑。宝宝就喜欢在吃饭时同大人做游戏、提条件，往往弄得不可收拾。家长应当做出规定，离开饭桌就没有东西可吃，不愿意吃饭，到时收碗，把零食收起来，不在规定时间不能吃，而且零食也要定量，不能吃得太多。如果家长坚持这些规定，宝宝尝到饥饿的滋味，就会在规定时间、规定的座位上吃饭。全家人要齐心，如果妈妈不给，其他人给，就不好办了。

（3）准备的饭菜要适合宝宝的需要

要有诱人的香味和颜色，也要让宝宝容易接受，不宜太硬、太大，或者太单调，要有变化。同样是馒头，做成小兔子、小乌龟宝宝就爱吃。经常使饭菜有变化，例如中午吃面条、晚上吃饺子、明天是米饭、馄饨；也可以增加一点粗粮，如玉米面做的小窝头、菜团子；小米粥、贴饼子、馅饼等。换着花样使宝宝有新鲜感，就会引起食欲。

（4）注意宝宝是否患病

如果宝宝贫血、缺锌、胃肠道患病、有寄生虫等，都会影响胃口。可以带宝宝到医院检查，找出原因进行治疗，有些宝宝经过治疗或者经中医调理脾胃就会有满意的效果。

Q 怎样使宝宝喜欢学用筷子吃饭

A 2岁的宝宝如能用勺子自己吃饭，很快就会模仿大人学用筷子。开头用拳头握筷，两根筷子在一起只能扒饭入口，不会夹菜。经过练习，学会用前三指控制能活动的筷子，用四五指托住不能活动的筷子，就能顺利夹菜，到3岁时宝宝能自己挑出鱼刺。有些家庭使用公筷，宝宝在夹菜时，学会把自己用的筷子放下，换用公筷夹菜，维护家庭的饮食卫生。2岁后，宝宝吃饭的技巧有了进步，就不会弄得到处狼藉了。

宝宝在练习时往往动作慢一些，家长应当给宝宝留下足够的时间，尽量让他自己操作。如果家长嫌他太慢，自己动起手来，剥夺宝宝的练习机会，宝宝就会样样等着大人来帮忙，自己不动手，就会成为没有自信只有依赖性的孩子。

■ 生活照料

Q 怎样使宝宝独立吃饭

A 1岁的宝宝会自己拿勺子吃到几勺，这时最好让他与大人一同坐在桌子旁吃饭，许可他尝尝大人吃的东西，分享共同吃饭的快乐。有许多家庭都认为孩子吃饭会弄得很狼藉，干脆单独喂饭，但这经常会引起孩子的反感。宝宝会觉得谁都不吃饭，为什么偏要自己吃；等到大人吃饭时宝宝会觉得"你们吃好的，却不给我"，这时他反而愿意主动过来吃。一同上桌子就不会产生这些矛盾，大家在一起吃饭，宝宝很快就学会自己拿着东西吃、学会用勺子，还学会用餐的规矩。2岁前后的宝宝不但能会用勺子吃饭，还会学习用筷子吃饭。大人一定要鼓励宝宝自己吃饭，夸他今天比昨天吃得干净，让宝宝感到能自己吃饭的好处，这样就能坚持下来。

Q 让宝宝学习整理衣服有哪些好处

A 妈妈每天傍晚收晾晒的衣服时，都可以让宝宝帮助整理衣服，学习分类。首先宝宝应当知道哪件衣服是谁的，然后把每人的上衣放在一起，裤子单独另放，把不同类的衣服折叠好，分别放在每个人的衣橱内。宝宝帮助妈妈整理衣服，以后大人需要时宝宝就能知道在哪里可以找到。家中这种琐碎的事让宝宝参与，宝宝会感到很自豪，觉得自己有用，能帮助妈妈学习管理。习惯于整理家务的宝宝，能养成做事有条理的习惯，对于将来自己的事、单位的事都会有条理而不凌乱。反之，有许多从小让保姆带大的宝宝，从来不会整理自己的东西，一旦离开了家，到学校住校，自己的东西凌乱不堪，不会收拾和整理，书本作业乱放，影响学习。这样的宝宝将来出去工作，重要的文件找不到，资料也容易丢失，会直接影响工作。

平时在家应当找各种机会让宝宝从小学习分类管理，养成有条理的习惯。

Q 为什么要让宝宝学习自理

A 因为2岁的宝宝已经很能干了，能够自己吃完一顿饭，会自己洗手、洗脸、穿脱衣服，有些宝宝会帮助妈妈做事。宝宝每做完一件事都会觉得很自豪，如果家长点头示意，或者表扬几句，宝宝自我服务的热情就会高涨而且能坚持下去，会越做越好。宝宝感到"我能行"，有了自信就会继续努力，坚持自我服务，而且愿意担任一些家务活动。爸爸妈妈可以给宝宝安排一些日常工作，如倒土、浇花、擦桌子等任务让宝宝每天按时完成，让宝宝有责任感。宝宝承担这些工作，感到自己被信任，就会按时主动完成，成为有责任感、能够自律的好孩子。

有些家长认为宝宝还小，自己吃饭怕他没有吃饱，自己穿衣嫌他太慢，不放心让他做事，样样都要亲自插手。宝宝也知道自己不被信任，就干脆等着别人来帮忙，结果成为依赖的、懒惰的、样样都要别人催着干的、不能自律的孩子。

在 2 岁这个关键时期，培养宝宝独立、自信、有责任感、能够自律是十分重要的。宝宝首先要受到家长的信任，凡事不可能在一开始就做得很好，要在多做几次后才像个样，然后就会越做越好。家长自身也要做好榜样，自己做事有条理才能让宝宝照着学习。当宝宝养成独立、自信、自尊和自律的品格时，宝宝就会积极进取，不怕困难，有充沛的内驱力来迎接将来的各种挑战，这是以后学习、事业成功的保证。

Q 怎样让宝宝学习自己刷牙

A 1 岁半的宝宝能够拿稳杯子，就可以自己漱口。2 岁的宝宝已经有 16~20 颗牙齿，可以开始练习刷牙了。给宝宝买儿童牙刷。这种牙刷只有两排 4 束短毛，如果宝宝在小时候家长已经给他用手指擦牙，他就不会拒绝用这种小牙刷。刷牙的方法一定要正确，如同刷洗梳子一样，一定要顺着梳齿的方向才能清除牙缝中的食物残渣，所以要用竖刷法。如果横着刷，不但不能清除食物残渣，反而会伤害牙龈、牙齿和口腔黏膜。刷牙时除了刷净外面，还要把里面、上面、下面都刷到。刷上牙时，将牙刷的毛束放在牙龈与牙冠萌出处轻轻压着牙齿向下刷到牙尖；刷下牙时，从下牙床向上刷，各反复 6~10 下，要将

牙齿里外上下都刷到，时间不少于 3 分钟。家长可给孩子一面讲解，一面示范。由于 4 岁前的宝宝不容易控制，容易把漱口水吞掉，也会把香甜的牙膏吃掉，所以漱口要用温开水。

每天早晚各刷牙一次，刷牙后就不能再吃东西了。晚上刷牙后不可以吃糖、喝含糖的饮料以及奶。每次饭后要用温开水漱口，保持口腔清洁，才能预防龋齿。

Q 左撇子要趁早矫正吗

A 有些家长认为宝宝用左手拿筷子，用左手拿剪刀，就应当及早矫正，不然就会成为左撇子，以后就不好办了。但是家长费了半天劲，宝宝仍然用左手。因为宝宝大脑的优势半球在右侧，而平常爱用右手的人的优势半球在左侧。人为的矫正，不可能改变宝宝大脑的结构。左撇子最容易识别就是拿筷子和用剪刀，稍大一些就是用左手握笔。左利手的人约占人口的 10%，由于以右脑为优势半球，宝宝可能会在音乐、艺术、文学等方面有些特长和优势。如果家长强迫宝宝用右手，就会抑制了存在右脑的语言中枢，使宝宝说话不清、口吃、书写迟钝，甚至影响到宝宝的认知能力，所以不必特意去矫正左撇子，应顺其自然，让宝宝使用他自己的利手做事，才不会影响宝宝语言的发展。

Q 怎样带宝宝外出较为安全

A 在外出旅游及进行户外活动时，危险也会时时隐藏在宝宝周围，父母在游玩的过程中，丝毫不能大意。

要教导孩子从小遵守公共道德，进入公共场所不大声喧哗，乘坐公共汽车、出租车时不要站在座位上或在座位上跳来跳去。要培养孩子不随便捡拾杂物的行为，要远离污染区、危险区。

在幼儿走路时发生的事故中，有 40% 是发生在距离住房 100 米以内的路途中，家长要告诉孩子什么地方危险，同时视线不能离开孩子。爸爸妈妈带着宝宝走路时，一定要牵紧宝宝的手，让宝宝走在人行道的内侧。

（1）乘公车

在乘坐电梯、公共汽车、火车、地铁等时，一定要牵住孩子的手或抱着他。进入公共场所后父母要随时在孩子身边，保证孩子时刻不离自己的左右。在宝宝玩的时候，也不要轻易地将视线离开。不要将宝宝独自留在公共场所中游戏，不加照顾，更不能把小孩托付给陌生人看管。

（2）过马路

孩子不懂过马路时的规则，父母要以身作则，从小培养孩子遵守公共交通规则。过马路时，在有指示灯的路口，要教会孩子如何观察指示灯，即使马路上一个车辆也没有，只要是红灯，都应等到绿灯亮时再带他通过；且必须走人行横道、地下通道或过街天桥。如果路口没有指示灯，应该在马路边上先停下来，左右看一下路上的情况，听听有无喇叭声，看好没有车辆通行后，再过马路。如果有车通行，要等待车过去后再过马路。过马路时，一定还要注意观察周围的情况。一边过马路，一边给孩子讲过马路应该看什么、听什么。应经常告诫孩子不要靠近马路边玩耍。

（3）在自行车上带孩子

在自行车上带孩子，一直就是比较危险的事情，特别是年龄较小的幼儿，他们容易在自行车行驶途中将小脚伸进轮子里被辐条挤伤。此外，下自行车时要将孩子抱下自行车。父母不要为了图方便将孩子独自一个人留在自行车座椅上停在路边，否则，自行车一旦倒了，就会给孩子带来危险。而且把孩子一个人留下容易让坏人拐骗。

Ⓠ 怎样预防宝宝走失

Ⓐ 为了防止孩子与家长外出时走失，对于较小的孩子，可以给他穿上色彩鲜艳、有特点的衣服和帽子，便于在人群中辨认。如果到外地旅游，家长可随身带着孩子的照片，或给他的衣服缝上身份识别记号、家人的联系方式，万一孩子走失了也有线索寻找。平时要让宝宝记住父母的姓名及家里的电话，以备走失后与家长能联系上。

■ 智力开发

Ⓠ 为何宝宝说的话别人听不懂

Ⓐ 因为妈妈经常照料宝宝，只要他开口说 1~2 个字，妈妈就猜到宝宝想要什

么，马上给予满足，宝宝以为这样说就可以了，不必努力再把句子说完整，所以宝宝的话就让爸爸和其他的人都听不懂。这种情况是宝宝学习语言的一个阶段，有人称为"电报句"时期，经常在 2 岁之前出现。宝宝学会称呼大人后的一段时期为"单词句"期，宝宝经常只说一个音代替一句话。后来在运动期间学会了动词，宝宝会说"妈妈来""宝宝要"等两个字的话（同义的双音算一个字），这种主谓句又称"电报句"。妈妈虽然能听懂宝宝的话，但是应要求宝宝把话说完，让宝宝改正后再满足他的要求，这样他就不得不再说得完整一些。妈妈可以加一个字，如"妈妈快来""宝宝要糖"等，变成三字句就容易让人听懂了。宝宝最需要学的是形容词，如果能用代词，句子就会更加完整。会说"我要大的苹果""妈妈给我买的"，这样的话谁都能听懂。

不能将就宝宝，只让他说半句话，要让他把话说完，这是 2 岁前后的重要任务。

Q 每晚给宝宝阅读有用吗

A 2 岁前后的宝宝可以开始阅读了，文字符号如同声音一样也是语言。每次宝宝一面看故事书上的图，一面听大人讲故事，就会逐渐对图旁边的文字产生兴趣，孩子一面听，心里跟着大人朗读故事，慢慢就会背诵了，还会用手指着汉字来朗读。其实宝宝并不是认识书上的每一个字，只是学习大人习惯性地指着书上的汉字背诵，逐渐就能记住几个关键性的字，如书的名字、故事主角的汉字、与情节有关的字等。2 岁宝宝在日常生活中也能认字，例如，能给爷爷找晚报，能给爸爸找晨报，能认出书名找出自己喜欢的故事书，家里有人下棋，宝宝也能认识棋子上的汉字，经常上街的宝宝，能认识大广告牌上的汉字或者商店的名字。看电视时，宝宝也会认识经常重复出现的广告上的大字或者某几个显眼的汉字。如果得到大人的鼓励，宝宝认字和阅读的能力会进步很快。有些宝宝到 3 岁时，就能阅读有一两句话的《婴儿世界》或《婴儿画报》了。

Q 怎样让宝宝认识绿色

A 到菜市场买菜是认识绿色的最好的机会。妈妈可以让宝宝去找绿色的蔬菜，一面认识蔬菜的名称，一面比较哪些蔬菜是深绿的，哪些蔬菜是浅绿的。家里并不需要这许多蔬菜，不过妈妈可以有计划地让宝宝品尝每一种绿色蔬菜的味道，让宝宝记住它的名称，并且认识绿色。回到家里让宝宝找出家里绿色的玩具和东西来，以加深印象。经常到菜市场买菜，就能经常复习，让宝宝学会分辨绿色。

Q 怎样使宝宝学会比较多少和大小

A 妈妈可以用两个一样大的鞋盒，同宝宝一起把玩具放在鞋盒子里，盖上盖子，然后把每个人装的玩具倒出来比较，看谁放到盒子里的玩具多些。宝宝还不会数数，妈妈可以同宝宝把各自拿出的玩具排队，用一对一的方法一直排到最后，看谁盒子里的玩具排的队长些，谁的盒子就装得多。这个方法是很方便的比较方法，尤其是还未会数数的宝宝可经常使用，经过排队，各方都拿出一样的数来排队，经过动手操作就能得出结果。宝宝的学习，经常是要通过动手做才能学会的。

妈妈可以再次同宝宝一起装盒子，一面装，妈妈告诉宝宝要先放大个的玩具，把小的放在边角上，尽量把空间填满，就可以放得多。另外挑小的玩具就可以放得多，大个的玩具就放得少。通过安排容器的游戏，宝宝学会利用空间的方法，而且懂得同样大的容器，放小的玩具就放得多，放大的玩具就放得少；明白体积大的就放得少，体积小的就放得多的道理。

Q 为什么宝宝数的和拿的不一致

A 接近 2 岁的宝宝已经学会数数，大多数宝宝能数到 10，个别宝宝能数到 20 或 30。宝宝经常是一面走一面数数，或者一面跳蹦蹦床一面数数，这种数数称为背数数，宝宝只是口头顺着数，不见得与活动完全一致。用东西来数数叫做点数，宝宝可以一面搭积木一面数，要求数与搭的积木一致。宝宝数数达到 30 时，点数只能数到 10。因为点数时需要手口一致，但是宝宝口说得快，动手较慢，数多了就会出错。

2岁的宝宝给人拿东西最多只能拿3个，拿到第4个就会数不过来。不过宝宝对这3个非常清楚，如果拿走一个他知道还有2个，再拿走1个知道还有1个，再拿就没有了。宝宝会看到大人放下2个，再放一个就有3个，对所能拿取的数十分清楚。因此有人认为2岁宝宝能认识3，那些背数的和点数的不过是顺口溜或是顺手拿，并不是真正认识的数。

Q 怎样使宝宝数数进位时不数错

A 在背诵儿歌的同时，宝宝学会背诵1~10，1~20，1~30，个别能背诵到50。这种背诵式的练习，唯一的好处就是学会9+1的进位，背诵到9就进到10；背诵到19就进20，29进30；39进40。这种练习对以后计算时的进位有好处。家长可以同宝宝一起背诵进位的练习，如7，8，9，10，11；17，18，19，20，21；27，28，29，30，31等，让宝宝好像顺口溜那样背熟了，到数数时就会顺口而出，不会数错。

Q 怎样使宝宝学会点数

A 可在游戏时学会点数，例如：宝宝在摆积木时喜欢数一下自己摆出的高楼有几层，在穿珠子时自己穿了几颗珠子，在用玩具排队时用几个玩具来排队等。学会一面摆东西，一面自己数数。2岁的宝宝就可以开始练习点数，不过要慢慢来，因为宝宝的手总是比口头慢些，如果数多了或者数得太快就会出错。等宝宝到了2岁半之后，手的技巧提高了，点数能力赶得上口头数数，点数就会进步得很快，尤其是学会认识所有数字后，会用手拨数字来打电话，这些都是在手的技巧提高了之后，点数能力得到进步的结果。

Q 怎样让宝宝分清左右和认识季节

A 2岁宝宝学用筷子后就能分清左右，多数宝宝都用右手拿筷子，用左手拿碗。如果问到"哪边是右手"，宝宝会举起拿筷子的手。再问"哪边是右眼"，宝宝会很快指出自己的右眼。大人问"哪边是左腿"，宝宝会很快把左腿伸起来。有些宝宝擅用左手，他知道自己是左撇子，当别人问到"哪边是右手"时，他也会把右手举起，左撇子对于左右似乎更加敏感，会特别警惕地回答。在国外，测试儿童是否分清左右要等到 5 岁。但是从实际的观察中得知，我国大多数宝宝在用筷子之后就知道分清左右了。

　　2 岁的宝宝懂得天气冷了就要多穿衣服，会把穿大衣、戴厚的帽子、穿棉鞋的季节称为"冷天"。把穿背心、裤衩、裙子的季节称为"热天"。宝宝开始对气候的不同有所区别，但是还未认识四季。家长可以通过书上的图和具体的事物让宝宝逐渐认识四季。

■ 动作训练

Ⓠ 为什么宝宝喜欢走马路牙子、 砖排或者木板呢

Ⓐ 宝宝学会了上下楼梯后，就会自己找一些略高的地方练习走。许多宝宝喜欢走马路牙子，如果家里有院子，就可把砖的长边连接成一排约 1 米半左右，让宝宝练习在上面走。砖的厚度约 4 厘米~5 厘米，让宝宝在离地面 5 厘米的高处练习行走，保持身体平衡。如果没有砖，可以用一条 15 厘米宽的木板代替，让宝宝在木板上练习，以后可以让宝宝在车少的马路牙子练习来回走。可以让宝宝练习在高处走时保持身体平衡。一般 2 岁的宝宝走路时两只脚分开如同肩的宽度才能走稳，用砖的长度作为走路的宽度，或者用 15 厘米的木板也符合宝宝的肩宽。选择马路牙子也要有 15 厘米左右才能让宝宝练习。不可能让 2 岁的宝宝走直线，否则难以保持身体平衡，到 4 岁前后才可让宝宝练习走直线。

Ⓠ 怎样让宝宝学会越过障碍物

Ⓐ 可以在家里给宝宝制造一些障碍，看宝宝怎样想办法越过。例如地上有毛巾、绳子、椅子、桌子、柜子等不同的东西，把宝宝的玩具放在柜子顶上，看宝宝怎样过去把玩具拿到。宝宝首先可以把毛巾拿开，然后大步跨过绳子，把桌子推到柜子前面，再把椅子搬到桌子旁边。然后爬上椅子，再爬上桌子，站起来拿。但是宝宝个子矮，够不到玩具。于是宝宝可能会爬下来，再到阳台找一根棍子，把棍子放在桌子上，自己再从椅子、桌子爬上，拿好棍子把玩具拨下来。

宝宝学会了上高取物的本领后，妈妈就要注意，凡是不能让宝宝拿到的东西，就不要放在柜子上，一定要锁起来，以免宝宝自己爬上去够。

Q 怎样使宝宝学会走平衡木

A 2岁的宝宝可以在以前走砖排的基础上进一步练习走平衡木，这是一种高空平衡的练习。平衡木宽应为20厘米，与肩的宽度相同。平衡木离地面15厘米，不可以太高，以免宝宝害怕。长度约2米，以便于宝宝来回走动，或者做一些花样动作。最初家长可以牵着宝宝的手，帮助他爬上平衡木，牵着他来回走。习惯以后宝宝就可以自己走，再熟练一些就可以在头上放一本书，看是否能不掉下来；或者双手拿着铃铛走，要求铃铛不发出声音。宝宝也可以在平衡木上做一些花样，例如走到某处就转身做一些动作：弯弯腰、举起手或者抬起一条腿站立一会儿等。有些会翻跟斗的宝宝可以在平衡木上来一个前滚翻或者四肢伸直做一个翻滚。经过练习，如果两位宝宝各自从一头出发，到了中间两人互相拥抱就能互换位置，各自都可以走到终点。如果没有造好的平衡木，可以用木板放在纸箱上代替。

Q 怎样同宝宝练习抛球和接球

A 可用软的直径4厘米~5厘米的皮球，让宝宝同妈妈练习。两人坐在地上，两腿分开，先练习在两人之间滚球。学会互相配合后就可以站起来，让宝宝学习接从地上反跳的球。经过地面的缓冲，宝宝容易接住。宝宝也要练习将球抛给妈妈，宝宝可拿着球把手递到肩后，用力将球抛向前方。刚开始宝宝不会将皮球拿稳，举起手时会把球掉到后面，要经过多次练习才能学会向前抛球。如果爸爸能来参加就最好了，三个人各站一方，让宝宝学会向不同方向抛球。宝宝也可以练习近距离接球，最初家长可以离宝宝很近，几乎直接把球扔在宝宝手里让他用双手接住。等宝宝能接住近处的球后，家长可向后退，逐渐让宝宝学会接住离开一定距离抛过来的球。

Q 何时可以让宝宝学用剪刀

A 2岁后宝宝能拿剪刀，一定要用圆头的儿童剪刀，以免弄伤手指。手巧的宝宝不但能剪开纸条，还能按着线剪出简单形状。拿筷子和用剪刀后就能看出宝宝是右利手还是左利手，让宝宝用自己方便的手去操作。

Q 怎样让宝宝学会花样穿珠子

A 宝宝在 2 岁前只是会穿珠子，不能调配得漂亮，过了 2 岁，宝宝可以看着样品就能懂得按数、按颜色和按形状来穿珠子。例如穿一个红色的再穿一个白色的，然后穿上一个黑色的小珠子；甚至自己会调配，如穿一个圆形的白色珠子相隔一个绿色的菱形珠子，使穿出来的珠子很漂亮，很有特色。这就比刚刚学会时只会穿一种颜色漂亮多了。宝宝在穿珠子时眼要看着、心里数数、手要按着要求选择珠子，不能分心。所以练习穿珠子能让宝宝锻炼专注、坐得住、学会独立操作。妈妈也可以在房间里做自己的事，不必围着宝宝转。

Q 怎样让宝宝学习自己摆五官

A 2 岁的宝宝能在画好的大脸上摆上五官，如果宝宝知道每个器官的位置，就可以放得到位。让宝宝练习自己摆五官，目的是让宝宝能确定人的五官在脸上的位置，便于以后自己画人。宝宝能记住五官的位置并不容易，必须自己做过几次，看到不像才会修改过来。等到宝宝已经摆对了，就可以同他做哭和笑的脸形。如果要哭，眼睛、眉毛向下，嘴角也向下；如果要笑，眼眉向上，嘴角也向上；如果生气，眼睛、眉毛向上，嘴角向下。宝宝学会摆五官，以后就能自己画人的脸，甚至画出人的表情来。

Q 怎样让宝宝从会画圆到会作画

A 2 岁的宝宝能画封口的曲线，就算会画圆形了。不管这个封口的曲线像什么，都应得到称赞。大人可以帮助宝宝给它命名：四不像的暂时称为土豆，有点椭圆的称为大香肠，有个小尖的加一道在上面就成为梨、加在下面就可成为桃子，有个小凹的加条柄就是苹果，两头尖的像月亮或者香蕉，画得规整一些，加上光芒就成太阳了。总之，大人要欣赏宝宝画出来的任何东西，使宝宝感到自信和自豪，才能越画越好。偶然有好的作品，千万别忘写上日期，挂在墙上以作表扬，以后保留下来可作为宝宝的画画档案，经常看看以资鼓励。

Q 怎样同宝宝一起捏面团

A 家里如果要包饺子，就可让宝宝来参加。给他一个面团，让他照着大人的样子，用个小瓶在板凳上捻成饺子皮，或者自己捏个小碗、小杯，做个盘子等。宝宝会学大人的样子，先把面团搓成圆形，然后又搓成一条蛇一样，再弄成一个个

小圆球，好像葡萄；如果排列成条就像糖葫芦。宝宝十分喜欢玩这些面团，如果家里有食用色素，就可以给面团上颜色，让宝宝玩得更加开心。可把宝宝玩的小面团放在一个小塑料袋中，放入冰箱保存。如果家里有甘油，可以放一两滴揉在面团里防止干燥，也可以滴一两滴蜂蜜在面团内，使捏出来的东西表面光滑，不出现裂纹。

让宝宝捏面团，可以培养手的技巧，有些手巧的宝宝可以用面团捏出不同的动物、不同的用具，可练习面塑，提高手的技巧以及培养美感。

■ 社会交往

Q 为什么要让宝宝学会作自我介绍

A 应让宝宝告诉教师或长辈自己的姓名、性别、年龄以及父母的姓名、家庭住址等，尽量说得清楚些。随着月龄的递增，宝宝快3岁时就能说得更清楚，甚至家庭电话号码、父母的手机号等都能说得清楚，这样就可以在急需帮助时能快些找到父母。不过也要让宝宝学会自我保护，不要随便告诉陌生人自己的家庭住址和电话，以免坏人找到家里寻事作案。会做自我介绍，是人际交往的第一步，有

些宝宝因为怕羞，不敢开口，有些刚学会的宝宝就会不停地重复，或者不分场合地乱说。要学会在适当的场合，有礼貌地作自我介绍，这很重要。

Q 怎样让宝宝同小朋友一对一地玩

A 宝宝愿意同一个好朋友一起玩，例如一同玩跷跷板，两人各坐一头，在下面的人用脚蹬地面，就能使跷跷板升高。两人合作就能玩得高兴，如果其中一个人在下面使劲坐着不动，另一个人就会在高处不能下来，如果下面的人突然走开，上面的人就会突然掉下，甚至出现危险，所以必须两人合作，尤其是要为对方着想，互相保护才能放心，而且能玩得愉快。又如玩毛巾球，两人各拿着毛巾的两个角，共同把毛巾内的球抛起或接住，只有互相合作才能玩出花样，共同进步。宝宝可与自己兴趣相投的孩子做朋友，一起唱歌、玩耍。

Q 怎样使宝宝喜欢亲子园的活动

A 在亲子园里经常会让妈妈和宝宝都拉起手来，随着音乐有节奏地走大圈。刚来的宝宝会怕生，不敢伸出手同别人拉着走。看过几次，大家熟悉后宝宝就能随着别人，一手拉着妈妈进入队伍中来。宝宝开始进入群体活动，愿意参加到孩子们的游戏中，尤其是当大家背诵宝宝熟悉的儿歌时，宝宝就会毫不犹豫地张开嘴，大声背诵，一点儿都不感觉陌生。如果大家唱宝宝会唱的歌，宝宝就会大声唱，感到自己是这个队伍里的一员，有了归属感。这时宝宝就会很喜欢经常来参加亲子园的活动，因此拉大圈，一面走一面背诵儿歌，或者一面唱歌一面按照节拍做动作，会成为宝宝最喜欢的游戏。

Q 怎样帮助孩子参加团体活动

A 在进入团体活动或上亲子课时，有很多宝宝初次参加活动，由于对陌生环境及陌生人感到恐惧，不愿参加，甚至哭闹吵着回家，因而有的家长由于心疼孩子就放弃了参与活动的机会，干脆抱孩子走开；有的家长束手无策，走也不是，不走也不是；更有的家长则是大发脾气，大声呵斥、责骂孩子，强迫其参加，结果孩子哭得更加厉害，无法达到大人期盼的结果。

那么，家长应该怎样做呢？

（1）陪伴孩子，使孩子循序渐进地加入活动

首先一定不要强迫孩子参加，而是要给予极大的耐心，陪伴宝宝在安全的位置观察其他同伴的活动，家长可以在旁模仿老师的动作或哼唱老师的歌曲，用自己的快乐情绪慢慢感染并激发孩子参与活动的兴趣。

家长不要看到别人的孩子能自如地与同伴交往玩耍，就非得逼自己的孩子也同样做到，更不可打骂孩子，挫伤孩子的自尊心和自信心，家长可以循循善诱、耐心细致地通过讲故事、念儿歌、树榜样的形式使孩子逐渐懂得简单的道理，逐步提高对孩子的要求，先让孩子在家中大声对玩具讲话，再让孩子站在一边看小朋友玩，熟悉了再加入到伙伴中去。切记，以温和、有趣的口吻取代威胁、强迫。

（2）不做比较，给予孩子充分的鼓励与赞美

家长还应尊重孩子的个体差异。每个孩子都是上天赐予父母独一无二的礼物，而每个宝宝均有其自己发展的步伐，家长在活动中，切勿将孩子与其他宝宝比较，甚至否定自己宝宝的表现，"你怎么那么笨呀""你这样做不对，你看×××做得多好……"这样会挫伤孩子的自尊心和自信心。

在团体活动中，家长要给孩子创造一个无压力、自主学习的快乐环境，在家长带领宝宝做任何活动时，一定要不断给予充分的鼓励与赞美，以便增加宝宝对自我的肯定。

（3）反复练习，为宝宝建立自信

在活动中，家长会发现，孩子喜欢一再重复地做某项活动，这是因为，重复某项活动除了可以带给身体的满足之外，孩子更可以凭借对每次活动的掌握，逐步建立自信，增加学习意愿，家长要明确了解重复练习对孩子发展的重要性及意义。

例如：妈妈可每周按时带孩子参加亲子课，最初，妈妈可抱着孩子在教室的一角看其他孩子活动，并在一旁讲解："宝宝看这个游戏多好玩，有红色球、绿色球，还有黄色球，看小朋友玩得多开心，宝宝一定也能做到……"当老师唱歌跳舞时，妈妈也随着音乐的节奏摆动身体，模仿老师。渐渐地，宝宝就能敢于离开妈妈怀抱自己站在妈妈身旁观看了，对于孩子的每一点小小的进步，妈妈都应及时地给予鼓励。慢慢地，孩子就会越来越自信了，他就能自由地在教室中活动

了，但可能还是不太愿意与同伴交往、游戏。妈妈看到这种情形后，每周都可带来好吃的东西和好玩的玩具，让其他同伴一同分享宝宝的美食，并耐心引导宝宝用自己的玩具和别人交换玩，渐渐地，宝宝会变得越来越开朗了，愿意与小伙伴一同游戏了。经过两三个月的时间，宝宝还会在众人面前大声地背诵儿歌呢！

Ⓠ 宝宝胆小怎么办

Ⓐ 宝宝胆小往往因为平日生活范围过于狭小，父母上班后，在家里由老人照看，很少去外面与人接触的原因。宝宝在家时，如果不听话，大人用恐吓的方法让宝宝就范，也会使宝宝胆小。此外，如果宝宝想拿一些东西，如去摸杯子、花瓶之类，大人说"不能摸，会打破的"；如果摸到笤帚，大人说"太脏"……会给宝宝过多的限制，宝宝就只好缩手缩脚，不敢动，不敢越轨，从而变得胆小了。

因此要想让宝宝胆子大，首先要扩大宝宝的生活范围，让他多见世面，多认识生人，多到陌生的地方，尤其是有孩子的地方，让他参加儿童们的游戏，扩大社会适应性。其次要鼓励宝宝探索，让他参加一些家务劳动，多一些生活经验，敢于自己做事，使他产生自信。最好爸爸每天腾出一点时间同宝宝做游戏，多做一些需要勇敢和克服困难的游戏，让宝宝自己想办法越过障碍。经常同爸爸玩的宝宝就会大胆、勇于克服困难，能想办法才会有创造性。平时可以让宝宝参加附近的亲子园的活动，以扩大生活范围，多交朋友。爸爸妈妈要注意不用恐吓的办法来管宝宝。

■ 常见疾病防治与预防保健

Ⓠ 宝宝出水痘怎么办

Ⓐ 水痘是病毒引起的急性传染病，通过接触或飞沫传染，任何年龄均可发病，婴幼儿发病率最高，多发于冬春季。

（1）症状：经常在感染后会潜伏2周，可先见疹后发热或同时出现。体温在39℃以下，1~2天消退，有轻度不适、食欲下降或有轻度吐、泻等症状。皮疹为向心性，躯干、头、腰部多见，四肢少。初期为斑丘疹，几小时后为疱疹，大小不一、较为浅表，3~6 天内变干、结痂。皮疹分批出现，所以可同时出现丘疹、疱疹、结痂。当痂皮脱落时会感到瘙痒，要小心不让宝宝因为抓痒而引起继发感染。如果无感染就不会留下疤痕。此外，口腔、咽、眼结膜、胃肠道黏膜等都会出现疱疹，不过愈合也会很快，不必做任何处理。发烧时应卧床休息，如果皮肤有痒感，可用 5% 小苏打水或炉甘石液外涂，疱疹可用紫药水帮助结痂，应剪短宝宝的指甲，避免抓伤而感染。水痘病情轻，并发症少，只有淋巴结炎、中耳炎等，待皮疹干燥结痂后就没有传染性了。

（2）预防：在患病期间应当严密隔离，尤其是在托幼园所，凡是有可能接触的未曾患过水痘的宝宝都应在 3 天之内接受水痘的疫苗预防注射，保护期为 5 年（12 岁以上就可以不用）。

水痘病愈的宝宝当中有 1/4~1/5 的人病毒仍潜留在体内，一旦身体抵抗力降低时就会以带状疱疹形式出现，可以在面、颈、胸、背、腰等处，可侵犯结膜、角膜形成溃疡甚至出现失明；也可发生脑膜脑炎或脊髓前角而致弛缓性瘫痪。因此这些患儿应与未曾患过水痘的儿童隔离。

（3）治疗：婴幼儿轻症以局部护理为主，口服一些抗病毒的药物，重症可以采用强抑制病毒的药物，如阿昔洛韦、更昔洛韦等静脉点滴。婴幼儿很少发生神经痛，如果出现严重，尤其是三叉神经痛，可用卡马西平（大伦丁类药物），有良好效果。由于激素有免疫抑制作用，会使机体抗病毒感染的能力降低，减弱防御能力，促使病毒繁殖和扩散，会使病情加重，可发生出血性水痘或继发感染，所以患水痘和带状疱疹时禁用激素。应特别注意保护那些长期服用激素、早产体弱的宝宝，因为他们抵抗力弱，感染了水痘就会病得很重，难以抢救。

Ⓠ 宝宝患了腮腺炎怎么办

Ⓐ 腮腺炎是一种病毒引起的呼吸道传染病，在腮腺肿大前数日至整个肿大期都有传染性，在唾液、尿和脑脊髓液内都有病毒，以唾液飞沫传播为主，冬春季容易发生流行，以学龄前后儿童多见。

症状：感染后潜伏 14~24 天，有发热、疲倦、肌肉酸痛、头痛等症状。第一天耳后肿痛、腮腺一侧或双侧肿大，以耳垂为中心向外肿大，不红、边缘不清楚、触痛、张口困难，进食时痛，吃酸性食物更痛。附近的颌下腺和舌下腺也会受累，肿胀 4~5 天后开始消退，1~2 周可痊愈。

腮腺炎经常合并脑炎、胰腺炎、睾丸炎等。合并脑炎会出现高热、头痛、呕吐、嗜睡、抽风、昏迷等症状。合并胰腺炎会有严重腹痛和呕吐；合并睾丸炎常在腮腺肿大后 1 周突然高热、恶心、呕吐、一侧睾丸疼痛肿胀，10 天左右消肿，痊愈后睾丸萎缩，好在病变多为单侧，多数不影响生育。

预防：可用 MMR 三联疫苗，有效期为 11 年。

治疗：可以用消灭病毒的药物或中药，以清热解毒、散结消肿的方剂，外用如意金黄散以凉茶调好做外敷用，经常保持湿润才能有效。在饮食上应让宝宝吃半流或软食，不必张口和咀嚼以免引起疼痛，避免酸性食物和饮料，以防引起唾液增多使腮腺肿胀疼痛。应保持口腔卫生，饭后漱口。有并发症时，最好送医院治疗。

Ⓠ 宝宝发生肠痉挛怎么办

Ⓐ 肠痉挛（肠绞痛）俗称"肠抽筋"，多见于 3~12 岁的大孩子，四季都可发生，但以夏秋季为多，短的几天，长的可达 3~5 年。

（1）症状：肠痉挛的特点为阵发性腹痛，反复发作，腹痛以脐周为主，轻的很快过去，重的胃肠绞痛。表现为面色发白、口周发青、大汗淋漓、翻滚不安、惊慌啼哭。有时会呕吐频繁，腹部可见鼓包，并可听到咕噜咕噜的肠鸣音。痛时愿意有人按摩腹部，可以自行缓解，腹痛消失后一切正常。这种腹痛有时一天几次至十几次，或者每周 2~3 次。常发生在早饭时，也会在午饭和晚饭时，或者没有规律。在受凉、过食生冷时发作频繁。

病因未明，可能与体质有关，西医认为是自主神经紊乱，中医认为是寒凝气滞。经常因为感冒、受凉、过食生冷等诱发。由于经常复发，会让孩子痛苦和恐惧，影响进食和正常活动，甚至影响孩子的生长发育。

（2）预防：家长要注意孩子的饮食，禁止进食生冷食物，如冰棍、冰激凌、汽水、冷藏水果等。平时做菜可放生姜，感到受凉马上喝姜红糖水。

（3）治疗：宝宝感到腹痛时应马上用热水袋热敷肚子，然后找中医辨证施治。

Q 宝宝患泌尿系统感染怎么办

A 泌尿系统感染的致病原因，多为大肠杆菌、金黄色葡萄球菌等上行感染，女孩因为尿道短小，外阴污染机会多，所以发病率女多于男。也可由败血症经血行感染；肠道炎症时通过淋巴通路而感染，也可因为相邻器官的炎症扩散所致。此外因为外伤或者泌尿系的各种检查、导尿等操作或损伤可引起感染。男孩如果反复感染，可能伴有先天性泌尿器官畸形。

（1）症状：病程在 6 个月以下为急性泌尿系感染，婴儿有全身感染的症状，如发热 39℃ 左右，有消化系统症状，如恶心、呕吐、腹泻、食欲低下等。每次排尿时哭闹，新生儿可出现黄疸。对原因不明的发热应检查白细胞是否增高，并做尿常规检查。大孩子会有尿频、尿急、尿痛或者腰肾区及下腹部痛，全身症状不明显，少数患儿有血尿。

慢性泌尿系统感染病程在 6 个月以上，多数症状不明显，反复急性发作，有发热、腰酸、乏力等症状，严重者肾功能受损，多数与泌尿器官畸形有关。

（2）预防：应勤换内裤，经常洗外阴部。女孩子便后清洁肛门时，手纸从前向后擦，以免粪便污染外阴部，引起感染。

（3）治疗：经过抗生素治疗大多数能迅速康复，部分患儿会复发或重新感染，所以早期治疗不能短于 2 周，千万不能见好就停药，否则会让细菌产生耐药性，复发时疗效不佳。应选用对肾损伤少的药物，对肾盂肾炎多选用血浓度高的药物，对下尿道感染多选择尿浓度高的药物。开始可用先锋霉素等广谱抗生素，待有尿细菌培养结果和敏感试验报告后改用最敏感的药物。慢性泌尿系感染疗程 6~8 周，反复感染者疗程长达半年以上。

Q 什么是小儿多瞬症

A 小儿多瞬症是由于宝宝长时间看电视而出现的频繁眨眼，每分钟 12 次以上，有时伴有面肌痉挛或其他全身症状。因为影响仪容，会受到家长的责备，孩子心里紧张，眨眼就会加重。

家长最好观察记录宝宝每天看电视的时间，一般 2 岁的宝宝每天只可看 15 分钟，包括录像和动画片在内，不可以增加。可经常让宝宝看远处，让眼睛得到休息，在轻松愉快的生活中会逐渐使眨眼的习惯消失。

Q 为什么应给宝宝接种甲肝疫苗

A 满 2 周岁的宝宝，往往随着大人进入餐厅或公共食堂，接触经口传播疾病的机会增多，所以最好接种甲肝疫苗。目前甲肝疫苗有减毒活疫苗和死疫苗两种。国产的活疫苗只需接种一针，抗体可保护 4～10 年左右。死疫苗有国产和进口两种，第一针接种后，间隔半年再接种第二针，全程免疫后估计抗体可保护 20 年。2 岁宝宝接种的剂量为 0.5 毫升，可以保护宝宝避免通过水源或饮食而感染甲肝。

2 岁半~3 岁

■ 生理指标

2 岁半	男 孩	女 孩
体重	均值 14.28 千克±1.64 千克	均值 13.73 千克±1.63 千克
身长	均值 95.4 厘米±3.9 厘米	均值 94.3 厘米±3.8 厘米
头围	均值 49.3 厘米±1.3 厘米	均值 48.3 厘米±1.3 厘米

3 岁	男 孩	女 孩
体重	均值 15.31 千克±1.75 千克	均值 14.80 千克±1.69 千克
身长	均值 98.9 厘米±3.8 厘米	均值 97.6 厘米±3.8 厘米
头围	均值 49.8 厘米±1.3 厘米	均值 48.8 厘米±1.3 厘米

■ 发育状况

1. 到 3 岁时宝宝跑时姿势基本正确，半分钟能够跑 35 米~40 米；能双脚交替跳起 5 厘米以上；会骑儿童三轮车。

2. 到 3 岁时宝宝吃饭时能帮助大人摆放餐具，一般不会打碎；端着盛了水的玻璃杯或瓷碗从一个房间走到另一个房间，也不会把它们摔破；能把一张长方形的纸横竖对齐各折一折，基本变成正方形；能照图样模仿画圆形和十字。

3. 到 3 岁时宝宝能理解 5 或拿出 5 个东西，会做 5 以内的加减法。可以开始练习倒数数。

专家提示

3 岁以前是培养幼儿好习惯的重要时期，因为这时建立一定的条件联系比较容易，一旦形成了习惯也比较稳固。 如果不注意培养，形成了坏习惯再纠正就比较困难。 幼儿一天的生活内容要根据其年龄特点、生理需要，在时间和顺序方面合理安排，使幼儿养成按时作息，按要求进行各项活动的好习惯。

■ 饮食营养

Ⓠ **应在哪些方面注意食品安全**

Ⓐ 饮食是孩子健康成长的来源，所以注意食品安全十分重要，以下几点应该特别重视：

（1）为防止食物中毒，不要给孩子吃隔夜的剩饭菜，即使吃也要充分加热，确定没有变质、没有不良气味才可以吃。

（2）不要给孩子吃带壳的瓜子、豆粒，以免呛入气管，在吃东西时不可以大笑大哭，以防大口吸气时把食物呛入气管。

（3）杜绝含有色素的食物，如红红绿绿的饮料、果冻、奶油蛋糕等食物，少吃有防腐剂类食物，如肉松、熟肉、方便面等；少吃油炸食物，如肯德基快餐、油饼、油条、炸糕等，以及膨化的米花、玉米、虾片等食品。

（4）孩子使用的餐具需购买正规产品，防止粗制滥造的陶瓷引起积累性铅中毒。

（5）微波炉中拿出的米饭、鸡汤、肉汤等会很烫，容器中央的温度会比外周高，从微波炉拿出后可倒入另外的碗中，然后将食物用勺子搅匀，等凉了再吃。不要直接食用从炉中取出的食物，因为大人感觉温度适中，但宝宝喝到中心部分就很容易烫伤。

（6）仔细阅读食品的出厂日期和保质期，不让宝宝吃过期食物。也不要购买离保质期很近的食物，以免在家存放时就过期。

Q 该不该给宝宝吃果冻

A 尽量不让宝宝吃果冻，媒体曾经多次报道儿童吃果冻的时候，不慎将其吸入气管发生呛噎的事故。如果宝宝将果冻误吸入气管，如抢救不及时就会有生命危险。遇到这种紧急情况，大人要使孩子倒立，然后猛拍其后背，设法利用孩子胸腔的压力把果冻挤出来。特别要提醒的是，千万不要让孩子在慌乱之中大声哭闹，因为哭闹时就会有深呼吸，继续向肺部深吸果冻，要迅速把孩子送往设备较先进的医院进行抢救。

Q 应该怎样安排适合宝宝的食谱

A 最好给宝宝安排一个食谱，保证每天有 400 毫升~500 毫升牛奶、1 个鸡蛋、1 两半肉、半斤蔬菜、50 克水果。要供应含铁的和含锌的食物和适当的能量。举例如下：

3 岁宝宝的食谱

早餐	牛奶 200 毫升，果酱面包 1 片，煎荷包蛋 1 个
10 点	豆浆 200 毫升，苹果 1 个，伊可新胶囊 1 个，钙剂 400 毫克，
午餐	大米饭（大米 50 克） 黄瓜、木耳炒肝尖（猪肝 50 克，木耳 10 克，黄瓜 50 克）， 冬瓜汤（冬瓜 50 克，虾皮 5 克，紫菜 2 克）
15 点	酸奶 200 毫升，草莓 3 个（30 克）
晚餐	饺子（面粉 60 克，肉末 30 克，虾皮 5 克，韭菜 70 克）， 香蕉 1 个

本食谱热量刚达标，蛋白质也达标，动物铁占 15 毫克，每周应有两次脏腑类食物。食物中的钙在 700 毫克左右，磷达 960 毫克，因此一定要加钙 400 毫克才能使钙大于磷，有利于钙的吸收。

Q 给宝宝喝什么样的水比较好

A 据世界卫生组织推荐，对人类健康有益的饮用水应当无菌（无真菌及致病菌）、不含有毒有害物质（包括有害的放射性物质），含有对人体有益的矿物质（营养配比合理的矿物元素和微量元素），水中离子型的矿物质容易被人体吸收，是必需的营养素。饮用水的钙和镁含量少就是软水，入口甘甜、滑腻，用软水冲调奶粉溶解快，不会破坏其中的维生素和营养素。

在宝宝患病时要多喝水，可以帮助退热、愈合口腔溃疡和愈合外伤。腹泻时淡盐水可防止脱水，便秘时喝水可以软化大便；患感染性疾病时喝水可以帮助体内毒素排泄；咳喘时，水可稀释痰液使之易于排出，促进疾病痊愈。但是在肾功能不全、患心脏病时就不宜多饮水，以免加重心脏和肾脏的负担，不利于康复。

不能用饮料代替白开水。宝宝口渴了，最好让他喝白开水，如果偶尔品尝饮料，最好用白开水冲淡再喝。不给宝宝喝冷饮或冰水，以免胃黏膜血管收缩，影响消化，刺激胃肠，导致腹痛、腹泻。

饭前不要给宝宝喝水，以免冲淡胃液，不利于消化。水分占据胃的容积，会减少食量。可在饭前 1 小时前后喝少量水，以增加口腔和消化液的分泌，能帮助消化。睡前喝水会让宝宝夜间尿量增加，容易遗尿。

在室温下存放超过 2 天的饮用水，尤其是保温瓶中的开水，易被细菌污染，并可产生具有毒性的亚硝酸盐。所以不要让宝宝喝存放时间长的水。

要让宝宝养成良好的喝水习惯，喝水不要太快，不要喝得太多，以免引起急性胃扩张，出现上腹不适。不要喝生水，以防患胃肠道传染病。此外，家长不要强迫宝宝多喝水。

Q 给宝宝吃蔬菜有什么好处

A 蔬菜能增加胃肠内容物的容积，增加饱腹感，减少热量的摄入，避免肥胖。蔬菜的纤维可以促进肠蠕动，缩短粪便在肠道停留的时间，避免便秘。如果膳食过于精细，脂肪肉类过多，粪便中胆酸代谢物增多，肠内厌氧菌大量繁殖，就会促使肠癌物质增长。反之，蔬菜可以抑制厌氧菌，促使嗜氧菌生长，借着食物纤维的充盈作用，促使肠道蠕动，使粪便通过肠道的时间变短，减少促癌物质与肠黏膜的接触时间，就能防止癌变。而且摄入蔬菜可以降低胆汁和血中胆固醇的浓度，可以防止动脉硬化，对高胆固醇的大人和儿童，增加蔬菜比减少食物中的胆固醇的降脂作用还要大。食物纤维可以延缓糖的吸收，降低血糖水平，对减轻体重、控制肥胖、防治糖尿病等都有好处。因此让宝宝多吃蔬菜，养成爱吃蔬菜的习惯是对终生有益的。

Ⓠ 为什么要让宝宝练习咀嚼

Ⓐ 给宝宝准备一些需要咀嚼的蔬菜，如芹菜、韭菜、蒜苗等，用刀剁碎，包在饺子内。这些蔬菜有特殊的香味，宝宝会爱吃。让宝宝的牙齿咀嚼较粗的蔬菜，锻炼牙齿的咀嚼能力，有强健牙龈、固齿健齿的作用。经常用力咀嚼，局部的血管充盈，能使钙和磷沉着在牙齿中，咀嚼能力会越用越好。如果只让宝宝吃又细又软的食物，牙齿的咀嚼能力就会慢慢退步，不敢吃硬的东西。如果宝宝拒绝吃需要咀嚼的蔬菜，可能因为龋齿，使宝宝在咀嚼时感觉不适，这种情况下就应该及时检查，赶快修补。

■ 生活照料

专家提示

培养宝宝的生活自理能力，让宝宝逐渐能离开父母，学会自律、有礼貌，为入幼儿园做好准备，是这半年的重点工作。

Ⓠ 怎样使宝宝学会礼貌用语

Ⓐ 家庭内的语言环境对宝宝影响很大，如果大人之间互相说话都很有礼貌，宝宝就会很自然地学会礼貌用语。早晨起床后先问早，很容易形成习惯。每次得到服务都说声"谢谢"，被谢的人回答"不用客气"。如果不小心碰到别人，马上说"对不起"；请别人帮忙一定要说"请"。离开家时要说"再见"，从外面回来要

说"我回来了"，晚上睡前要说"晚安"。家里的人如果经常互相用这些礼貌语言，宝宝自然就能学会。反之，如果家里的人经常互相谩骂，语言粗野，宝宝也会照样骂人，说粗话。

语言的文明程度常常能反映出家庭的教养水平和文化素养。为了孩子大人都应做好榜样，身教重于言教。

Q 怎样教会宝宝自己洗脚

A 如同自己洗手一样，每天晚上宝宝如果不用洗澡，就要用温水洗脚。宝宝的个子矮，坐在板凳上自己洗脚会感觉很容易。如果让大人帮助，大人就要低头、弯腰，如果让祖辈帮忙，就会让老人很辛苦。因此应当让学会自己洗手的宝宝自己洗脚，程序与洗手完全相同，要特别注意清洗脚趾缝，用肥皂把脚趾缝里的汗迹洗掉，用毛巾擦干，穿上拖鞋，顺手把用物收拾干净，然后更换睡衣上床。家长可以监督每一项操作，看看是否做得到位。如果有未尽之处，就提出改正，不必样样动手自己操作，以锻炼宝宝的自理能力。

Q 怎样适当表扬和批评宝宝

A 表扬和批评的目的是使宝宝分清楚什么是对的，应努力去做；什么是错的，以后不可以做，使宝宝向着正确的方向成长。表扬不一定需要食物、玩具、新衣服等礼品。一句好话、一次鼓掌、伸出大拇指、拍拍肩膀、摸摸脑袋、一个眼神就够了。批评也是这样，不是打骂和斥责，也不用罚站或关黑屋子，用讲道理或者不赞成的表情就能让宝宝明白。具体应注意以下几点：

（1）立即表态

当宝宝做了好事，值得表扬，或者做了坏事受批评时，就要当时表态。时间过了再表扬或批评，宝宝就会莫名其妙，因为他早就忘记了，难以产生印象，不能起到应有的效果。

（2）表态要具体

在哪一件事上做得好或者做错了，要表达清楚。例如，宝宝同小朋友分享玩具，就要表扬，同别人抢玩具就要批评。只说这一件事，不涉及其他，这样宝宝就会明白以后应当让一让，或者同别人一起玩，不能把玩具抢过来自己玩。这就够了，千万不要扩大，让宝宝认为自己好得不得了，或者自私到极点，坏到不可救药。这样会起到反作用，让宝宝骄傲自大或者垂头丧气、失去自信。

（3）表扬和批评也要分等级

宝宝做了值得表扬的事，应该按情况发给奖品以作纪念，做了很坏的事也应按照情况给予处分，让宝宝记住以后不能再犯。2岁半的宝宝懂得贴红星的奖励和贴黑星的意义，比如，如果每周有5个红星，周末可以去远处玩，有4颗红星可以去近处玩；有3颗红星可得到一个玩具，有2颗红星可得到一本小书，有1颗红星给好东西吃。反过来，贴一颗黑星就扣去一颗红星，让宝宝知道不可以做坏事，不可以乱发脾气，那样做会产生不良的效果。如果事情较大，需要马上惩罚，不能拖拉，应马上采取果断的措施。

（4）留有余地

当宝宝唱歌很好，父母要表扬时当然要说出宝宝的优点在哪里，如表情到位、声音好听等。但是要指出还有未尽之处，如呼吸未掌握好，下次应努力。这样宝宝就知道要再进一步，不是十全十美。在批评时，先说宝宝的优点，但是某处做得不对，也应当指出，以便改好。这样宝宝才不会灰心失望。留有余地可以培养宝宝的承受能力，能经得起表扬，也受得了批评，成为能容纳、能接受、大度的宝宝。

总之，在表扬与批评上，要讲究艺术，通过表扬与批评让宝宝分清是非，向着好的方向进步，增加亲子感情，让宝宝在爱心的关怀下茁壮成长。

Ⓠ 怎样让宝宝学会独立穿衣

Ⓐ 2岁半后，应当让宝宝看到示范，在解扣子时，将扣子拿稳，从前面或者外面将扣子放在扣眼里，扣子就会打开。在系扣子时，将扣子从后面或者里面放进扣眼里，从扣眼里面把扣子拿出，就能扣得上。先让宝宝练习解系前面的扣子，以后再学习解系衣领的扣子。如果宝宝自己学会了解系扣子，宝宝就完全能自己穿脱衣服了。

宝宝在练习时往往动作慢一些，家长应当给宝宝留下足够的时间，尽量让他自己操作。如果家长嫌他太慢，自己动起手来，剥夺了宝宝的练习机会，宝宝就会样样等着大人来帮忙，自己不动手，就会变成没有自信的有依赖性的孩子。

Q 怎样善待反抗期的宝宝

A 在 2 岁半前后，一向顺从的宝宝会开始说"我不干"，宝宝开始有了自我意识，要自己作主张，自己说了算。父母要理解宝宝的"自我意识"，对宝宝宽容一些，用充满爱和慈祥的目光对待宝宝，同他商量着办，尊重他的意见，这样就会建立互相信赖的关系。如果父母仍然用命令和强制的办法要宝宝服从，宝宝就会反抗到底，坚决不听。所谓"3 岁看大，7 岁看老"就是说孩子在 3 岁时的反抗心理会在一生中留下烙印，以后会转变为攻击的心态，甚至会成为复仇的心态。

要做称职的父母就要有足够的耐心善待反抗期的宝宝，如果父母生气了给宝宝一个巴掌，宝宝也会在其他孩子和自己作对时给别人一个巴掌。当宝宝兴致勃勃地做游戏时如果到了该睡的时间，就要用商量的口气，允许宝宝玩最后一次然后准备上床，而不是马上停下来让宝宝难以接受。让宝宝请求别人做事要说"请"，别人做到了要说"谢谢"，对宝宝要和蔼、文雅、有礼貌和体贴，用自身行为做榜样，才能使宝宝学习。不能限制太多。有些事为什么不能做要解释清楚，尊重他的选择，让宝宝有机会做主，这样反抗期就会平安过渡，亲子关系就会更加亲密。

Q 怎样帮助宝宝认识自己

A 家长应经常细心观察宝宝，善于表扬宝宝细微的优点，使宝宝有正确的自我认识。

（1）认识自己的长处

宝宝有了自己的兴趣爱好，会在自己最好的方面努力，有些宝宝能在自己兴趣的基础上参加一些专业训练，如绘画班、电子琴班、舞蹈班、游泳班等。通过这些专业训练的表现，能认识自己的长处。同时在日常生活中，与其他小朋友相处时，也可以知道自己不如别人的地方，能正确地评价自己。

（2）自我估计

在演出节目时，自己能作选择，如果自己确实能做得最好，就努力演出，如果有别人更好，就会向老师推荐，不会像以前那样盲目。遇到必须自我防卫时，会正确估量对方，对方比自己强大时就跑，尽可能躲开。确定自己有理，有力量时，先礼后兵，用讲理的办法，实在不行时才出手，就可以避免不必要的伤害。到接近4岁时，宝宝就会不完全相信老师的评价和家长的评价，保留自己一定的看法。

（3）责任感

如果宝宝在家里有一定的责任地带，例如在厨房扫地或者收拾自己的房间，应鼓励宝宝自己动手，家长只起到督促的作用即可，不要代替宝宝做具体工作。宝宝经过一定的劳动锻炼，就懂得玩具和用品都应放回原处，学会利用空间，把房间收拾整齐。如果宝宝负责每天浇花，就会按时去做，不会偷懒。要让宝宝用勤劳的成果作自我表现，用负责任的态度对待每一件事情。

Q 怎样使宝宝注意自己的形象

A 在亲子园快到3岁的宝宝就是大哥哥或者大姐姐了，妈妈和老师都会让宝宝注意自己的形象，在小弟弟妹妹面前作出榜样。

（1）做出表率

随时警惕，不做有损于自己形象的坏事，不随地小便、随地吐痰、擤鼻涕、乱扔纸屑和包装物，玩具和用品用完要放回原处，保持环境的整洁。文明礼貌，尊敬长辈，保持大哥哥的形象，给小弟弟做好榜样。要做个"男子汉"，勇敢，乐于助人；女孩子要像妈妈那样，对别人关怀备至，体贴入微。在群体中，待人宽容，顾全大局，为别人着想，不随便发脾气、耍赖、蛮不讲理、大哭大闹、破坏团结。带头遵守规则，保持活泼开朗、快乐的形象，在群体中做出表率。

（2）家庭影响

如果宝宝一直生活在自己的家里，宝宝会向自己的家长学习，因此家长的榜样作用十分重要。生活在幸福的家庭中，夫妻互相敬爱，就会成为最好的榜样。如果家庭不和，互相指责，经常争吵，不顾体面，对宝宝的影响会很大。此外，如果宝宝已经能自理，仍然帮助过多的话，也不利于宝宝养成自信、独立的性格和形象。经常受到体罚的宝宝，容易有攻击性，在家中挨打，就会在外面攻击别人。如果宝宝犯了错误，家长应耐心了解情况，帮助宝宝解决，指出错在哪里，才能避免下次不再犯。家长作为宝宝的第一任教师，应以身作则。

有些家长认为现今的社会是竞争的社会，不能把孩子教育成"窝囊废"，要求孩子不可忍让，鼓动挑起进攻，破坏孩子们的团结，这是不可取的。越是先进的社会，就越需要文明礼貌、道德高尚的优秀人才。首先要自己尊重别人，才能让别人尊重自己。注意保持自己有文明礼貌的外表，也要有宽厚能容人的心，才能在高度文明的社会上立足。

Q 怎样矫正宝宝的任性行为

A 宝宝到了2岁就已经懂得大人的意图，在此期间有些宝宝会同大人作对，稍不如意就会大哭大闹、满地打滚、打人咬人、摔坏东西等，让家长很伤脑筋。这时家长应当按以下方法处理：

（1）满足合理的要求

例如宝宝吃饭洒得到处都是，大人可以给一点帮助，仍让他自己吃，他就会有所进步，能自己吃完一顿饭。有些要求不合理就不能满足，例如宝宝要动热水瓶、要坐在窗台上玩，这些有危险性的事就要马上转移他的注意力，让他玩更有意思的游戏，不要下禁令，既避免同宝宝对着干，也不能迁就。

（2）建立规矩

2岁半前后是建立规矩的最佳时期，例如规定每天看电视不超过15分钟，吃饭前把玩具收好再洗手吃饭，不可打人骂人，说话有礼貌等。这些规矩大人小孩都要遵守，互相监督，家长要作出表率，家庭中大家的态度一致，不可破例。有了互相一致的规矩，就可以让宝宝学习自律，学会自己管理自己，任性的毛病就容易改正。

Q 怎样安放家用电器才更加安全

A 电线的布置以隐蔽、简短为佳，尽量沿墙的边缘布置电线，以免宝宝因为好奇而揪扯出来。床头灯的电线不宜过长，最好选用壁灯，减少使用电线。平常不用的电器电源应当拔掉。所有电器的电线应最短，或使用安全电线夹，将灯具或其他用具的多余线缆卷起，可避免孩子拉扯。冬天不要把电热器放在床前，以免衣被盖在上面引起失火。另外夏天也不要把电扇直接放在床前吹。

绝对不可让灯座或照明装置空着，应立刻装上灯泡，以防止宝宝把指头伸进放置灯泡的灯头内。用安全电插座，或者用强力胶带封住插座孔。还要防止宝宝拔出正在使用的插头。如果把手指或物品插入插座，就有触电或短路的危险。市场上有售安全插座和插座挡板，有小宝宝的家庭可考虑更换。

Q 怎样让宝宝学会分清左右穿鞋

A 宝宝自己会随意穿鞋，不分左右，走起路来大脚指头受压就很不舒服。家长要特别让宝宝学会分清鞋的左右，不要穿反了。把鞋摆在宝宝面前，就可以看出两只鞋是不同的。鞋的内侧突出，就是为了使大脚指头穿进去。如果宝宝要脱鞋

进入游戏区，鞋尖向着地垫。出来时就应当把鞋转过来，让鞋尖向外才便于穿上。宝宝上床时如果先坐下脱鞋就应马上把鞋摆好，让鞋尖向外，才能便于起床时穿上。有些宝宝要爬上床，所以上床后鞋尖向床，起床后一定要把鞋转过来，让鞋尖向外才便于穿上。要让宝宝养成文明的习惯，不可以脱鞋后乱扔，以免使自己起床时找不着鞋。

2岁半的宝宝一定要在家学会分清鞋的左右，不宜乱穿。因为入幼儿园后每天午睡起床都必须自己穿鞋，如果分不清鞋的左右，自己乱穿就很容易摔跤，很不安全，因此一定要在家时就学会。

■ 智力开发

专家提示

2~3岁是宝宝语言发展最快的时期，前半年主要是学会说出让别人能听得懂的话。后半年经过大量的积累，尤其是经过"词饥"以后，由于经常向大人问问题，得到大量的回答，知识就会增进，词汇量也会增加。而且通过听故事等接触了书本，就会对代表语言的符号——文字产生兴趣，出现了认字和看书的热情。所以2岁半到3岁的半年，宝宝会有很大的进步，最主要的是通过分类学会分析综合，出现了思维。

Q 怎样教宝宝学习语言

A 随着宝宝了解的词汇量越来越多，他会自发地把所学到的词汇分类，把相似的放在一起，3 岁的宝宝经常以用途归类，哪些能吃、哪些能玩、哪些能穿、哪些能用；宝宝为了区分一个概念，就先分清事物的两极，如分清大小、多少、长短、上下、里外等。3 岁前后的宝宝先学会区分反义词，等到 4~5 岁才逐渐理解同义词。家长应当帮助宝宝学会分类，让宝宝真正理解每个词的概念，宝宝经过对词汇的分析综合，就进入逻辑思维的范畴了。

宝宝的语言学习要很具体，学会说和听都要从具体事物入手，看得见的、听得到的、用手摸得着的、有颜色、有声音、有形状、有图像的、新鲜有趣的才容易学会。如果不断得到鼓励，就会越学越好。千万不要说"我家宝宝嘴笨"，这样会打击宝宝说话的热情。只要宝宝主动开口，就要鼓励，练习得越多，就会说得越好。

Q 怎样鼓励宝宝阅读新书

A 由于宝宝已经认识了一定数量的汉字，像《婴儿画报》或《婴儿世界》等小书就可以自己打开阅读了。宝宝每翻开一页都会有不认识的字，不过宝宝通过看图，连蒙带猜也能猜出七八成。对于不认识的字宝宝不会放过的，等到大人有空，就会马上问，所以需要家长帮助把生字写在字卡上作复习用。自从宝宝阅读新书以来，宝宝对认字又出现新的热情，原来以为自己已经认得不少汉字，等到用时方恨少。家长可以帮助宝宝整理生字卡，保证第一天要复习 1 次，连续复习 3 天，第 7 天再复习 1 遍，把这些字卡按复习的时间放在不同的盒子里，按照规定的日期再复习。以后常用的单字在阅读中反复出现，会使宝宝记得更牢，使宝宝阅读新书就更加容易。

Q 可以让宝宝学习方言和外语吗

A 2~3 岁的宝宝具有非常好的语言能力，能同时接受几种不同的方言或外语。如：20 世纪 70~80 年代，黑龙江兵团的家属区居住的孩子很多能说十分流利的几个省方言，因为在一排平房里，1 号住的是从四川来的奶奶，2 号住的是广东来的姥姥，3 号住的是上海来的奶奶，4 号住的是辽宁沈阳来的姥姥，5 号住的是长沙来的奶奶等。孩子们经常串门，不知不觉就学会了不同的方言，而且学得十分地道。相反，曾遇到过一位从江西来的奶奶，她十分开心地抱着孙子，孙子在她膝上跳跃，还一面背诵十分押韵的江西童谣，这时母亲过来，很不耐烦地说："我不是告诉过您，不要同宝宝说江西话，以免他说话带有口音。"这时奶奶不吱声了，快乐的气氛消失了。后来有机会与这位母亲沟通，我再三强调她十分幸运有这位良好语言智能的奶奶，难怪她们居住在江西的深山沟里，居然能培养出宝宝的爸爸那样的硕士生。让宝宝听很有节律的儿歌没有坏处，让宝宝学会方言就更好了，将来遇见同乡，有了共同语言才有归属感。几个月后再看到她们时，宝宝对奶奶说江西话，对妈妈说普通话，语言表达十分流利。

又如，在我家胡同里有一位医生请了一位陕西保姆看孩子，他不让保姆同宝宝说话，害怕宝宝带上外地口音，结果这位宝宝到 2 岁还不会叫妈。他来找我咨询，刚好保姆要回老家过年，请假一个月，这个月内由妈妈自己带孩子，我让妈妈多同宝宝说话，不到半个月宝宝就会叫妈了。

Ⓠ 怎样玩卡片配对和接龙游戏

Ⓐ 宝宝已经认识一定数量的汉字后，家长可给宝宝准备另一套同样的字卡，让宝宝自己找相同的汉字作配对用。也可以大人和孩子一起玩记忆配对，每人轮流拿 5 张卡片，翻开 1 张，其余全放桌上。如果谁手里有相同的就可以配成对子拿走，再翻开 1 张。如果轮到自己手里的卡片不能配对，就可以翻开桌上的卡片让大家看，能配上就可以赢走，不能配上就要另排一行扣上。大家要记住已经翻开过的卡片，因为轮到自己时，如果手里没有就要翻，如果发现翻开的在桌上已经有就可以配对赢卡片。最后看谁赢得最多就算胜利。

除了汉字的字卡外，也可写一些数字的字卡，让宝宝练习配对。通过动手操作，使宝宝对汉字和数字都更加熟悉。

宝宝已经认识一定数量的汉字，家长可给宝宝准备另一套两三个字的词组字卡，让宝宝认识，等到宝宝已经认识相当多的汉字时，就可以做接龙游戏。利用这些两三个字组成的词组的字卡，每人先发 5 张，放一张摊开在桌子上，其余的全扣在桌上。按顺时针的方向轮流出牌，找到与桌子上的字卡中与头尾的一个字相同就可以接上，如果手头没有相同的就可以在桌上拿牌，找到相同的才可以接上。后面的人就只能再接两头的汉字，接不上就要拿牌，谁最先把手中的字卡全都用掉，就算赢。这个游戏可以 5~6 个人在一起玩，词卡越多，接的龙就越长。玩过接龙游戏，宝宝就会较容易认识以前不认识的汉字。

用数字也可以玩接龙游戏，从两位数开始，也可以玩三四位数的接龙，宝宝一面玩，自然就会读出这个数。例如 56 就读做五十六，125 就读做一百二十五，在游戏中可练习多位数的读法，并且用相同的头尾两个数字接上长龙。

Ⓠ 怎样同宝宝一起学习和背诵古诗

Ⓐ 2 岁半的宝宝最喜欢同大人一起朗读古诗。我国文化源远流长，这些流传至今的古诗有韵律、朗朗上口，很便于记忆和背诵。诗词的大意容易理解，给宝宝选读的古诗最好十分形象化，例如唐初四杰中的骆宾王 7 岁时写的《咏鹅》："鹅、鹅、鹅，曲项向天歌，白毛浮绿水，红掌拨清波。"大人一面朗读，一面向宝宝解释，让宝宝明白后再开始跟着朗读。有些诗词在一定的情景下就会使宝宝学得很快。例如有一晚月亮特别好，在床前就能看见，马上可给宝宝朗读："床前明月光，疑是地上霜。举头望明月，低头思故乡。"如果宝宝曾经去过父母的家乡，宝宝就会明白得更多了。这样，让宝宝在理解的基础上朗诵，就能记得住，而且到了同样情景时就会想得起来。朗诵古诗不在多，在遇到相关环境时，就同宝宝一起复习，这样能加深体会，记得牢靠。

Ⓠ 为什么要让宝宝学习数数

Ⓐ 自从宝宝一面数数一面学走以来，到了 2 岁半，一般宝宝都能数到 10~50。我国儿童在数数方面比其他国家领先，无论按数拿东西、学习加减都比外国同龄儿童快，所以在国际奥林匹克数学比赛上，我国儿童得奖的机会也较多。

中国的儿童之所以能比外国儿童数得多些，其中有两个原因，其一，中国的语言简练，每个数都是单音，便于说出，其他各国的语言在 1~10 之间都会有双音，英文的 7 为 seven，是双音，难度较大。其二，在十以上用中国语言数数就更简单，只是十一、十二、十三，有规则的变化，英文是不规则的变化，如 eleven、 twelve、thirteen 等，所以越往下念就会觉得更加难一些，所以从 4 岁起中国儿童数数比美国儿童几乎多 3 倍。

数数在开始时经常是如同唱歌那样在背诵着，宝宝只感觉到能受大人的称赞，是件好事，不过经常所背诵的数与实物不符，这不是真正的数数。但是能按照数的顺序背诵，尤其是在 9 进 10 时如果不错，就已经学会了进位。孩子们之所以不能再往下数，往往在 9 进 10 时出错，因此约有 40% 的北京宝宝在 2 岁时能数到 10，有 10% 能数到 20，只有 3% 能数到 30。学会数数的宝宝就能知道哪边放得多，有估量的能力。2 岁半后，宝宝的双手逐渐灵活，能学会点数数，让自己手拿的同口说出的一样多。不过就算能点数到 10 的 2 岁宝宝也只能给大人拿出 3 件东西，要求拿 4 件就会出错。2 岁半时也只有部分宝宝能拿出 4 件，3 岁的宝宝能拿出 4~8 件东西，因为有些宝宝学会用双手操作，每只手拿 3 件，就有 6 件；每只手拿 4 件就有 8 件。能拿东西的数目才是宝宝真正认识的数目。

宝宝学会数数，又能按着数给人拿东西，逐渐学会心中有数，经常用就会越用越灵。曾遇见一位 4 岁的温州男孩坐在家门口看小摊，他会卖豆腐片。每斤 2 元，每两 2 角。给他 1 元钱买 2 两，他很熟练地称了 2 两，找给 6 角。要知道，不少 4 岁的北京宝宝在幼儿园里连钱币都不认识，不可能做买卖。有不少小学生只会做笔头的计算，不会做应用题，就是因为实践太少了，如果让他们有机会多做售货的游戏，多实践，就会把数学活了，不必死记硬背。喜欢玩数的游戏，喜欢做比较，样样自己动手，就能灵活起来。

Q 怎样使宝宝认识数字和学写数字

A 有些宝宝在 1 岁半后认识数字 1 和 8，逐渐学会一面写一面学认，2 岁前后宝宝会画曲线和圆圈，就能写出 1、2、3、5、8 等不同的数字，30 个月后会画直角就能写 4 和 7，3 岁前后能分清 6 和 9 就会慢慢学写，基本上能自己写 1~9。认识了数字就可以玩以下游戏。

（1）数字配对

可以用写好的数字卡片，也可以用塑料的数字练习配对，把完全相同的数字配在一起，或者用一张卡片配上一个相同的塑料数字做成对子。

（2）摸数字

把塑料的数字放在洗米水里或者肥皂水里，让宝宝按要求把数字摸出来。或者把硬纸剪的数字放在沙土里，让宝宝摸出。宝宝需要用手的触觉摸出数字的特点，才能确认，这对学写数字很有帮助。

（3）寄信

为了让宝宝分清楚相似的数字，可以同宝宝玩寄信游戏，用两个大信封分别写上数字3和8，分别放在房间两侧当信箱。再用卡片各写5张3和5张8，每次发给宝宝1张当做信，让宝宝当邮差去寄信，看宝宝是否放对，目的是让宝宝分清3和8。也可以让宝宝分清6和9，2和5，宝宝经常在有兴趣的游戏中跑来跑去送信时，能分清单纯背诵所不能学会的相似数字。

Q 怎样让宝宝做连续加法

A 可以让宝宝在游戏中学习做连续加法，例如，宝宝们分组拍皮球，每组3个人，第一个人拍了6下，第二个人就要从7开始往后数，如果第二个人拍了5下，就会从7数到11，第三个人拍了8下，就要从12数到19。这种本领在分组游戏时用得非常多，练习多了，就等于练习了连续加法，在生活中会经常用到的。

Q 怎样让宝宝学会倒数数

A 同宝宝在一起背诵倒数数的儿歌："1，2，3，3，2，1；1，2，3，4，5，6，7；7，6，5，4，3，2，1。"这些数字念起来是押韵的，很容易背诵，等到宝宝能背诵全首时，就已经学会从7倒数到1。再练习10，9，8就能很轻松地学会从10倒数到1。如果宝宝愿意练习，只要记住20到19，以后的数就很容易背诵，宝宝就能从20倒数到1了。

学会了从20到1的倒数数，宝宝就能很轻松地做20以内的减法。宝宝可以用手指比着要减去的数，例如12减去5，举起5个手指，从12开始倒数5，得到7。宝宝用倒数的方法就不必考虑借位的问题，这样做减法就会很容易。

Q 怎样让宝宝认识颜色和形状

A 2~3岁的宝宝在日常生活中能认识6~10种不同的颜色和形状，如果家长经常同宝宝谈论各种花卉的颜色，加上平时看图书指认颜色，宝宝会认识十余种颜色。南方孩子比北方孩子认识的颜色多，因为在南方几乎四季都有各色的花卉，比北方丰富，除了 2 岁前认识的红、黑、白、黄、绿和蓝外，还能认识橙、粉红、紫、棕、灰等颜色。许多 2 岁以上的宝宝能认识长方形、椭圆形和半圆形，接近 3 岁时会认识梯形、菱形和五角形。经常都是看到了具体的东西，听到大人说就记住了。

Q 让宝宝玩沙和玩水有什么好处

A 可以在夏天带着宝宝到海边、江边或者河边去，让宝宝拿着自己的小铲、小桶在沙滩上玩。宝宝可以在沙滩上挖一条小河，把沙土堆成山，或者用水把沙土弄湿了，用手捏成城堡和小屋。女孩子喜欢用湿的沙土做饼，做出各种各样的点心。家长可同宝宝一起玩，帮他出主意，同他一起做能用沙土做的建筑物。

平时工地上经常会有一堆沙土，孩子们会在沙土上游戏。不过家长应当劝导自己的宝宝不要在工地上玩，以免出现意外，工地上会有运输的大卡车、大吊车、搅拌车等大型的工具车。操作的人在高大的车上难以发现在地面上玩耍的孩子，容易出现车祸。如果宝宝很喜欢玩沙，可以用大的塑料盆盛一些沙土，专门

给宝宝玩。如果放在院子里，要加盖，防止外面的猫和狗在沙子里大小便。

宝宝在水边玩耍时，一定要有大人在身旁随时保护。宝宝也可以在家里用大澡盆玩水，拿一些小碗、小瓶，让宝宝练习准确地把水倒入瓶中，看看碗装得多还是瓶子装得多。比较哪一个瓶子装得最多，给瓶子排队，或者给碗排队。在浴室玩水就不用怕把地弄湿，不过大人一定要在场，以免宝宝出现意外。

沙和水本身没有一定的形态，可以随便流动，可盛在容器里。沙土弄湿了，就可以随意做成不同的形状，有些大型的沙雕城堡建筑得十分宏伟，冬天沙土里的水结冰就可以维持较久。如果用水泥拌上沙土干固后就会十分结实，是盖房子需要的材料。水有三

种形态，常见的液体状态的水，冬天会结冰，遇热就会变成水蒸气，宝宝在家里看见烧开水时水壶里会冒出气体，这些气体很有用，能推动机器、火车和轮船。水的用处就更大了，家家做饭、洗衣、洗澡都离不开水。冰也很有用，不但能制造冷饮、冰棍、冰激凌，还能放在火车、飞机上将新鲜食品运送到远处。家长可以利用一些图书作介绍，让宝宝逐渐开阔知识面。

Ⓠ 怎样让宝宝学会分辨轻重和冷热

Ⓐ 可用 3 个外观一样的瓶子，一个放满沙土，一个放一半沙土，另一个放很少的沙土。把 3 个瓶子随便放在桌上，让宝宝用手自己掂量，把最重的放在左边，盛一半的放在中间，最轻的放在右边，看宝宝是否放对。再把沙土从最满的瓶子倒出来一点儿放在几乎空的瓶子内，使差别减少，再让宝宝排队，看是否做对。

再用外观一样的瓶子，一个放热水，一个放温水，另一个放冷水，随便放在桌上。让宝宝把放热水的瓶子放左边，温水瓶子放中间，冷水瓶子放右边，看宝宝是否放对。再把热水瓶子的水倒一点儿放在冷水瓶内，以减少温差，再让宝宝按照热、温、凉排列，看是否做对。

让宝宝学会用手掂量是平时很实用的技巧，经常买菜的人用手掂量就知道够不够一斤；经常照料孩子的人用手摸摸额头，就知道宝宝是否发烧。宝宝也要学会一点掂量的本领，做多了就能熟练。

■ 动作训练

Ⓠ 怎样让宝宝学会骑脚踏三轮车

Ⓐ 2 岁半前后，宝宝能练习骑脚踏的三轮车，不要买电动的车子，设备好的电动车完全不用宝宝自己用力，能自己走，宝宝就会失去练习驾驶平衡的机会。家里可以购置一种儿童用的两轮车，后面的两个小轮子可以放下来做三轮车用，等到学会了，把轮子拿上去就成了小的两轮自行车，使宝宝容易操纵。家长最初可扶着宝宝上车，帮助他向前走，带着他转弯，经过多次的练习，宝宝就能学会驾驶时维持身体的平衡。

要告诫宝宝千万不可以在大马路上骑三轮车，因为马路上汽车太多，容易出危险，而且大马路上汽车的尾气容易使宝宝吸入铅而产生铅中毒。最好在自己家的小院里练习，或者在小区的小花园内，或者在有很少行车的小路上练习。大人要跟随在后，随时注意宝宝的动向，以免出现危险。

让宝宝骑脚踏的三轮车，能练习四肢与身体的配合，学会适应驾驶平衡。学会脚踏三轮车后再学两轮的自行车就会十分容易，可以方便出行代步。

Q 为什么应该让宝宝多玩球类游戏

A 不论男孩女孩都喜欢踢球，2岁半的宝宝已经能短时单脚站稳，不必扶物就能把球踢到远方。家长可给他找一条长凳或者一个大纸箱当球门，让他向着一个

目标踢球。如果爸爸喜爱足球，就可以同宝宝一起玩，不论男孩女孩，如果有机会练习都会喜欢玩足球的。

也可以给宝宝准备一个篮球的架子，把篮调整到距宝宝头顶上方30厘米处开始练习，逐渐按照宝宝的能力把篮筐调整到合适的高度，让宝宝练习。父母都可以参加，让宝宝学会传球、投篮等技巧。

球类能使宝宝全身运动，学会机动灵活，能与别人合作。在玩球时就会逐渐懂得一点球类的规则，以便日后参与儿童之间的球类活动。

Q 为什么要让宝宝参加团体操

A 在亲子园每次上课都有教师带领着妈妈和宝宝，随着音乐做一些简单的体操。2岁以后，大多数宝宝都能离开妈妈，直接跟着教师做律动。等到比较熟练后，就可以在教师的指导下做团体操。开始大家做的是完全一样的，如同做工间体操那样，按照音乐在教师的带领下做各种动作。以后就可以排列出队形，其中有些人做不同的动作，有时像表演、有时改变队形，有个别孩子可以做一些翻跟斗或者舞蹈的特殊动作，使整体成为有节拍、有队形变化、有表演特点的团队活动，也可作为节日的表演。

家长应当鼓励宝宝积极参加这种活动，虽然大家在一起排练时会比较辛苦，但是能参加，在其中成为队伍中的一员，就会让宝宝感到无上光荣，有一种归属感。在队伍中，无论宝宝是其中的表演者，还是队伍中的一般成员，都是很重要的。大家都要遵守队伍中的规则，彼此照应，才能保持队伍的整齐。这本身就要求小朋友学会具备一种团队精神。家长应鼓励宝宝积极参与集体活动。

专家提示

2岁半的宝宝手的技巧会有飞跃式的变化，要抓紧这个机会让宝宝多练习学用工具，如拿剪刀、拿筷子、学系扣、用手纸等技巧。在游戏中，如搭积木、穿珠、拼图、画写等方面能力都会突飞猛进。如果不让宝宝动手，以后技巧性能力就会落后，难以很快掌握好。

Q 做拼图游戏有哪些好处

A 2岁半的宝宝开始注意到事物的轮廓，从镶嵌游戏到拼上切分2块和3块的拼图。27个月前后有些宝宝能拼上丁字切分的拼图，30个月后宝宝在拼图能力上出现较大的差异，优秀者可以拼上切分8~12块的拼图，一般能拼上切分5~6块，有些连丁字切分3块的都拼不上。拼图需要有想象力，看到某一个碎片，能想到它是什么东西的某一部分，就是要有局部推断整体的能力；同时要有方位感，头放在上面或前面，天在上，地在下；也要结合颜色、形状和穴位才能拼得上。因此拼图是一种能锻炼图像思维的好游戏，特别适用于2岁半以后的宝宝。我们曾经通过随访，观察到已经上学的孩子，在3年级之前他们的学习成绩与何时能背诵儿歌有关。到了4年级以上，就与2岁半到3岁时的拼图和搭积木能力有关。那些能拼上切分12~30块的拼图和能搭出复杂构型积木的宝宝，直到上初中成绩都会比拼搭得少者优秀。因为4年级以上的功课需要较多的想象力和推理能力，不像3年级之前较多要求背诵。所以让宝宝练习拼图和积木，扩充想象力和图像思维能力，对宝宝以后的学习会很有好处。

Q 玩赢大小的游戏有什么好处

A 许多宝宝已经会写10个数字，但是分不清哪个数字大，因为一般在书上或者塑料的数字都是大小一样的。大人说"2比1大"，宝宝看不出来，所以不能相信。家长可用两套套碗倒扣，在底部贴上数字，最小的贴1，依次往上递增。妈妈和宝宝各有一套，每次各自拿出一个，谁拿出的大，就可以扣住对方的，算赢了一分，看最后谁能赢得多。因为碗底有数字，所以每次拿出来时双方都可把数字读出，一来可以温习数字，二来可以知道2比1大，3比2大，4比3大，5比4大，6比5大。宝宝虽然会背诵数的顺序，但是并不理解哪个大。塑料的数字做的都是一样大的，可利用套碗就会十分形象，大的就可以扣住小的，玩过几次，宝宝就能理解谁比谁大，不会弄错。在玩赢大小的基础上，可以让宝宝自己按大小排列数字，为以后做加减法打基础。

Q 怎样教导宝宝用圈、点、线作画

A 3岁前后，在家长的启发下，宝宝可以把自己学会的画画的本领结合起来，就能画出自己喜爱的图画。例如宝宝画了一个圈，加上一条线，就成气球；画一个大圈，下面加一条粗的道道，就成一棵树；联合两个圈，上面加两个长耳朵就是兔子；或者在上面的圈内加上五官，画上帽子，就成不倒翁；在上面的小圈画上眼睛和尖嘴，下面的大圈下加上两只脚就成了小鸡。男孩子喜欢画汽车，上面画一个扁圆，下面加两个车轮就成了汽车。有了家长的引导，宝宝可以画一些自己喜欢的东西。

Q 怎样教宝宝画正方形和画人

A 不少30个月的宝宝能画正方形。宝宝先学会画十字，然后学会在竖道的终点拐弯，或者在横道的终点拐弯，把这两个直角连起来就成正方形了。宝宝学会画正方形后，就能联合两个形状自己作画。例如在正方形下面加两个小的圆形作为轮子，就成了大卡车；连续把正方形垒起来就成为一座塔或成为塔楼。会画正方形的宝宝就能写数字4和7，也能学写有四方形框的汉字。

2 岁半的宝宝除了已经认识的 6 种基本颜色（红、黑、白、黄、绿、蓝）外，开始对一些新鲜的颜色感兴趣，例如能认识粉红色、紫色、棕色、橙色、灰色等常见的颜色。

接近 3 岁时，宝宝会自己画一个大圈做脸，会在适当的位置上画人的五官。如画两个小圈做眼睛，其他的部位就按宝宝能记得住的再画下去，能画上 2~4 个部位不等。德国的古依娜芙认为，孩子画人身体部位的多少可以判断出其智能的高下，因为只有宝宝在心目中有深刻印象的部位，才能自己画出来。当宝宝自己画人时，大人最好不做任何提示，完全让宝宝凭着自己的记忆来画，家长可以在宝宝画的人旁边标上日期，以作留存。过 3 个月再让他自己画一次以作比较。从中就可以看出，大概每过 3 个月宝宝就会在自己的画上增加 1 个部位。哈里斯就提出，从 3 岁起，每过 3 个月宝宝就能增加 1 个部位，用画出的部位×3+36 作为智龄月，以实际月份作分母，可算出宝宝的智商。我们通过大量的统计，发现用这个公式算出来，3~4 岁的宝宝智商偏高，5~6 岁宝宝的智商偏低。因为多数 3 岁的宝宝开始就已经能画 3~4 个部位。月龄越大分母就大，但是身体部位的数目有限，就算有精密的观察，把眉毛、眼睫毛、瞳孔、鼻孔、上下唇等都算上，连颈部和身体的长宽比例、手指数目、衣服细节等许多已经列出来的项目全都算上，也会在大月龄时算出的智商偏低。不过家长留存是有好处的，可以观察宝宝最容易对哪些部位有印象，可以对印象较少的部位给予特别的提醒，让宝宝对人的观察更加全面。

Q 可以教宝宝写字吗

A 不少 2 岁的宝宝能认识数字，也会写几个数字。部分 30 个月的宝宝会连起两个直角能画正方形，这些宝宝能写 4 和 7，如果再能分清 6 和 9 就能学会写所有的数字了。会画正方形前，有些孩子也能写几个汉字，如一、二、三、工、干、王等汉字，会画正方形后，会写的范围可以逐渐扩大。

要正确引导孩子按笔顺学写汉字，如果开始不正确以后就很难改正。因此有许多教师不主张宝宝在入学之前在家里学写汉字。但是如果都留到上学之后才学习，宝宝回家做作业就会遇到许多困难，不会握笔、写字慢、难以完成作业。所以不能因为害怕宝宝写错笔顺就不让他在学前期练习写汉字。放手让宝宝学写汉字，只要笔顺正确就可以，不必有过多限制。

Ⓠ 同家长联合画画有哪些好处

Ⓐ 家长可以同宝宝联合画画，例如家长画一枝梅花，先在纸上用铅笔打稿，告诉宝宝在每一个圈上用食指蘸调好的颜色按上花瓣，基本上每个圈要有 5~7 个花瓣。家长通过示范让宝宝学会后，宝宝担任画花瓣的任务，家长可以继续画树枝。这就是联合作画。

宝宝在家有过联合作画的经历，就可以参加幼儿园的联合画画。由教师分配任务，某个宝宝专门画房子，某个专门画汽车，某个专门画大树，另一个专门画花等。或者按区域划分，每个宝宝在自己的区域内画自己喜欢的图画。由于 2 岁半的宝宝能力有限，单独能完成一种就已经很不错了，所以能分区作画的不多，能把自己会画的一种画好就很好了。

画画和唱歌都算特殊才能，宝宝需要在家长或老师的指导下经过练习才能掌握。

■ 社会交往

专家提示

在宝宝入幼儿园之前最重要的就是培养宝宝的交往能力，为他能参加集体生活做好准备。宝宝需要练习才能离开家长，学会安全分离，这样不至于入园后经常啼哭，不吃不睡，影响健康。要有一定的独立生活能力，能自己吃饭、自己穿衣、独立如厕。同时能与同龄儿相处，学会共同游戏、共同学习、共同生活，这些都必须在这半年内学会。

Q 孩子玩过家家游戏有什么好处

A 宝宝们会经常在一起做模仿家庭生活的游戏，较大的孩子会做爸爸妈妈，2岁的宝宝参加进来做家里的小孩。做爸爸妈妈的会做一点事情，比如去买菜，摆桌子，哄小娃娃或请客人来吃饭等。爸爸洗菜切菜，妈妈弄炉子做饭然后炒菜，大家分工合作，把客人狗熊、大象、长颈鹿等请来坐好。孩子们帮助妈妈把菜摆到桌子上，孩子们也围坐着，由爸爸宣布给谁庆祝生日，或者谁有喜庆的事，大家共同庆祝，举杯祝酒热热闹闹。在游戏中大孩子往往要应对一些突然的变化，例如狗熊喝醉了，马上抬他到床上休息，让他喝点水使他早点醒来。或者娃娃突然病了，马上要送到医院。过家家的场面又会变成医院，妈妈抱着娃娃去诊断，爸爸变成医生给娃娃看病，小的孩子有的当护士给娃娃挂瓶子，有的当化验员给宝宝验血，有的当药房的司药，给娃娃配药，各尽其能。过家家需要大家在爸爸妈妈的领导下分工合作，每个小的都要发挥自己的想象力，把自己的角色表演到位。生活经历多的宝宝，就会带动从未遇见过新鲜事的宝宝，例如自己曾经发烧，在医院挂过吊瓶，就会在游戏中表演，使许多未曾见过的宝宝开开眼界，这样，一旦自己有病，需要挂吊瓶时，就不会惊慌失措，能从容应对了。孩子们玩过家家时，互相的语言交流很多，不同家庭的生活方式，不同的经历都会在游戏中出现，互相交流会使大家都有进步。宝宝在游戏中能学会服从，既要服从大哥哥大姐姐的吩咐，也要在自己的岗位上做得最好，这样才能受人欢迎。如果不听话、懒懒散散，

别人就会"不同你玩"，让自己受到孤立。所以在集体的游戏中，如同进入孩子们的小社会，宝宝要做到合群、有礼貌、尊敬大哥哥大姐姐、听话、同人合作、积极热情、不怕苦不怕累才能受到群体的欢迎。这种锻炼宝宝在家里就难以学到。

Q 为什么要鼓励宝宝玩逛超市的游戏

A 在亲子园宝宝们都很喜欢学妈妈的样子，推着小车选购货物，还有一些宝宝

可以充当超市的工作人员，有的做收钱的，有的做导购的，给人介绍商品；也有做经理的，到处看看指点一下；也有些男孩子喜欢做送货的，拉着大车给每个货架补充商品。有些刚 2 岁的新来的宝宝，可以坐在车上，由大孩子推着进来购物。参加的人越多，场面就越热闹，使孩子们愿意共同玩逛超市的游戏。逛超市的游戏可以帮助宝宝们了解货物的名称和用途，同时学会逛超市的规矩，不可以随意拿商店的货物，自己选购的东西要放在一起，到柜台计算价格，付钱后才能拿走。如果有谁偷偷地拿走东西，被发现后就要交付罚款。宝宝们玩逛超市的游戏可以学习购物的规矩，自觉做遵守规矩的好公民。

Q 为什么要让宝宝讲礼貌

A 在文明的社会里，包括在孩子们的各种游戏过程中，孩子们彼此交流，都要互相客气，无论见到教师或者同伴及他们的家长，都一定要有礼貌地打招呼，表示欢迎。需要别人帮助时要说"请"，受到帮助后要说"谢谢"，不小心冒犯了别人要马上说"对不起"，表示道歉。离开游戏时要向大家告别说"再见"等。有些宝宝还未养成礼貌待人的习惯，这要从家庭做起，父母经常互敬互爱，可使宝宝有良好的学习榜样。在亲子园里教师和其他孩子都很有礼貌，这些良好的气氛也可以使宝宝学会礼貌待人。有礼貌才能让别人容易接受，不被排斥。如果对别人不关心，举止粗野，说话没有礼貌，就会让别人远离，不容易进入小朋友的圈子中。要让宝宝外表文雅、说话有礼貌、待人和气，这样，无论在邻里间、在亲子园，乃至在其他公共场所都会受到别人的欢迎。

Q 为什么要让宝宝学会包剪锤游戏

A 3岁宝宝懂得出手，打开手掌表示包袱，伸出食指和中指表示剪刀，拳头表示锤子。锤子可以砸坏剪刀，剪刀可以剪破包袱，包袱可以包裹锤子。这3种东西互相制约。宝宝玩过几次就知道谁赢了，谁输了。这个游戏在孩子们当中经常作为解决问题的法宝，比如需要决定谁先上滑梯，通过猜拳，谁赢了就先上，大家都会服气。有了规则就可以减少争斗，使集体的次序容易维持。如果大家都想玩某个玩具，不可以抢，大家做包剪锤游戏就可以决

定谁先玩，用猜拳来决定次序，既文明，又能让大家服气。学会用这个办法来解决孩子们的矛盾，让大家既高兴又不必打架，岂不很好！

Q 怎样教宝宝与小朋友交往

A 现在许多家庭都搬入单元楼房，独门独户，往往与邻居很少打交道。宝宝从小就跟着父母和照料人一起生活，各个家庭之间很少交往。有些居民区有公用绿地，或者街心公园和公用的健身设备，偶然有机会遇到邻居小朋友，大人们只是互相客气，很少让宝宝们互相来往，在一起玩耍，更谈不上让邻居小朋友来家里玩了。宝宝已经2岁半了，应该逐渐减少对父母的依恋，到了应该进入群体的年龄。如果在当地难以找到适合的伙伴，最好让宝宝进入亲子园活动，一来学会适应新环境，二来学会与同龄人打交道，学会社会适应性，以便3岁后入幼儿园。

有些家长不敢带宝宝上亲子园，害怕宝宝挨欺负。孩子之间互相伸手其实就是打招呼，2岁左右的宝宝不知深浅，有些人会手重一些，大人不必大惊小怪，应当同宝宝讲"闹着玩呢，没有关系"，哄哄就过去了。宝宝就算想哭，但是看到大人一直笑着，也就无所谓了。如果大人很紧张，作出过度保护的样子，以后宝宝就不敢同别人玩，会经常要求大人保护，就再也不敢进入群体了。让宝宝宽容一些，不必计较小小的摩擦，经常用笑脸去迎接别人，就会交到朋友。如果别

人真是把自己打痛了，躲开就算了。孩子们不会记仇，过不了多久又会成好朋友。

如果总是让宝宝待在家里，宝宝总是离不开家里的人，以后入托就会困难。如果宝宝不会与小朋友相处，上学以及以后与同学相处也会发生困难。培养宝宝良好的交往能力，要从早些与同龄人相处做起。

专家提示

在团体活动中，孩子时常会去抢其他宝宝的玩具、欺负别的小朋友、弄坏别人的东西……经常能看到这种情形：孩子的妈妈满怀歉意地对别人说着"对不起，对不起，我孩子不懂事"等道歉的话，有时还要动手替孩子做善后工作，如打扫被他弄坏的东西，而对方在这种情况下通常会回以"没什么，孩子还小"之类的客套话。

这种现象在我们的周围早已司空见惯，大家会认为很普通，很正常，从没有去留意过，但是这种现象对宝宝成长非常不好。

其实犯错的并不是家长，而是孩子，该承担责任的也是孩子，然而父母却替他们承担了属于他们的责任。

不管出于什么原因，家长替孩子去道歉，为孩子承担责任，从长远的角度来看，对孩子都会产生不利的影响。

Q 孩子犯错时家长应该怎么处理

A 首先，让孩子明确认识到自己做错了什么，对于年龄比较小的孩子来说，有时候他们意识不到自己犯的错，因此，帮他们认识到"自己做错了什么"是非常重要的，只有知道自己确实做错了事，才会用心承受随之而来的责任。

其次，让孩子知道他必须为此负责，而不是逃避。

第三，告诉孩子具体的做法，让他承担起该负的责任，如向对方道歉，帮对方收拾打乱的玩具等。当孩子做错了事时，心理上都会比较紧张，甚至会产生逃避的想法，一方面是因为担心受到家长的处罚，另一方面是因为他们不知道如何面对造成的错误。此时家长应该明确告诉孩子该如何去做，不仅让孩子承担他该负的责任，同时让他通过自己的行为，为他的错误做些弥补，可以有助于消除紧张的情绪，而且孩子在这个过程中也可以学习到新的经验，对他的交往能力、解决事情的能力的培养都会有很大帮助。

Q 怎样教宝宝处理问题

A 家长在指导、教育中要把握住"度"的问题。例如，在培养幼儿谦让、分享的同时，要让孩子懂得维护自己的合理权益，每个人都不可能毫无原则地一味谦让，同时还应让接受谦让的幼儿明确自己不能永远接受他人的谦让，否则会形成依赖他人或贪图便宜的心理习惯。因此家长要经常同宝宝交谈，帮助他分析每一种情况，同他在一起用换位思维来考虑问题。如果自己是对方，会怎样做，这样就能使宝宝把事情处理得合情合理。在培养孩子的独立能力的同时，还应让孩子认识到在某种情况下是应当寻求帮助的，可以同父母商量，也可以同教师商量，有时还可以同别的孩子或者直接同对方商量，不应用打闹的方法，坐下来平和地讨论一下。家长要逐渐培养孩子与他人合作共事、共同想办法的意识与能力。

■ 常见疾病防治与预防保健

Q 宝宝包茎怎么办

A 先天性包茎是正常婴儿常有的现象，包皮口紧，可能有纤维粘连，所以上翻困难，随着阴茎的发育和勃起，包皮内的纤维会被吸收或分离，包皮口松开，阴茎头可以露出就能自愈。但是有些包皮口细小的宝宝，排尿时包皮鼓起一个包，尿从小包排出。包皮不能翻开，就会影响阴茎的发育，而且如果排尿困难，就会产生逆压，导致膀胱、输尿管、肾盂等扩张。此外包皮及阴茎头分泌的皮脂和表皮脱落，会形成包皮垢，包皮垢为白色、扁的豆粒大小，堆在阴茎头根部的冠状沟内，有时小块的包皮垢会从包皮口排出，如豆腐渣样，很不卫生，也很让家长担心。

犹太教的男婴儿在出生后几天内做包皮环切手术，称为"割礼"。包皮口细小的婴儿也应尽早手术，以解决排尿困难的问题。也可以让家长在给婴儿洗澡时轻轻上翻包皮，以扩大包皮口，每次操作都要马上复位，以免发生包皮嵌顿。刚露出的阴茎头特别敏感，可采用浸泡法使包皮垢逐渐软化脱落，不必擦洗。国内普遍主张 8~12 岁才做包皮环切术。

后天性的包茎为瘢痕性包茎，由于包皮阴茎头发生炎症损伤后，包皮口出现瘢痕性狭窄，包皮口狭小，周围有浅色增厚的瘢痕，失去弹性及扩张能力，包皮不能上翻，就应尽早做手术矫正。

Q 怎样预防节日综合征

A 每次过年过节，都会有大批孩子生病，这种状况为节日综合征。节日期间患病往往由以下原因引起：

（1）饮食不节。春节的年夜饭特别丰富，还有众多的年货零食，孩子们吃得过多，消化系统超负荷运转，加上冬季寒冷，就会患"停食着凉"。

（2）睡眠不足。过年人们会守岁熬夜，晚上看电视、打牌、唱歌，闹到半夜，宝宝的生活规律打乱了，身体过度疲劳，会成为疾病的诱因。

（3）玩得太累。亲友互访，逛庙会，人山人海，乱吃一些零食，过于拥挤，容易使呼吸道、消化道受累而生病。

（4）穿戴不宜。过春节，孩子们都会穿新衣、戴新帽，大人总是害怕孩子冻着，捂得太多，就会出汗受风，这样更容易感冒。

有婴幼儿的家庭，节日期间应尽可能维持平时的生活常规，不增加饮食，到时睡觉，不去人多、空气不好的地方，才能避免节日综合征的发生。

Q 宝宝经常流鼻血怎么办

A 宝宝在天气改变时，尤其是气候干燥时容易流鼻血，有时夜间流鼻血，让家长很担心。

2 岁前宝宝鼻腔的毛细管网还不健全，较少流鼻血。出血的部位在双侧鼻中隔的毛细管网区，称为黎氏区。当鼻腔黏膜干燥、毛细管扩张、鼻腔有炎症而受刺激时，如鼻炎、鼻窦炎、鼻外伤、鼻中隔偏曲、鼻异物、鼻肿瘤等；或空气干燥、气压低、寒冷等都会引起鼻出血。可经鼻前流出，或从鼻后流进嗓子被咽下，或吐出而成"吐血"。量大会引起休克，反复出血会造成贫血。

流鼻血时，应马上用棉花塞住鼻孔，用手捏住鼻翼上方骨头隆起处之下可以压迫止血，让宝宝坐直、头向前倾、尽量将血吐出，避免将血液咽入胃内，刺激胃会引起腹痛及呕吐。应用凉毛巾敷头，让宝宝安静避免哭闹。如果出血量大，就应采用半卧位，赶快送医院急救。

首先应治疗鼻部的炎症、外伤和处理异物，如果因全身性疾病引起的就应治疗疾病。平时应多让宝宝吃含维生素 C 多的食物，不让宝宝偏食。在干燥季节可用加湿器，多饮水，也可以在鼻孔内涂一些软膏类以预防鼻出血。要告诉宝宝不可以掏鼻痂，以免造成伤害。家长要学会临时的急救，以免到时手忙脚乱，正确压迫鼻翼的上方靠近骨骼突出的部位最为有效。

Q 怎样预防龋齿

在 2 岁到 2 岁半期间，宝宝的 20 颗乳牙会出齐，家长应带宝宝到口腔科检查牙齿，发现龋洞就要马上修补。许多家长认为不必要，早晚这些牙都会换掉，再长出来的就都是白的新牙齿，所以就不带宝宝再修补龋齿了。这些家长有所不知，原来乳齿下面就有恒齿，如果不修补，龋洞龋蚀发展速度快，牙齿易被龋病腐蚀，就会很快崩坏，在短期内就能转变为牙髓炎症甚至根尖炎症，会影响到恒齿。牙体组织也会很快变成残冠和残根。

一般宝宝自觉症状不明显，乳牙龋蚀发展的速度虽然非常快，但其症状反而不像恒牙明显，一般不会出现剧烈的疼痛反应，因此，家长不易早期发现，往往等到病变发展成牙髓病变或根尖病变，即牙根部牙龈出现脓包时才到医院去就诊。

乳牙萌出期和乳牙列期是儿童开始发音和学习讲话的主要时期，正常的乳牙列有助于儿童正确发音。此外，乳牙的损坏，尤其是乳牙门牙的大面积龋齿或过早丧失，常常给儿童心理上带来不良刺激。因此，重视和保护乳牙甚为重要，特别应认识到在乳牙萌出后即应加以保护。

家长应消除乳牙对人是暂时性的、无关紧要的错误观点。因为乳牙要用到12~13岁，如果不治疗会影响咀嚼功能，妨碍食物的消化和吸收。侵蚀乳齿的细菌和焦性葡萄糖酸会顺着龋洞渗入牙髓，发展成牙髓炎和根尖周炎，会影响颌骨内恒牙的正常发育。在换牙前，因龋病严重使乳牙脱落，就会引起恒牙的牙列不齐，既影响咀嚼功能，又影响牙齿美观，故应当积极修补龋齿。

在治疗龋齿同时，家长应指导宝宝每天早晚正确刷牙，并应控制甜食，少吃糖果，尤其是黏性的奶糖和软糖，以减少龋齿的发生。

Q 可以同时接种肺炎与流感疫苗吗

A 肺炎是宝宝最容易患的疾病之一，引起肺炎的病原体很多，有细菌、病毒、支原体、衣原体和真菌等。其中肺炎球菌就有 23 种，用这 23 种球菌制成 23 价疫苗。由于 2 岁以下的宝宝对此疫苗产生的免疫反应不恒定，所以规定在 2 岁以上，在秋末注射，一次接种后所产生的抗体可以维持 5 年。

流感是病毒引起的呼吸道传染病，容易引起并发症，以肺炎为最常见。接种流感疫苗可以减少宝宝患病的机会，但是因为流感的病毒变异性大，接种一次只能维持一年。专家指出，肺炎疫苗与流感疫苗同时接种不但不会影响各自的免疫效果，而且有互相增效的作用，因此最好在宝宝满 2 岁后的 9 月底或 10 月初同时接种肺炎和流感疫苗，以给宝宝有效的保护。

Q 为什么要给宝宝补种疫苗

A 世界上第一种预防免疫是从种牛痘开始的，到 1960 年前后全世界消灭了天花，孩子们就不必再种牛痘了。我国自从 1982 年起做到全国计划免疫以来，过去很常见的百日咳、白喉已经很少见，新生儿破伤风和儿童常见因外伤引起的破伤风也已经减少。自从儿童麻疹疫苗普及后，儿童患麻疹的情况减少，但是从四面八方来城市打工的青年人会患麻疹，所以传染源仍然存在，不可大意。婴儿麻痹糖丸发放后，患婴儿麻痹的居民减少了，但是因为这种糖丸不耐热，冷藏设备的运输车到不了的地区不能服用，这些地区的居民流动就会携带病毒播散，因此坚持计划免疫是十分必要的。

但是有时因宝宝正在生病，不能接种，或者孩子随同父母迁移外地，以及因短程探亲错过了接种时间，在这些情况下父母一定要带着宝宝到预防保健部门做补种，迁移的要重新登记，把以往的接种记录上交，以便重新登记，使宝宝在新的地方继续接受全程免疫。

（注：每个专家对宝宝的辅食添加及用药持有不同的观点和方法，本书谨供爸爸妈妈参考。）

图书在版编目（CIP）数据

区慕洁0~3岁婴幼儿养育专家指导/刘群改编.
—北京：中国妇女出版社，2015.2
ISBN 978 - 7- 5127- 1000- 9

Ⅰ.①区… Ⅱ.①刘… Ⅲ.①婴幼儿—哺育 Ⅳ.
①TS976.31

中国版本图书馆 CIP 数据核字（2014）第 283361 号

区慕洁0~3岁婴幼儿养育专家指导

作　　者：刘　群　改编
责任编辑：赵延春
封面设计：尚世视觉
责任印制：王卫东
出版发行：中国妇女出版社
地　　址：北京东城区史家胡同甲 24 号　　邮政编码：100010
电　　话：（010）65133160（发行部）　　65133161（邮购）
网　　址：www.womenbooks.com.cn
经　　销：各地新华书店
印　　刷：北京通州皇家印刷厂
开　　本：170×240　1/16
印　　张：20
字　　数：330 千字
版　　次：2015 年 11 月第 1 版
印　　次：2015 年 11 月第 1 次
书　　号：ISBN 978 - 7- 5127- 1000- 9
定　　价：39.80 元